Statistik-Übungen

Deskriptive Statistik

Von

o. Prof. Dr. Joachim Hartung
Fachbereich Statistik der
Universität Dortmund

und

Dr. Barbara Heine

unter Mitarbeit von
Dr. Bärbel Elpelt
und Dr. Karl-Heinz Klösener

5., durchgesehene Auflage

R. Oldenbourg Verlag München Wien

Die Deutsche Bibliothek - CIP-Einheitsaufnahme

Hartung, Joachim:
Statistik-Übungen / von Joachim Hartung und Barbara Heine. -
München ; Wien : Oldenbourg.
NE: Heine, Barbara:
Deskriptive Statistik / unter Mitarb. von Bärbel Elpelt und
Karl-Heinz Klösener. - 5., durchges. Aufl. - 1996
ISBN 3-486-23504-4

Gesamtherstellung: R. Oldenbourg Graphische Betriebe GmbH, München

ISBN 3-486-23504-4

Kapitelverzeichnis

Inhaltsverzeichnis

Vorwort zur fünften Auflage

Aufgrund der starken Nachfrage wurde es bereits jetzt notwendig, eine 5. Auflage herauszubringen. Wir haben die Gelegenheit genutzt, nach kritischer Durchsicht aufgefallene Schreibfehler zu korrigieren und weitere Aufgaben mit Lösungen aus unserem laufenden Übungsbetrieb einzufügen. Einige Erläuterungen zu dem im selben Verlag erschienenen Übungsbuch

HARTUNG/HEINE: S T A T I S T I K - ÜBUNGEN
INDUKTIVE STATISTIK

findet der Leser am Ende dieses Buches.

Joachim Hartung
Barbara Heine

Vorwort zur ersten Auflage

Die Beschreibung und explorative Bearbeitung von Daten ist für Studenten, Wissenschaftler und Praktiker in allen empirisch arbeitenden Fachrichtungen von immer größer werdender Bedeutung. Neben den 'klassischen' Verfahren der *Deskriptiven Statistik* kommen hier zunehmend auch neue Methoden wie die der *Robusten Statistik* und der *Explorativen Statistik* zum Einsatz.

In diesem Buch werden, basierend auf einem langjährig erprobten didaktischen Konzept, diese drei Bereiche der statistischen Datenaufbereitung und Datenexploration erarbeitet.

Ausgehend von praktischen Aufgabenstellungen zu allen methodischen Teilgebieten findet man in den ausführlichen Lösungsteilen neben allgemeinen begrifflichen und methodischen Erläuterungen die konkreten Lösungswege einschließlich zahlreicher graphischer Veranschaulichungen. Die Erläuterungen im Lösungsteil sind jeweils so gehalten, daß man den gesamten Stoff bewältigen kann, ohne ein bestimmtes Lehrbuch zu Hilfe nehmen zu müssen.

Daher kann das Buch sowohl zum Selbststudium bzw. zur eigenständigen Wissensauffrischung als auch vorlesungsbegleitend von Studenten aller Fachrichtungen verwandt werden. Letztere Intention des Buches wird noch unterstützt durch einen ausführlichen Klausurteil, der typische 'Prüfungsaufgaben' nebst deren Lösungen enthält.

In den Aufgabenstellungen enthaltene volkswirtschaftliche Daten entstammen Veröffentlichungen des Statistischen Bundesamtes in Wiesbaden ('Statistisches Jahrbuch' sowie 'Wirtschaft und Statistik', W. Kohlhammer Verlag, Stuttgart und Mainz) sowie des Landesamtes für Datenverarbeitung und Statistik Nordrhein-Westfalen in Düsseldorf ('Statistisches Jahrbuch Nordrhein-Westfalen').

Die methodischen Erläuterungen in den Lösungsteilen sind entlehnt aus dem Buch

Hartung, J./Elpelt, B./Klösener, K.-H.: STATISTIK
Lehr- und Handbuch der angewandten Statistik,
R. Oldenbourg Verlag, München und Wien

An dieser Stelle möchten wir Frau Dr. Bärbel Elpelt sowie Herrn Dr. Karl-Heinz Klösener, die bereits auf der Innentitelseite genannt sind, für ihre Mitarbeit danken. Außerdem gilt unser Dank Frau Meike Deiters, Herrn Manfred Jutzi, Frau Birgit Keller, Herrn Jürgen Meurer, Herrn Thomas Nawrath, Frau Monika Rüßmann und Herrn Michael Schäper für ihre Mithilfe insbesondere beim Nachrechnen der Aufgaben und beim Erstellen des Typoskripts.

Weiterhin danken wir dem R. Oldenbourg Verlag, insbesondere dem Lektoratsleiter Herrn Martin Weigert, für die gute Zusammenarbeit und weitestgehende Freiheit bei der Gestaltung des Buches.

Joachim Hartung
Barbara Heine

Teil I:

Übungsaufgaben, Erläuterungen und Lösungen

Kapitel 1: Grundlegende Begriffe

AUFGABE 1.1

In einem kleineren Versicherungsunternehmen sollen der besseren Übersicht und Planung wegen die zur Verfügung stehenden Daten über die KFZ-Haftpflichtversicherungsnehmer zusammengestellt werden. Gefragt ist dabei u.a. nach Alter, Geschlecht, Beruf und Wohnort des Versicherten, Dauer des Versicherungsvertrages, Anzahl der bisher eingetretenen Schadensfälle und der Schadenshöhe (in DM) insgesamt.

(a) Bestimmen Sie die Grundgesamtheit und die Untersuchungseinheiten.
(b) Welche Merkmale sollen erhoben werden?
(c) Geben Sie mögliche Ausprägungen dieser Merkmale an.

AUFGABE 1.2

Charakterisieren Sie die nachfolgenden Merkmale danach, ob sie quantitativer oder qualitativer, nominaler, ordinaler oder metrischer, stetiger oder diskreter Art sind:

(a) Lebensalter,
(b) Temperatur,
(c) Arbeitslosenzahl,
(d) Lagerbestand,
(e) Staatsangehörigkeit,
(f) Preis,
(g) Güteklasse,
(h) Klausurnote.

AUFGABE 1.3

Gegeben seien folgende Zahlen x_{ij}:

$$x_{11}=3\ ,\quad x_{12}=5\ ,\quad x_{13}=1\ ,\quad x_{14}=6\ ,$$
$$x_{21}=0\ ,\quad x_{22}=3\ ,\quad x_{23}=7\ ,\quad x_{24}=1\ ,\quad x_{25}=3\ ,$$
$$x_{31}=6\ ,\quad x_{32}=4\ ,\quad x_{33}=9\ .$$

Berechnen Sie die Summen bzw. Doppelsummen:

(a) $\sum_{i=1}^{3} x_{i3}\ ,\quad \sum_{i=1}^{2} x_{i1}\ ,\quad \sum_{j=3}^{5} x_{2j}\ ,\quad \sum_{j=1}^{4} x_{1j}\ .$

(b) $\sum_{i=1}^{3}\sum_{j=1}^{3} x_{ij}\ ,\quad \sum_{i=1}^{2}\sum_{j=3}^{4} x_{ij}\ .$

(c) $\sum_{i=1}^{3}\sum_{k=1}^{3} x_{i2}x_{k3}\ ,\quad \sum_{\substack{i=1 \\ i \neq k}}^{3}\sum_{k=1}^{3} x_{i1}x_{k3}\ ,$

$\sum_{i=1}^{3}\sum_{j=2}^{4} x_{i1}x_{1j}\ ,\quad \sum_{j=1}^{5} x_{2j}^{2}\ .$

LÖSUNG ZU AUFGABE 1.1

Die deskriptive Statistik dient der Beschreibung und Strukturierung unübersichtlichen Datenmaterials, das aufgrund von Untersuchungen, die ein bestimmtes Ziel verfolgten, erhoben wurde. Elemente wie z.B. Personen oder Objekte, an denen hinsichtlich des Untersuchungsziels bestimmte Eigenschaften, man spricht hier auch von Merkmalen, festgestellt werden sollen, heißen Untersuchungseinheiten. Faßt man diese Untersuchungseinheiten zu einer Menge zusammen, so nennt man diese auch Grundgesamtheit. Bei der Beobachtung von Merkmalen an Untersuchungseinheiten stellt man die Merkmalsausprägung jedes Merkmals an jeder Untersuchungseinheit fest; die Merkmalsausprägungen sind also gerade identisch mit dem gewonnenen Datenmaterial. Häufig ist es natürlich so, daß man eigentlich nur eine Teilgesamtheit aus einer wesentlich umfassenderen Grundgesamtheit untersucht. Diese Teilgesamtheit, auch Stichprobe genannt, wird aber in der deskriptiven Statistik zunächst so behandelt wie eine Grundgesamtheit, d.h. Aussagen bzgl. der Daten erstrecken sich nur auf das tatsächlich vorliegende Datenmaterial, und es werden hier keine Schlüsse bzgl. der eigentlichen Grundgesamtheit, die gegebenenfalls der untersuchten Teilgesamtheit bzw. Stichprobe zugrundeliegt, gezogen; dies ist die Aufgabe der sogenannten induktiven bzw. schließenden Statistik.

→(a) Alle KFZ - Haftpflichtversicherten, die bei diesem Versicherungsunternehmen unter Vertrag stehen, bilden hier nun die Grundgesamtheit. Die Untersuchungseinheit ist also jeder einzelne KFZ - Haftpflichtversicherte.

→(b) Folgende Merkmale sollen an den Untersuchungseinheiten beobachtet werden:

(i) Alter;
(ii) Geschlecht;
(iii) Beruf;
(iv) Wohnort;
(v) Dauer des Versicherungsverhältnisses;
(vi) Anzahl der bisher eingetretenen Schadensfälle;
(vii) Schadenshöhe (in DM) insgesamt.

→(c) Mögliche Ausprägungen der unter (b) betrachteten Merkmale sind etwa bei

(i) 19,36,65,... Jahre;
(ii) männlich, weiblich;
(iii) Student, Arbeiter, Angestellter,... ;

(iv) Dortmund, Bremen, Freiburg,... ;
(v) 7, 30, 72,... Monate;
(vi) 0, 3, 14,... ;
(vii) 0, 2000, 30000,... DM .

LÖSUNG ZU AUFGABE 1.2

Eine Art der Klassifizierung von Merkmalen, vgl. Aufgabe 1.1, ist die Einteilung in qualitative und quantitative Merkmale: Die Ausprägungen quantitativer Merkmale unterscheiden sich durch ihre Größe, die Ausprägungen qualitativer Merkmale durch ihre Art.

Als weitere Charakterisierungsmöglichkeit von Merkmalen bietet sich die Skala an, die alle möglichen Ausprägungen eines Merkmals beinhaltet. Man spricht dabei von nominal skalierten Merkmalen, wenn die Merkmalsausprägungen keiner Rangfolge unterliegen und nicht vergleichbar sind. Für Ausprägungen ordinal skalierter Merkmale hingegen läßt sich eine Rangfolge angeben, aber auch hier besitzen die Abstände zwischen den Ausprägungen keine Aussagefähigkeit. Unterliegen Merkmalsausprägungen nicht nur einer Reihenfolge, sondern lassen sich auch die Abstände zwischen verschiedenen Ausprägungen interpretieren, so heißen die zugehörigen Merkmale metrisch skaliert.

Die Einteilung in diskrete und stetige Merkmale, als weitere Möglichkeit der Klassifizierung, ergibt sich unter dem Gesichtspunkt, daß man sich fragt, wieviele Ausprägungen kann ein Merkmal überhaupt annehmen: Ein diskretes Merkmal kann nur endlich viele oder höchstens abzählbar unendlich viele Ausprägungen besitzen; dagegen nennt man ein Merkmal stetig, wenn es überabzählbar unendlich viele Ausprägungen, d.h. wenn es als Ausprägung jeden beliebigen Wert in einem Bereich haben kann.

Somit ergibt sich für die angegebenen Merkmale nachfolgende Charakterisierung:

→(a) Lebensalter - quantitativ , metrisch , stetig;

→(b) Temperatur - quantitativ , metrisch , stetig;

→(c) Arbeitslosenzahl - quantitativ , metrisch , diskret;

→(d) Lagerbestand - quantitativ , metrisch , diskret;

→(e) Staatsangehörigkeit - qualitativ , nominal , diskret;

→(f) Preis - quantitativ , metrisch , diskret;

→(g) Güteklasse - qualitativ , ordinal , diskret;

→(h) Klausurnote - qualitativ , ordinal , diskret.

LÖSUNG ZU AUFGABE 1.3

Zu den wichtigsten mathematischen Symbolen zählt in der deskriptiven Statistik das Summenzeichen $\sum$. Die Summe von Zahlenwerten $x_r, \ldots, x_R$ läßt sich dabei zwecks platzsparender Schreibweise darstellen als

$$\sum_{i=r}^{R} x_i = x_r + x_{r+1} + \ldots + x_R \quad .$$

Mit den gegebenen Zahlenwerten erhält man somit

→(a) $$\sum_{i=1}^{3} x_{i3} = x_{13} + x_{23} + x_{33} = 1 + 7 + 9 = 17 \ ,$$

$$\sum_{i=1}^{2} x_{i1} = x_{11} + x_{21} = 3 + 0 = 3 \ ,$$

$$\sum_{j=3}^{5} x_{2j} = x_{23} + x_{24} + x_{25} = 7 + 1 + 3 = 11 \ ,$$

$$\sum_{j=1}^{4} x_{1j} = x_{11} + x_{12} + x_{13} + x_{14} = 3 + 5 + 1 + 6 = 15 \ ;$$

→(b) $$\sum_{i=1}^{3} \sum_{j=1}^{3} x_{ij} = x_{11} + x_{12} + x_{13} + x_{21} + x_{22} + x_{23} + x_{31} + x_{32} + x_{33}$$
$$= 3 + 5 + 1 + 0 + 3 + 7 + 6 + 4 + 9$$
$$= 38 \ ,$$

$$\sum_{i=1}^{2} \sum_{j=3}^{4} x_{ij} = x_{13} + x_{14} + x_{23} + x_{24} = 1 + 6 + 7 + 1 = 15 \ ;$$

→(c) $$\sum_{i=1}^{3} \sum_{k=1}^{3} x_{i2}x_{k3} = x_{12}\cdot(x_{13} + x_{23} + x_{33}) + x_{22}\cdot(x_{13} + x_{23} + x_{33})$$
$$+ x_{32}\cdot(x_{13} + x_{23} + x_{33})$$

$$= 5\cdot(1+7+9) + 3\cdot(1+7+9) + 4\cdot(1+7+9) = 12\cdot 17$$
$$= 204 \ ,$$

$$\sum_{i=1}^{3} \sum_{\substack{k=1 \\ i \neq k}}^{3} x_{i1}x_{k3} = x_{11}\cdot(x_{23}+x_{33}) + x_{21}\cdot(x_{13}+x_{33}) + x_{31}\cdot(x_{13}+x_{23})$$
$$= 3\cdot(7+9) + 0\cdot(1+9) + 6\cdot(1+7) = 3\cdot 16 + 6\cdot 8$$
$$= 96 \ ,$$

$$\sum_{i=1}^{3} \sum_{j=2}^{4} x_{i1}x_{1j} = x_{11}\cdot(x_{12}+x_{13}+x_{14}) + x_{21}\cdot(x_{12}+x_{13}+x_{14})$$
$$+ x_{31}\cdot(x_{12}+x_{13}+x_{14})$$
$$= 3\cdot(5+1+6) + 0\cdot(5+1+6) + 6\cdot(5+1+6) = 3\cdot 12 + 6\cdot 12$$
$$= 108 \ ,$$

$$\sum_{j=1}^{5} x_{2j}^2 = x_{21}^2 + x_{22}^2 + x_{23}^2 + x_{24}^2 + x_{25}^2 = 0^2 + 3^2 + 7^2 + 1^2 + 3^2 = 0 + 9 + 49 + 1 + 9$$
$$= 68 \ .$$

Kapitel 2: Der Häufigkeitsbegriff

AUFGABE 2.1

Ein Bausparkassenleiter möchte die Produktivität seiner Mitarbeiter A, B, C, D und E im Monat Januar 1986 anhand ihrer Vertragsabschlüsse überprüfen. Zu diesem Zweck lässt er sich alle Bausparverträge des Monats unter Angabe des Mitarbeiternamens und der jeweiligen Abschlusshöhe (in DM) auflisten:

A 15; B 33; A 13; C 25; E 15; A 17; A 21; B 37; D 40;
A 25; A 50; A 32; B 30; A 33; C 30; A 19; B 15; C 16;
A 21; B 42; A 27; E 13; B 40; B 38; A 35; B 25; C 19;
C 17; A 45; E 23; A 37; D 45; A 16; D 60; B 21; A 41;
C 28; A 43; D 57; A 52; C 39; A 15; D 65; A 23; B 15;
B 37; E 29; A 24; B 16; C 40; D 60; A 33; A 18; C 21;
A 17; B 27; C 19; B 16; B 19; D 45.

(a) Stellen Sie die Daten übersichtlich in einer Tabelle dar und fertigen Sie eine Strichliste für die Anzahl der von den jeweiligen Mitarbeitern abgeschlossenen Verträge an.
(b) Wie hoch ist der jeweilige Anteil der Vertragsabschlüsse der einzelnen Mitarbeiter an der Gesamtzahl der Verträge? Erstellen Sie zur Veranschaulichung ein Kreisdiagramm, ein Stabdiagramm und ein Häufigkeitspolygon.
(c) Berechnen Sie den Anteil der Verträge, die eine Abschlusssumme von

(i) nicht mehr als 30 000 DM,
(ii) mehr als 30 000 DM,
(iii) mehr als 20 000 DM und nicht mehr als 40 000 DM,
(iv) nicht mehr als 20 000 DM oder mehr als 40 000 DM

besitzen.

AUFGABE 2.2

Bei einer Untersuchung der Lebensdauern von 16 Kühlaggregaten bis zum ersten Ausfall ergaben sich (in Jahren) die in Tab. 2.2 angegebenen Zeiten.

Tab. 2.2: Lebensdauern x_i, $i=1,...,16$, von $n=16$ Kühlaggregaten (in Jahren)

i	x_i	i	x_i	i	x_i	i	x_i
1	0.14	5	0.81	9	2.36	13	4.51
2	0.27	6	1.14	10	2.53	14	5.12
3	0.43	7	1.45	11	2.90	15	5.68
4	0.68	8	1.82	12	3.45	16	7.84

(a) Berechnen Sie zu den Daten aus Tab. 2.2 die empirische Verteilungsfunktion $S_{16}(x)$ und stellen Sie diese graphisch dar.

(b) Bilden Sie Lebensdauerklassen

$$K_1 = [0;1) \quad , \quad K_2 = [1;2) \quad , \ldots , \quad K_8 = [7;8)$$

der Breite 1 Jahr und berechnen Sie mit den Daten aus Tab. 2.2 die absoluten und relativen Klassenhäufigkeiten. Bestimmen Sie (graphisch und tabellarisch) Histogramm und empirische Verteilungsfunktion zu den gruppierten Daten. Wählen Sie dabei die empirische Verteilungsfunktion so, dass die Sprungstellen mit den

(i) Klassenmitten,
(ii) Klassenendpunkten

zusammenfallen. Bestimmen Sie graphisch auch die stetige empirische Verteilungsfunktion (Summenkurve).

AUFGABE 2.3

Die nachfolgende Tab. 2.3 gibt eine Übersicht über die Anzahl der verkauften Bücher zu unterschiedlichen Preisen in zwei Buchhandlungen im Laufe eines Tages.

Tab. 2.3: Preisklassen und Anzahl der verkauften Bücher zweier Buchhandlungen

Buchhandlung A		Buchhandlung B	
Buchpreis in DM von ... bis unter ...	Anzahl der verkauften Bücher	Buchpreis in DM von ... bis unter ...	Anzahl der verkauften Bücher
0 - 10	5	0 - 20	20
10 - 30	15	20 - 35	12
30 - 50	20	35 - 50	6
50 - 80	12	50 - 90	10
80 - 120	8	90 - 120	2

(a) Berechnen Sie die jeweiligen relativen Klassenhäufigkeiten.
(b) Zeichnen Sie zugehörige Histogramme.

LÖSUNG ZU AUFGABE 2.1

→(a) In **Tab. L2.1.1** sind die Vertragsabschlüsse der Mitarbeiter A, B, C, D und E im Monat Januar 1986 übersichtlich zusammengestellt.

Tab. L2.1.1: Vertragsabschlüsse (in 1000 DM) der Mitarbeiter A, B, C, D, E

	Mitarbeiter				
	A	B	C	D	E
Abschluß-höhe der Bauspar-verträge	13	15	16	40	13
	15	15	17	45	15
	15	16	19	45	23
	16	16	19	57	29
	17	19	21	60	
	17	21	25	60	
	18	25	28	65	
	19	27	30		
	21	30	39		
	21	33	40		
	23	37			
	24	37			
	25	38			
	27	40			
	32	42			
	33				
	33				
	35				
	37				
	41				
	43				
	45				
	50				
	52				

Die in **Tab. L2.1.2** angegebene Strichliste, aus der sich leicht ablesen läßt, wieviele Verträge die einzelnen Mitarbeiter im Laufe eines Monats abgeschlossen haben, bietet eine erste Möglichkeit der Aufbereitung von Datenmaterial. Eine verfeinerte Form der Strichliste, das stem-and-leaves- Diagramm wird in Kapitel 9, vgl. Aufgabe 9.1,behandelt.

→(b) Mit Hilfe der Strichliste aus Tab. L2.1.2 lassen sich nun leicht die Anzahl bzw. die Anteile der von den einzelnen Mitarbeitern abgeschlossenen Bausparverträge bestimmen, vgl. **Tab. L2.1.3**. So ergibt sich etwa, daß vom Mitarbeiter A von den insgesamt 60 Vertragsabschlüssen 24 getätigt wurden, d.h. sein Anteil liegt bei 24/60 = 0.4.

Zur graphischen Darstellung der verschiedenen Anteile, die in der deskip-

Tab. L2.1.2: Strichliste für die Anzahl der von den Mitarbeitern A, B, C, D und E abgeschlossenen Bausparverträge

Mitarbeiter	Strichliste
A	𝍸 𝍸 𝍸 𝍸 ||||
B	𝍸 𝍸 𝍸
C	𝍸 𝍸
D	𝍸 ||
E	||||

Tab. L2.1.3: Anzahl, Anteil sowie prozentualer Anteil der von den einzelnen Mitarbeiter erzielten Vertragsabschlüsse; Winkel α im Kreisdiagramm

Mitarbeiter	Anzahl	Anteil	prozentualer Anteil	Winkel $\alpha = \text{Anteil} \cdot 360°$
A	24	$\frac{24}{60} = 0.4$	40	144
B	15	$\frac{15}{60} = 0.25$	25	90
C	10	$\frac{10}{60} = 0.1667$	$16\frac{2}{3}$	60
D	7	$\frac{7}{60} = 0.1167$	$11\frac{2}{3}$	42
E	4	$\frac{4}{60} = 0.0667$	$6\frac{2}{3}$	24

tiven Statistik als relative Häufigkeiten bezeichnet werden, eignen sich u.a. das Kreisdiagramm, bei dem die Kreisfläche proportional zu den berechneten Anteilen zerlegt wird, das Stabdiagramm, bei dem über jeder Ausprägung auf der Abszisse eines Koordinatensystems die entsprechenden Anteile als senkrechte Stäbe abgetragen werden, und das Häufigkeitspolygon, bei dem die Endpunkte der Strecken des Stabdiagramms miteinander verbunden werden.

Für die Anteile der von den Mitarbeitern A, B, C, D und E erzielten Vertragsabschlüsse soll zunächst ein Kreisdiagramm erstellt werden, vgl. **Abb. L2.1.1**. Damit der jedem Mitarbeiter zugeordnete Kreisabschnitt propotional zu dem jeweils gegebenen Anteil wird, müssen die zugehörigen Winkel α durch

$$\alpha = \text{Anteil} \cdot 360° \qquad (\alpha = \text{Alpha})$$

berechnet werden. In Tab. L2.1.3 sind diese für die fünf Mitarbeiter bereits mitangegeben. So ergibt sich hier etwa für den Mitarbeiter A im Kreisdiagramm ein Winkel von

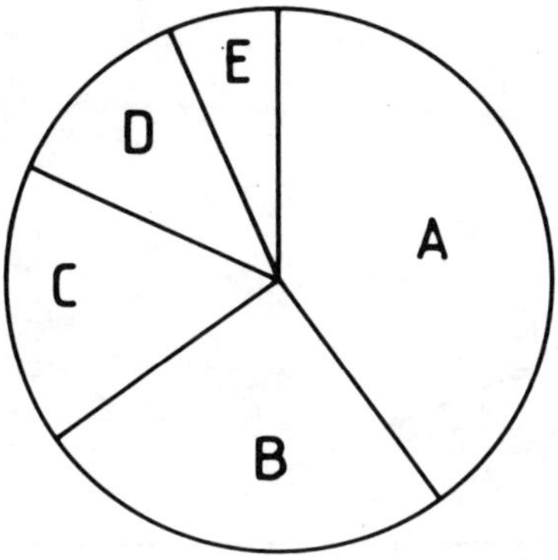

Abb. £2.1.1: Kreisdiagramm für die von den Mitarbeitern A, B, C, D, E erreichten Anteile an den insgesamt 60 Vertragsabschlüssen

$$\alpha = \frac{24}{60} \cdot 360^\circ$$
$$= 144^\circ \quad .$$

Mit den jeweiligen Anteilen, vgl. Tab. L2.1.3, ergeben sich weiterhin das in **Abb. £2.1.2** dargestellte Stabdiagramm sowie das entsprechende Häufigkeitspolygon in **Abb. £2.1.3**.

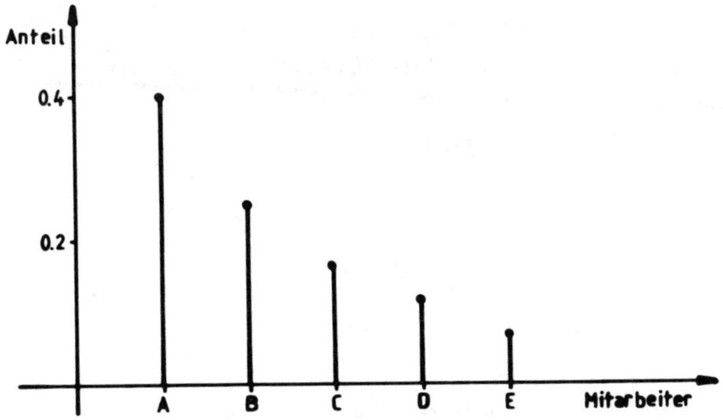

Abb. £2.1.2: Stabdiagramm für die von den Mitarbeitern A, B, C, D, E erreichten Anteile an den 60 Vertragsabschlüssen

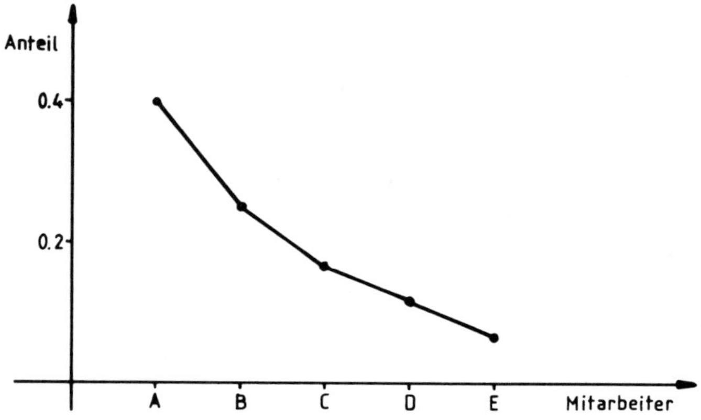

Abb. L2.1.3: Häufigkeitspolygon für die von den Mitarbeitern A, B, C, D, E erreichten Anteile an den 60 Vertragsabschlüssen

→(c) Aus Tab. L2.1.1 ergibt sich, daß von den 60 abgeschlossenen Bausparverträgen

(i) 35 eine Abschlußsumme von nicht mehr als 30 000 DM hatten, d.h. mit 35/60 = 0.5833 also 58.33%;

(ii) 25 eine Abschlußsumme von mehr als 30 000 DM hatten, d.h. mit 25/60 = 0.4167 also 41.67%;

(iii) 29 eine Abschlußsumme von mehr als 20 000 DM und nicht mehr als 40 000 DM hatten, d.h. mit 29/60 = 0.4833 also 48.33%;

(iv) 31 eine Abschlußsumme von nicht mehr als 20 000 DM oder mehr als 40 000 DM hatten, d.h. mit 31/60 = 0.5167 also 51.67%.

LÖSUNG ZU AUFGABE 2.2

→(a) Bezeichnet $H_n(a_i)$ die absolute Häufigkeit der Ausprägung a_i, $i=1,\ldots,k$, eines Merkmals X, das an n Untersuchungseinheiten beobachtet wird, d.h. $H_n(a_i)$ gibt die Anzahl der Untersuchungseinheiten mit Ausprägung a_i wieder, so gilt natürlich

$$\sum_{i=1}^{k} H_n(a_i) = n \quad .$$

Die relative Häufigkeit einer Merkmalsausprägung a_i ist dann gegeben durch

$$h_n(a_i) = \frac{1}{n} H_n(a_i) \qquad , \; i=1,\ldots,k \quad .$$

Dabei gilt stets

$$\sum_{i=1}^{k} h_n(a_i) = 1 \quad .$$

Weiterhin ist die empirische Verteilungsfunktion eines Merkmals X bestimmt durch

$$S_n(x) = \begin{cases} 0 & x < a_1 \\ \sum_{i=1}^{j} h_n(a_i) \quad \text{für} & a_j \leq x < a_{j+1} \quad , \quad j=1,\ldots,k-1 \\ 1 & x \geq a_k \end{cases} ,$$

wobei die Größe

$$\sum_{i=1}^{j} h_n(a_i) = h_n(a_1) + \ldots + h_n(a_j) \quad , \quad j=1,\ldots,k \quad ,$$

auch relative Summenhäufigkeit der Ausprägung a_j genannt wird.

Bei der Untersuchung von $n = 16$ Kühlaggregaten bzgl. ihrer Lebensdauer bis zum ersten Ausfall ergaben sich $k = 16$ verschiedene Zeiten, d.h. die relative Häufigkeit für jeden Lebensdauerwert a_i beträgt gerade

$$h_{16}(a_i) = \frac{1}{16} \quad , \quad i=1,\ldots,16 \quad .$$

In **Tab. £2.2.1** sind neben den relativen Häufigkeiten $h_{16}(a_i)$, i=1,...,16, auch die entsprechenden relativen Summenhäufigkeiten der Lebensdauerwerte aufgeführt. So liegt etwa für die Lebensdauer $a_4 = 0.68$ der Wert der relativen Summenhäufigkeit bei

$$\sum_{i=1}^{4} h_{16}(a_i) = h_{16}(a_1) + h_{16}(a_2) + h_{16}(a_3) + h_{16}(a_4) = \frac{1}{16} + \frac{1}{16} + \frac{1}{16} + \frac{1}{16} = \frac{4}{16} = \frac{1}{4} \quad .$$

Damit läßt sich nun die empirische Verteilungsfunktion $S_{16}(x)$, die in **Abb. £2.2.1** auch graphisch dargestellt ist, angeben:

Tab. C2.2.1: Relative Häufigkeiten und relative Summenhäufigkeiten der Lebensdauern a_i, i=1,...,16

i	Lebensdauer a_i	relative Häufigkeit $h_{16}(a_i)$	relative Summenhäufigkeit $\sum_{j=1}^{i} h_{16}(a_j)$
1	0.14	1/16	1/16
2	0.27	1/16	2/16
3	0.43	1/16	3/16
4	0.68	1/16	4/16
5	0.81	1/16	5/16
6	1.14	1/16	6/16
7	1.45	1/16	7/16
8	1.82	1/16	8/16
9	2.36	1/16	9/16
10	2.53	1/16	10/16
11	2.90	1/16	11/16
12	3.45	1/16	12/16
13	4.51	1/16	13/16
14	5.12	1/16	14/16
15	5.68	1/16	15/16
16	7.84	1/16	1

$$S_{16}(x) = \begin{cases} 0 & x < 0.14 \\ 1/16 & 0.14 \le x < 0.27 \\ 1/8 & 0.27 \le x < 0.43 \\ 3/16 & 0.43 \le x < 0.68 \\ 1/4 & 0.68 \le x < 0.81 \\ 5/16 & 0.81 \le x < 1.14 \\ 3/8 & 1.14 \le x < 1.45 \\ 7/16 & 1.45 \le x < 1.82 \\ 1/2 \quad , \text{ falls} & 1.82 \le x < 2.36 \\ 9/16 & 2.36 \le x < 2.53 \\ 5/8 & 2.53 \le x < 2.90 \\ 11/16 & 2.90 \le x < 3.45 \\ 3/4 & 3.45 \le x < 4.51 \\ 13/16 & 4.51 \le x < 5.12 \\ 7/8 & 5.12 \le x < 5.68 \\ 15/16 & 5.68 \le x < 7.84 \\ 1 & x \ge 7.84 \end{cases}$$

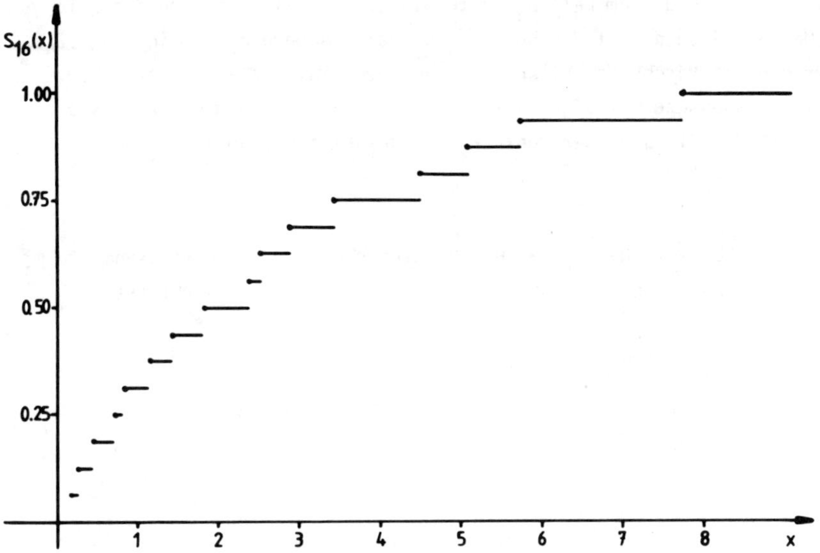

Abb. £2.2.1: Empirische Verteilungsfunktion der Lebensdauer von 16 Kühlaggregaten

→(b) Werden die Merkmalsausprägungen in Klassen $K_1,\ldots,K_p$ eingeteilt, so ist in diesem Fall die absolute Häufigkeit H_i der i-ten Klasse gegeben durch die Anzahl der beobachteten Werte in der Klasse K_i, $i=1,\ldots,p$. Analog zum Aufgabenteil (a) ist dann die relative Klassenhäufigkeit gerade

$$h_i = \frac{1}{n} H_i \quad , \quad i=1,\ldots,p \quad .$$

Die graphische Repräsentation von Häufigkeiten bei Klassenbildung erfolgt durch ein Histogramm. Dabei wird die relative Häufigkeit h_i durch die Fläche eines Rechtecks über der Klasse K_i in einem Koordinatensystem veranschaulicht. Bezeichnet b_i die Breite der Klasse K_i (die Breite b einer Klasse $[k_1,k_2]$ berechnet sich durch $b = k_2 - k_1$) für $i=1,\ldots,p$, so ergibt sich für die Höhe r_i dieses Rechtecks

$$r_i = \frac{h_i}{b_i} \quad , \quad i=1,\ldots,p \quad .$$

Insgesamt wird damit also sichergestellt, daß der Flächeninhalt des Rechtecks über der Klasse K_i gerade der relativen Häufigkeit h_i entspricht.

Für die in $p=8$ Klassen eingeteilten Lebensdauerwerte sind in Tab. L2.2.2 neben den absoluten Häufigkeiten H_i nur noch die Rechteckshöhen r_i angegeben, denn da in diesem Fall $b_i = 1$ für $i=1,\ldots,8$ gilt, stimmen die relativen Häufigkeiten h_i mit den Höhen r_i überein. Außerdem sind in Tab. L2.2.2 die für die empirische Verteilungsfunktion benötigten Klassenmitten bzw. die Klassenendpunkte mitaufgeführt. Dabei wird die Mitte m einer Klasse $[k_1, k_2]$ mit der Klassenuntergrenze k_1 und dem Klassenendpunkt k_2 gebildet durch $m = (k_1 + k_2)/2$.

Tab. L2.2.2: Absolute Häufigkeit H_i, Rechteckshöhe r_i sowie Klassenmitte m_i und Klassenendpunkt y_i für $i=1,\ldots,8$ Lebensdauerklassen

i	Klasse K_i	H_i	r_i $(=h_i)$	m_i	y_i
1	[0;1]	5	5/16	0.5	1
2	[1;2]	3	3/16	1.5	2
3	[2;3]	3	3/16	2.5	3
4	[3;4]	1	1/16	3.5	4
5	[4;5]	1	1/16	4.5	5
6	[5;6]	2	2/16	5.5	6
7	[6;7]	0	0	6.5	7
8	[7;8]	1	1/16	7.5	8

In Abb. L2.2.2 ist das Histogramm der 16 Lebensdauerwerte bei gegebener Klasseneinteilung graphisch dargestellt.

Zur Berechnung der empirischen Verteilungsfunktion bei gruppierten Daten gibt es verschiedene Vorgehensweisen. Bezeichnet m_i die Klassenmitte der i-ten Klasse und ist h_i die entsprechende relative Häufigkeit, $i=1,\ldots,p$, so ist mit

$$S_p^M(x) = \begin{cases} 0 & x < m_1 \\ \sum_{i=1}^{j} h_i & \text{für} \quad m_j \le x < m_{j+1}, \quad j=1,\ldots,p-1, \\ 1 & x \ge m_p \end{cases}$$

eine empirische Verteilungsfunktion definiert, bei der die Sprungstellen gerade mit den Klassenmitten übereinstimmen.

Für die empirische Verteilungsfunktion der Lebensdauer von $n = 16$ Kühlaggregaten bei gegebener Klasseneinteilung der Breite 1 Jahr ergibt sich somit

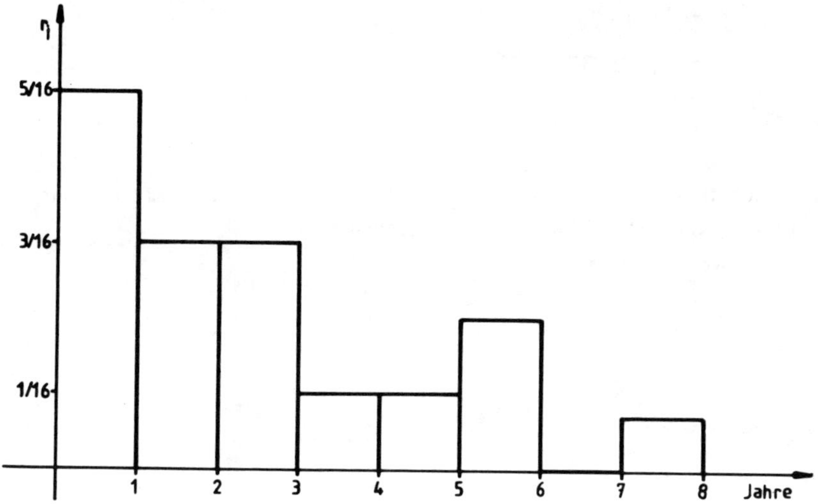

Abb. L2.2.2: Histogramm der Lebensdauer von 16 Kühlaggregaten bei Lebensdauerklassen der Breite 1 Jahr

unter Verwendung der Werte aus Tab. L2.2.2:

$$S_8^M(x) = \begin{cases} 0 & x < 0.5 \\ 5/16 & 0.5 \le x < 1.5 \\ 1/2 & 1.5 \le x < 2.5 \\ 11/16 & 2.5 \le x < 3.5 \\ 3/4 \quad \text{für} & 3.5 \le x < 4.5 \\ 13/16 & 4.5 \le x < 5.5 \\ 15/16 & 5.5 \le x < 6.5 \\ 15/16 & 6.5 \le x < 7.5 \\ 1 & x \ge 7.5 \end{cases}$$

Verwendet man hingegen zur Berechnung der empirischen Verteilungsfunktion die Klassenendpunkte y_i, $i=1,\ldots,p$, d.h. sollen die Sprungstellen mit den Klassenendpunkten zusammenfallen, so ist diese durch

$$S_p^E(x) = \begin{cases} 0 & x < y_1 \\ \sum_{i=1}^{j} h_i & \text{für} \quad y_j \leq x < y_{j+1} \quad , \; j=1,\dots,p-1, \\ 1 & x \geq y_p \end{cases}$$

definiert.

Mit den schon in Tab. L2.2.2 angegebenen Klassenendpunkten erhält man nun als empirische Verteilungsfunktion der Lebensdauern

$$S_8^E(x) = \begin{cases} 0 & x < 1 \\ 5/16 & 1 \leq x < 2 \\ 1/2 & 2 \leq x < 3 \\ 11/16 & 3 \leq x < 4 \\ 3/4 \quad \text{für} & 4 \leq x < 5 \\ 13/16 & 5 \leq x < 6 \\ 15/16 & 6 \leq x < 7 \\ 15/16 & 7 \leq x < 8 \\ 1 & x \geq 8 \end{cases} .$$

In Abb. L2.2.3 sind beide empirischen Verteilungsfunktionen (sowohl $S_8^M(x)$ als auch $S_8^E(x)$) in einem Koordinatensystem dargestellt.

Die stetige empirische Verteilungsfunktion $F_p(x)$ läßt sich zeichnerisch sehr leicht ermitteln. Dazu werden bei gegebenen Klassen bzw. Intervallen $[k_{i-1}, k_i]$, $i=1,\dots,p$, in einem Koordinatensystem die Punkte

$$\left(k_{i-1}, \sum_{j=1}^{i-1} h_j\right) \quad \text{und} \quad \left(k_i, \sum_{j=1}^{i} h_j\right)$$

linear miteinander verbunden. Natürlich gilt auch für die stetige empirische Verteilungsfunktion $F_p(x)$, daß diese für $x \leq k_o$ den Wert $F_p(x) = 0$ und für $x \geq k_p$ den Wert $F_p(x) = 1$ annimmt. Im Intervall $[k_{i-1}, k_i]$ läßt sich die stetige empirische Verteilungsfunktion auch wie folgt berechnen:

$$F_p(x) = \frac{h_i}{k_i - k_{i-1}}\, x + \sum_{j=1}^{i-1} h_j - \frac{h_i}{k_i - k_{i-1}}\, k_{i-1} \qquad \text{für} \quad k_{i-1} \leq x \leq k_i \quad .$$

Da die zur Bildung der stetigen empirischen Verteilungsfunktion $F_8(x)$ für die in Klassen eingeteilten Lebensdauerwerte benötigten relativen Summenhäufigkeiten auch bereits in die empirische Verteilungsfunktion $S_8^E(x)$ eingehen, ergibt sich für $F_8(x)$ ein Polygonzug, der die Funktionswerte von

$S_8^E(x)$ an den Klassenrandpunkten miteinander verbindet, vgl. Abb. L2.2.3.

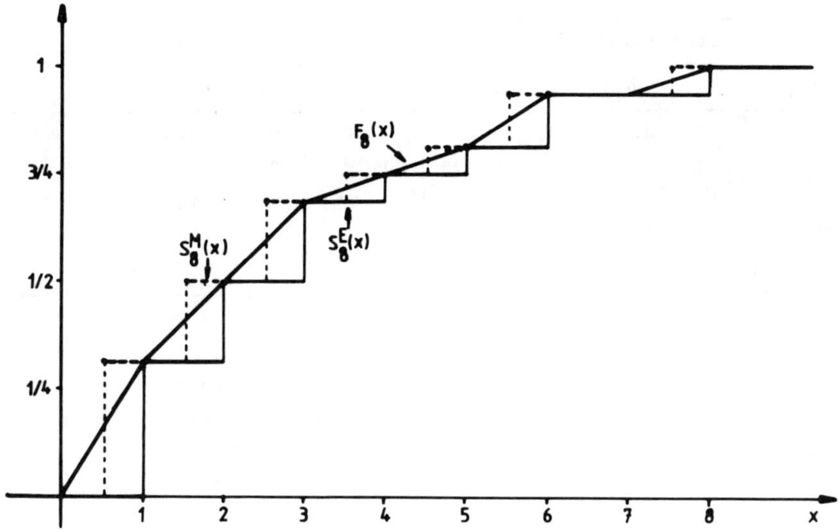

Abb. L2.2.3: Empirische Verteilungsfunktion der Lebensdauer von Kühlaggregaten bei Verwendung der Klassenmitten ($S_8^M(x)$) bzw. der Klassenendpunkte ($S_8^E(x)$) und stetige empirische Verteilungsfunktion ($F_8(x)$)

LÖSUNG ZU AUFGABE 2.3

→(a) Da im Laufe eines Tages in der Buchhandlung A insgesamt $n = 60$ Bücher bzw. in der Buchhandlung B insgesamt $n = 50$ Bücher verkauft wurden, erhält man die relative Klassenhäufigkeit h_i aus den gegebenen absoluten Häufigkeiten (vgl. Aufgabe 2.2) durch

$$h_i = \frac{1}{60} H_i \qquad \text{bzw.} \qquad h_i = \frac{1}{50} H_i \quad , \qquad i=1,\ldots,5 \quad .$$

In Tab. L2.3.1 sind neben den absoluten und relativen Häufigkeiten auch bereits die für das Histogramm (vgl. Aufgabe 2.2.b) benötigten Klassenbreiten

b_i und die Rechteckshöhen $r_i = h_i/b_i$ für $i=1,\dots,5$ angegeben.

Tab. L2.3.1: Absolute Häufigkeit H_i, relative Häufigkeit h_i, Klassenbreite b_i und Rechteckshöhe r_i, $i=1,\dots,5$, für je 5 Preisklassen K_i der Buchhandlungen A und B

	Buchhandlung A					Buchhandlung B				
i	K_i	H_i	h_i	b_i	r_i	K_i	H_i	h_i	b_i	r_i
1	0 - 10	5	0.083	10	0.0083	0 - 20	20	0.40	20	0.0200
2	10 - 30	15	0.250	20	0.0125	20 - 35	12	0.24	15	0.0160
3	30 - 50	20	0.333	20	0.0167	35 - 50	6	0.12	15	0.0080
4	50 - 80	12	0.200	30	0.0067	50 - 90	10	0.20	40	0.0050
5	80 - 120	8	0.133	40	0.0033	90 - 120	2	0.04	30	0.0013

→(b) Mit Hilfe der in Tab. L2.3.1 angegebenen Rechteckshöhen $r_i = h_i/b_i$, $i=1,\dots,5$, ergeben sich die in Abb. L2.3.1 und Abb. L2.3.2 dargestellten Histogramme.

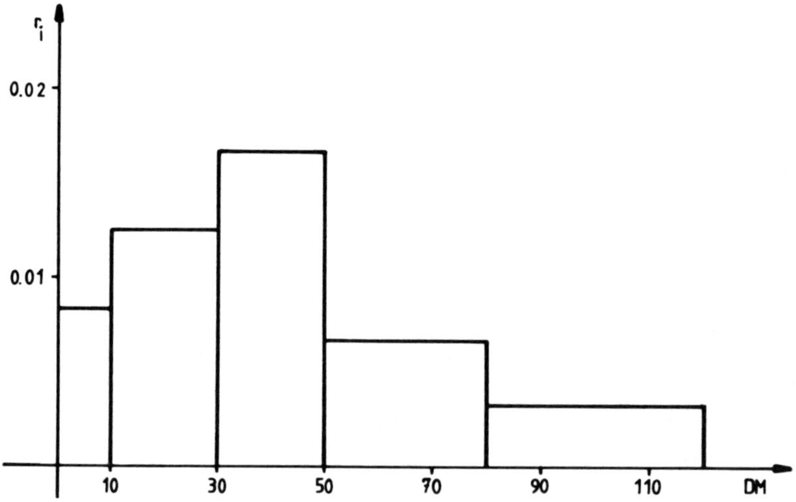

Abb. L2.3.1: Histogramm der Verteilung der verkauften Bücher in Buchhandlung A

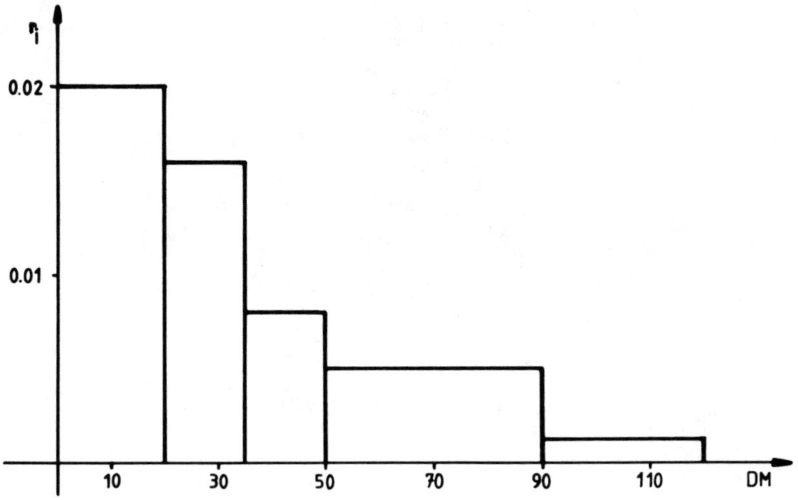

Abb. C2.3.2: Histogramm der Verteilung der verkauften Bücher in Buchhandlung B

Kapitel 3: Lagemaße für Häufigkeitsverteilungen

AUFGABE 3.1

Berechnen Sie die mittlere Lebensdauer der 16 Kühlaggregate aus Aufgabe 2.2, indem Sie

(a) die Originaldaten
(b) die Klasseneinteilung aus Aufgabe 2.2.b benutzen und annehmen, dass die Klassenmittel unbekannt seien.

AUFGABE 3.2

In den Städten A, B und C wurden jeweils in mehreren Geschäften die Preise für einen bestimmten Diafilm ermittelt. Im Ort A ergab sich aufgrund von 11 Einzelwerten ein Durchschnittspreis von 16.44 DM. In B betrug der Durchschnittspreis basierend auf 6 Einzelwerten 15.28 DM und in C wurde nach dem Besuch von 13 Geschäften als durchschnittlicher Preis 14.86 DM ermittelt. Wie hoch ist der Durchschnittspreis des Diafilms unter Berücksichtigung sämtlicher Preisinformationen aus den Städten A, B und C?

AUFGABE 3.3

Eine Boutique konnte ihren Umsatz seit ihrer Eröffnung im Jahre 1981 von Jahr zu Jahr steigern, vgl. Tab. 3.3.

(a) Wie gross ist die durchschnittliche Umsatzhöhe?
(b) Berechnen Sie die durchschnittliche Umsatzsteigerung mit Hilfe des geometrischen Mittels.

Tab. 3.3: Umsatzentwicklung einer Boutique für die Jahre 1981-85 in 1000 DM

Jahr	Umsatz in 1000 DM
1981	300.00
1982	315.00
1983	378.00
1984	415.80
1985	478.17

AUFGABE 3.4

In der Umsatzstatistik eines Einzelhändlers für das zurückliegende Geschäftsjahr sind für unbespielte Compact-Cassetten C90 mit Verkaufspreisen $p_1,\ldots,p_8$ die in Tab. 3.4 angegebenen Umsätze $U_1,\ldots,U_8$ ausgewiesen.

Tab. 3.4: Preise und Umsätze (in DM) für acht unbespielte C90-Cassetten

i	1	2	3	4	5	6	7	8
p_i	3.90	4.50	4.90	5.20	5.90	6.10	7.50	10.50
U_i	1224.60	967.50	519.40	951.60	531.00	945.50	1950.00	735.00

(a) Berechnen Sie das gewogene harmonische Mittel

$$\bar{p}_h^w = 1 \Big/ \sum_{i=1}^{8} \frac{w_i}{p_i}$$

mit den Gewichten

$$w_i = U_i \Big/ \sum_{i=1}^{8} U_i$$

und interpretieren Sie diesen Wert.

(b) Ermitteln Sie das gewogene arithmetische Mittel sowie das gewogene geometrische Mittel der Preise mit den Gewichten wie unter (a) und vergleichen Sie diese Werte mit dem Ergebnis unter (a).

AUFGABE 3.5

(a) Bestimmen Sie mit den Daten aus Aufgabe 2.1 das arithmetische Mittel, den Median, sowie das untere und das obere Quartil der Bausparabschlüsse des Mitarbeiters A und des Mitarbeiters D.
(b) Berechnen Sie den Modalwert des Merkmals 'Mitarbeiter der Bausparkasse' bei Verwendung der Daten aus Aufgabe 2.1.

AUFGABE 3.6

Der Chef eines Unternehmens möchte sich über die täglich anfallenden Anfahrtswege seiner Mitarbeiter informieren. Vom Personalbüro wird ihm auf eine Anfrage hin nachfolgende Tab. 3.6 übersandt.

Tab. 3.6: Tägliche Anfahrtswege von 100 Beschäftigten zum Arbeitsplatz

km von ... bis unter ...	Anzahl der Beschäftigten
0 - 1	7
1 - 5	24
5 - 15	35
15 - 30	18
30 - 50	16

(a) Wie gross sind das arithmetische Mittel, der Median und der Modalwert der Entfernungen zum Arbeitsplatz? Entscheiden Sie anhand der drei Lagemasse, ob die Häufigkeitsverteilung linksschief, rechtsschief oder symmetrisch ist?
(b) Berechnen Sie für $\alpha = 0.05$, 0.25, 0.5, 0.75, 0.9 die α - Quantile der Anfahrtswege zum Arbeitsplatz.

LÖSUNG ZU AUFGABE 3.1

→(a) Liegen für ein Merkmal X die Merkmalswerte $x_1,\dots,x_n$ vor bzw. werden die Ausprägungen $a_1,\dots,a_k$ mit den absoluten Häufigkeiten $H_n(a_1),\dots,H_n(a_k)$ beobachtet, so berechnet sich das arithmetische Mittel durch

$$\bar{x} = \frac{1}{n} \sum_{i=1}^{n} x_i = \frac{1}{n} \sum_{j=1}^{k} a_j H_n(a_j) \quad .$$

Die mittlere Lebensdauer der 16 Kühlaggregate liegt somit, da

$$\bar{x} = \frac{1}{16} \sum_{i=1}^{16} x_i = \frac{1}{16} \cdot (0.14 + 0.27 + \dots + 5.68 + 7.84)$$

$$= \frac{1}{16} \cdot 41.13 = 2.5706 \quad ,$$

bei etwa 2.6 Jahren.

→(b) Sind die Beobachtungswerte in p Klassen eingeteilt und ist über die Klassenmittelwerte nichts bekannt, so berechnet man das arithmetische Mittel, ausgehend von den Klassenmitten $m_1,\dots,m_p$, durch

$$\bar{x}_M = \frac{1}{n} \sum_{i=1}^{p} m_i H_i \quad ,$$

wobei H_i die absolute Häufigkeit der i-ten Klasse bezeichnet.

Mit den in Tab. L2.2.2 bereits angegebenen Häufigkeiten $H_1,\dots,H_8$ sowie den Klassenmitten $m_1,\dots,m_8$ berechnet sich die mittlere Lebensdauer der Kühlaggregate in diesem Fall zu

$$\bar{x}_M = \frac{1}{16} \sum_{i=1}^{8} m_i H_i = \frac{1}{16} \cdot (0.5 \cdot 5 + 1.5 \cdot 3 + 2.5 \cdot 3 + \dots + 7.5 \cdot 1)$$

$$= \frac{1}{16} \cdot 41 = 2.5625 \quad .$$

Der wirkliche Durchschnittswert, vgl. Aufgabenteil (a), wird hier also leicht unterschätzt.

LÖSUNG ZU AUFGABE 3.2

Für die in p Klassen eingeteilten Beobachtungswerte $x_1,\dots,x_n$ bezeichnet

$$\bar{x}_i = \frac{1}{H_i} \sum_{x_i \in K_i} x_i \quad , \quad i=1,\dots,p$$

das arithmetische Mittel der Beobachtungswerte in der Klasse K_i, d.h. sind im Gegensatz zur Aufgabe 3.1 die Klassenmittelwerte bekannt, so ist

$$\bar{x} = \frac{1}{n} \sum_{i=1}^{p} \bar{x}_i H_i$$

der Mittelwert aller Beobachtungswerte.

Basierend auf $n = H_1 + H_2 + H_3 = 11 + 6 + 13 = 30$ Beobachtungswerten und den angegebenen arithmetischen Mittelwerten (Durchschnittspreisen) $\bar{x}_1 = 16.44$, $\bar{x}_2 = 15.28$ und $\bar{x}_3 = 14.86$ für die $p = 3$ Klassen, d.h. in diesem Fall die Städte, ergibt sich als durchschnittlicher Preis für einen Diafilm

$$\bar{x} = \frac{1}{30} \sum_{i=1}^{3} \bar{x}_i H_i = \frac{1}{30} \cdot (16.44 \cdot 11 + 15.28 \cdot 6 + 14.86 \cdot 13)$$

$$= \frac{1}{30} \cdot 465.7 = 15.5233 \ .$$

LÖSUNG ZU AUFGABE 3.3

→(a) Der durchschnittliche Umsatz $\bar{U}$ der Boutique für die Jahre 1981-85 liegt bei 377394 DM, denn mit $n = 5$ ist

$$\bar{U} = \frac{1}{n} \sum_{i=1}^{n} U_i = \frac{1}{5} \sum_{i=1}^{5} U_i = \frac{1}{5} \cdot (300000 + 315000 + 378000 + 415800 + 478170)$$

$$= \frac{1}{5} \cdot 1886970 = 377394 \ .$$

→(b) Der Umsatz der Boutique lag im Jahr 1981 bei 300000 DM; er wurde im Jahr 1982 um 5% auf $300000 \cdot 1.05 = 315000$ DM,
1983 um 20% auf $300000 \cdot 1.05 \cdot 1.20 = 378000$ DM,
1984 um 10% auf $300000 \cdot 1.05 \cdot 1.20 \cdot 1.10 = 415800$ DM,
1985 um 15% auf $300000 \cdot 1.05 \cdot 1.20 \cdot 1.10 \cdot 1.15 = 478170$ DM gesteigert.

Die Gesamtsteigerung des Umsatzes von 1981 bis 1985 wird also bestimmt durch das Produkt $x_1 \cdot x_2 \cdot x_3 \cdot x_4 = 1.05 \cdot 1.20 \cdot 1.10 \cdot 1.15$. Aus diesem Grund ist es wenig sinnvoll, das arithmetische Mittel, das auf einer Summe basiert, zur Berechnung der durchschnittlichen Umsatzsteigerung heranzuziehen.

Stattdessen soll das geometrische Mittel, das für eine Beobachtungsreihe $x_1, \ldots, x_n$ mit $x_i > 0$ gegeben ist durch

$$\bar{x}_g = \sqrt[n]{x_1 \cdot x_2 \cdot \ldots \cdot x_n} \quad ,$$

berechnet werden. Das geometrische Mittel kommt vornehmlich dann zur Anwendung, wenn die Merkmalswerte relative Änderungen angeben.

Somit ergibt sich für die Boutique mit $n = 4$ und

$$\bar{x}_g = \sqrt[4]{x_1 \cdot x_2 \cdot x_3 \cdot x_4} = \sqrt[4]{1.05 \cdot 1.20 \cdot 1.10 \cdot 1.15}$$
$$= 1.1236$$

eine durchschnittliche Umsatzsteigerung von 12.36%.

LÖSUNG ZU AUFGABE 3.4

Werden zu Beobachtungen $p_1, \ldots, p_n$ Gewichte $w_1, \ldots, w_n$ mit $0 \leq w_i \leq 1$ und $\sum_{i=1}^{n} w_i = 1$ vorgegeben, so erhält man

(i) ein gewogenes harmonisches Mittel durch

$$\bar{p}_h^w = \frac{1}{\sum_{i=1}^{n} \frac{w_i}{p_i}} \quad ,$$

(ii) ein gewogenes arithmetisches Mittel durch

$$\bar{p}^w = \sum_{i=1}^{n} w_i p_i \quad ,$$

(iii) ein gewogenes geometrisches Mittel durch

$$\bar{p}_g^w = p_1^{w_1} \cdot p_2^{w_2} \cdot \ldots \cdot p_n^{w_n} \quad .$$

Aus den gewogenen Mitteln $\bar{p}_h^w$, $\bar{p}^w$ und $\bar{p}_g^w$ lassen sich mit den Gewichten $w_1 = \ldots = w_n = \frac{1}{n}$ die gewöhnlichen (harmonischen, arithmetischen, geometrischen) Mittel ableiten.

→(a) Mit den in Tab. C3.4.1 angegebenen Gewichten (Umsatzanteile)

$$w_i = U_i \Big/ \sum_{i=1}^{8} U_i \quad , \quad i=1,\dots,8 \quad ,$$

erhält man für das gewogene harmonische Mittel einen Wert von

$$\bar{p}_h^w = 1 \Big/ \sum_{i=1}^{8} \frac{w_i}{p_i} = 1 \Big/ \left(\frac{0.1565}{3.90} + \frac{0.1236}{4.50} + \frac{0.0664}{4.90} + \frac{0.1216}{5.20} + \frac{0.0679}{5.90} + \frac{0.1208}{6.10} + \frac{0.2492}{7.50} + \frac{0.0939}{10.50} \right)$$

$$= 1 \ / \ 0.1780 = 5.62 \ .$$

Tab. C3.4.1: Umsätze U_i und Gewichte w_i, i=1,...,8,zur Berechnung des gewogenen harmonischen Mittels

i	U_i	$w_i = \frac{U_i}{7824.60}$
1	1224.60	0.1565
2	967.50	0.1236
3	519.40	0.0664
4	951.60	0.1216
5	531.00	0.0679
6	945.50	0.1208
7	1950.00	0.2492
8	735.00	0.0939
$\sum$	7824.60	1

Aus den Umsatzzahlen und den entsprechenden Preisen der acht unbespielten C-90 Cassetten lassen sich natürlich die jeweils verkauften Stückzahlen errechnen. Für die i-te Preiskategorie liegt die verkaufte Stückzahl s_i bei

$$s_i = \frac{U_i}{p_i} \quad , \quad i=1,\dots,8 \quad ;$$

so wurden z.B. zum Preis $p_4 = 5.20$

$$s_4 = \frac{951.60}{5.20} = 183$$

Cassetten verkauft. Insgesamt ergibt sich dann, daß im zurückliegenden Geschäftsjahr

$$\sum_{i=1}^{8} s_i = 1393$$

Cassetten abgesetzt wurden.

Das oben berechnete gewogene harmonische Mittel $\bar{p}_h^w = 5.62$ DM läßt sich nun interpretieren als Durchschnittspreis pro Cassette, denn es gilt

$$\bar{p}_h^w = 5.62 = \frac{7824.60}{1393} = \frac{\text{Gesamtumsatz}}{\text{Anzahl der verkauften Cassetten}} .$$

→(b) Das gewogene arithmetische Mittel ist gegeben durch

$$\bar{p}^w = \sum_{i=1}^{8} w_i p_i \quad ,$$

d.h. mit den Gewichten w_i, $i=1,\ldots,8$, aus Tab. L3.4.1 ergibt sich ein gewogener Durchschnittspreis von

$$\begin{aligned}\bar{p}^w &= 0.1565 \cdot 3.90 + 0.1236 \cdot 4.50 + 0.0664 \cdot 4.90 + 0.1216 \cdot 5.20 \\ &\quad + 0.0679 \cdot 5.90 + 0.1208 \cdot 6.10 + 0.2492 \cdot 7.50 + 0.0939 \cdot 10.50 \\ &= 6.12 \quad .\end{aligned}$$

Für das gewogene geometrische Mittel $\bar{p}_g^w$ der Preise erhält man mit

$$\bar{p}_g^w = p_1^{w_1} \cdot p_2^{w_2} \cdot \ldots \cdot p_8^{w_8}$$

gerade

$$\begin{aligned}\bar{p}_g^w &= (3.90)^{0.1565} \cdot (4.50)^{0.1236} \cdot (4.90)^{0.0664} \cdot (5.20)^{0.1216} \\ &\quad \cdot (5.90)^{0.0679} \cdot (6.10)^{0.1208} \cdot (7.50)^{0.2492} \cdot (10.50)^{0.0939} \\ &= 5.85 \quad .\end{aligned}$$

Ein Vergleich der drei gewogenen Mittelwerte der Preise liefert nun

$$\bar{p}_h^w = 5.62 < \bar{p}_g^w = 5.85 < \bar{p}^w = 6.12 \quad .$$

LÖSUNG ZU AUFGABE 3.5

→(a) Mit den in Tab. L2.1.1 übersichtlich dargestellten Daten ergibt sich als Durchschnittshöhe der vom Mitarbeiter A abgeschlossenen 24 Bausparverträge ein Betrag von

$$\begin{aligned}\bar{x}^A &= \frac{1}{24} \sum_{i=1}^{24} x_i = \frac{1}{24} \cdot (13000 + 15000 + \ldots + 52000) \\ &= \frac{1}{24} \cdot 672000 = 28000 \text{ DM}\end{aligned}$$

bzw. für die 7 Bausparverträge des Mitarbeiters D eine durchschnittliche Abschlußsumme von

$$\bar{x}^D = \frac{1}{7} \sum_{i=1}^{7} x_i = \frac{1}{7} \cdot (40000 + 45000 + \ldots + 65000)$$

$$= \frac{1}{7} \cdot 372000 = 53142.86 \text{ DM.}$$

Werden die Beobachtungswerte $x_1, \ldots, x_n$ eines Merkmals X der Größe nach geordnet

$$x_{(1)} \leq x_{(2)} \leq \ldots \leq x_{(n)} \quad ,$$

so ist der Median $\tilde{x}_{0.5}$ dadurch charakterisiert, daß ober- und unterhalb von $\tilde{x}_{0.5}$ gleichviel Beobachtungen liegen, d.h.

$$\tilde{x}_{0.5} = \begin{cases} x_{((n+1)/2)} & \text{, falls n ungerade} \\ \frac{1}{2}(x_{(n/2)} + x_{((n+2)/2)}) & \text{, falls n gerade} \end{cases}$$

In Tab. L2.1.1 sind die Beobachtungswerte bereits der Größe nach geordnet, so daß der Median für die vom Mitarbeiter A abgeschlossenen Bausparverträge mit n = 24 (eine gerade Zahl) bei

$$\tilde{x}^A_{0.5} = \frac{1}{2} \cdot (x_{(12)} + x_{(13)}) = \frac{1}{2} \cdot (24000 + 25000)$$

$$= 24500$$

liegt. Vom Mitarbeiter D wurden n = 7 (eine ungerade Zahl) Bausparverträge abgeschlossen. Demnach liegt der Median bei

$$\tilde{x}^D_{0.5} = x_{((7+1)/2)} = x_{(4)}$$

$$= 57000 \ .$$

Analog zur Berechnung des Medians müssen auch bei der Bestimmung des α - Quantils $\tilde{x}_\alpha$, das für $0 < \alpha < 1$ gegeben ist durch

$$\tilde{x}_\alpha = \begin{cases} x_{(k)} & \text{, falls } n \cdot \alpha \text{ keine ganze Zahl ist: k ist dann die auf } n \cdot \alpha \text{ folgende ganze Zahl} \\ \frac{1}{2}(x_{(k)} + x_{(k+1)}) & \text{, falls } n \cdot \alpha \text{ eine ganze Zahl ist: } k = n \cdot \alpha \end{cases}$$

die Beobachtungswerte $x_1, \ldots, x_n$ der Größe nach geordnet ($x_{(1)} \leq \ldots \leq x_{(n)}$) vorliegen. Für das α - Quantil $\tilde{x}_\alpha$ gilt also, falls $n \cdot \alpha$ keine ganze Zahl ist, daß k-1 Werte unterhalb von $\tilde{x}_\alpha$ und n-k Beobachtungswerte oberhalb von $\tilde{x}_\alpha$

liegen. Ist $n\alpha$ eine ganze Zahl, so soll gelten, daß $n\alpha$ Beobachtungswerte kleiner oder gleich $\tilde{x}_\alpha$ sind und $n(1-\alpha)$ Werte größer oder gleich $\tilde{x}_\alpha$ sind. Das 0.25-Quantil $\tilde{x}_{0.25}$ bzw. das 0.75-Quantil $\tilde{x}_{0.75}$ werden dabei oft auch als unteres bzw. oberes Quartil bezeichnet.

Somit erhält man mit den Daten aus Tab. L2.1.1 als unteres Quartil für die vom Mitarbeiter A abgeschlossenen Bausparverträge, da

$$n\cdot\alpha = 24\cdot 0.25 = 6$$

eine ganze Zahl ist, mit $k = 6$

$$\tilde{x}^A_{0.25} = \frac{1}{2}(x_{(k)} + x_{(k+1)}) = \frac{1}{2}(x_{(6)} + x_{(7)}) = \frac{1}{2}(17000 + 18000)$$
$$= 17500$$

bzw. für die Bausparabschlüsse des Mitarbeiters D mit

$$n\cdot\alpha = 7\cdot 0.25 = 1.75 \quad ,$$

(keine ganze Zahl), d.h. $k = 2$,

$$\tilde{x}^D_{0.25} = x_{(k)} = x_{(2)}$$
$$= 45000.$$

Entsprechend ergeben sich für die oberen Quartile mit

$$n\cdot\alpha = 24\cdot 0.75 = 18 = k$$

bzw. $n\cdot\alpha = 7\cdot 0.75 = 5.25$, d.h. $k = 6$,

$$\tilde{x}^A_{0.75} = \frac{1}{2}(x_{(k)} + x_{(k+1)}) = \frac{1}{2}(x_{(18)} + x_{(19)}) = \frac{1}{2}(35000 + 37000)$$
$$= 36000$$

bzw. $$\tilde{x}^D_{0.75} = x_{(k)} = x_{(6)}$$
$$= 60000 \ .$$

→(b) Der Modalwert x_{mod} einer Verteilung gibt diejenige Ausprägung an, welche die größte Häufigkeit besitzt, d.h. es gilt

$$h_n(x_{mod}) \geq h_n(a_j)$$

für alle Merkmalswerte a_j, $j=1,\ldots,k$.

Für die Verteilung des Merkmals $X \hat{=}$ 'Mitarbeiter der Bausparkasse' mit den Ausprägungen A, B, C, D, E ist der Modalwert

$$x_{mod} = A \;,$$

denn, vgl. Tab. L2.1.1,

$$h_{60}(A) = \frac{24}{60} > h_{60}(B) = \frac{16}{60} > h_{60}(C) = \frac{10}{60} > h_{60}(D) = \frac{7}{60} > h_{60}(E) = \frac{4}{60} \;.$$

LÖSUNG ZU AUFGABE 3.6

→(a) In Tab. L3.6.1 sind zunächst für die täglichen Anfahrtswege von $n = 100$ Beschäftigten zum Arbeitsplatz bei einer vorgegebenen Einteilung in $p = 5$ Kilometerklassen die absoluten und relativen Häufigkeiten, die Klassenmitten und die relativen Summenhäufigkeiten aufgeführt.

Tab. L3.6.1: Absolute Häufigkeiten H_i, relative Häufigkeiten h_i, Klassenmitten m_i und relative Summenhäufigkeiten $\sum_{i=1}^{j} h_i$, $j=1,\ldots,5$, für die täglichen Anfahrtswege von 100 Beschäftigten zum Arbeitsplatz

i	K_i	H_i	h_i	m_i	j	$\sum_{i=1}^{j} h_i$
1	0- 1	7	0.07	0.5	1	0.07
2	1- 5	24	0.24	3.0	2	0.31
3	5-15	35	0.35	10.0	3	0.66
4	15-30	18	0.18	22.5	4	0.84
5	30-50	16	0.16	40.0	5	1.00

Da die Klassenmittelwerte unbekannt sind (vgl. Aufgabe 3.1), berechnet sich das arithmetische Mittel mit Hilfe der Klassenmitten m_i, $i=1,\ldots,5$, vgl. Tab. L3.6.1, zu

$$\bar{x}_M = \frac{1}{n}\sum_{i=1}^{p} m_i H_i = \frac{1}{100}\sum_{i=1}^{5} m_i H_i = \frac{1}{100}\cdot 1470.5$$

$$= 14.705 \quad ,$$

d.h. der durchschnittliche Anfahrtsweg liegt damit bei 14.705 km.

Liegen die Daten, wie hier, in gruppierter Form vor, so muß für die Ermittlung des Medians $\tilde{x}_{0.5}$ zunächst diejenige Klasse K_j bestimmt werden, in welcher der Median liegt. Für diese muß gelten

$$\sum_{i=1}^{j-1} h_i < 0.5 \text{ und } \sum_{i=1}^{j} h_i \geq 0.5 \qquad \text{mit} \quad \sum_{i=1}^{0} h_i = 0 \quad .$$

Anschließend wird für die auf diese Weise gefundene Klasse K_j die Klassenbreite b_j und die Klassenuntergrenze u_j bestimmt. Den Median erhält man dann durch

$$\tilde{x}_{0.5} = u_j + \frac{0.5 - \sum_{i=1}^{j-1} h_i}{h_j} b_j \quad .$$

Mit den in Tab. L3.6.1 angegebenen Werten der relativen Summenhäufigkeit ergibt sich, daß der Median der Verteilung der Anfahrtswege in der Klasse K_3 liegen muß, denn

$$\sum_{i=1}^{2} h_i = 0.31 < 0.5 \text{ und } \sum_{i=1}^{3} h_i = 0.66 > 0.5 \quad .$$

Da $u_3 = 5$ und $b_3 = 10$ ist, liegt der Median gerade bei

$$\tilde{x}_{0.5} = u_3 + \frac{0.5 - \sum_{i=1}^{2} h_i}{h_3} b_3 = 5 + \frac{0.5 - 0.31}{0.35} \cdot 10$$

$$= 10.4286 \quad ,$$

d.h. 50% der Mitarbeiter haben einen Anfahrtsweg von unter 10.4286 km bis zu ihrem Arbeitsplatz.

Bei in Klassen eingeteilten Beobachtungswerten liegt der Modalwert x_{mod} in der Klasse K_j, die im Histogramm (vgl. Aufgabe 2.2) die größte Rechteckshöhe r_j aufweist. Bezeichnet m_j die Klassenmitte der auf diese Weise bestimmten Klasse, so ist

$$x_{mod} = m_j \quad .$$

In Tab. L3.6.2 sind für die 5 Kilometerklassen die zur Berechnung der Rechteckshöhe $r_i = h_i / b_i$, wobei b_i die Breite der i-ten Klasse bezeichnet, $i=1,\ldots,5$, benötigten Größen zusammengestellt.

Mit $r_1 = 0.07 > r_i$, $i=2,3,4,5$, liegt der Modalwert x_{mod} in der 1. Klasse, d.h. es ist

$$x_{mod} = m_1 = 0.5 \quad .$$

Tab. L3.6.2: Relative Häufigkeit h_i, Klassenbreite b_i und Rechteckshöhe r_i bei gegebener Klasseneinteilung für die Anfahrtswege von 100 Beschäftigten, vgl. Tab. L3.6.1

i	K_i	h_i	b_i	r_i
1	0- 1	0.07	1	0.070
2	1- 5	0.24	4	0.060
3	5-15	0.35	10	0.035
4	15-30	0.18	15	0.012
5	30-50	0.16	20	0.008

Eine unimodale, d.h. eingipflige, Häufigkeitsverteilung mit arithmetischem Mittel $\bar{x}$, Median $\tilde{x}_{0.5}$ und Modalwert x_{mod} heißt

$$\begin{array}{lll} \text{rechtsschief,} & \text{falls} & \bar{x} > \tilde{x}_{0.5} > x_{mod} \;, \\ \text{linksschief,} & \text{falls} & \bar{x} < \tilde{x}_{0.5} < x_{mod} \;, \\ \text{symmetrisch,} & \text{falls} & \bar{x} = \tilde{x}_{0.5} = x_{mod} \;. \end{array}$$

Für die gruppierten Anfahrtswege der $n = 100$ Beschäftigten eines Betriebs wurde als arithmetisches Mittel

$$\bar{x} = 14.705 \text{ km} \;,$$

als Median

$$\tilde{x}_{0.5} = 10.4286 \text{ km}$$

und als Modalwert

$$x_{mod} = 0.5 \text{ km}$$

ermittelt, d.h. zusammen mit dem in **Abb. L3.6.1** dargestellten Histogramm, kann auf eine rechtsschiefe Häufigkeitsverteilung geschlossen werden.

→(b) Analog zur Ermittlung des Medians ($\alpha = 0.5$) können die α-Quantile ($0 < \alpha < 1$) bei gruppierten Daten ermittelt werden. Ist

$$\sum_{i=1}^{j-1} h_i < \alpha \quad \text{und} \quad \sum_{i=1}^{j} h_i \geq \alpha \;,$$

so liegt das α-Quantil in der Klasse K_j. Bezeichnet u_j die Untergrenze und b_j die Breite dieser Klasse K_j, so wird das α-Quantil bestimmt durch

$$\tilde{x}_\alpha = u_j + \frac{\alpha - \sum_{i=1}^{j-1} h_i}{h_j} \, b_j \;.$$

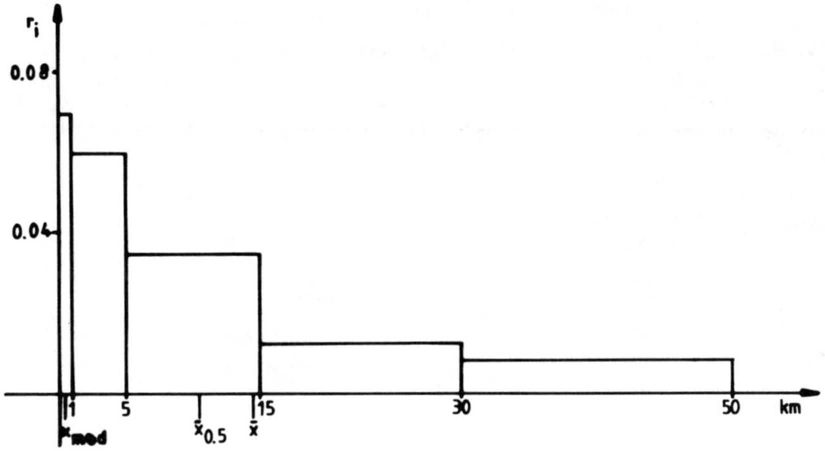

Abb. L3.6.1: Histogramm für die Anfahrtswege von n = 100 Beschäftigten

Mit den Werten aus Tab. L3.6.1 ergibt sich, daß das 0.05 - Quantil $\tilde{x}_{0.05}$ in der Klasse K_1 liegt, da

$$\sum_{i=1}^{0} h_i = 0 < 0.05 \quad \text{und} \quad \sum_{i=1}^{1} h_i = 0.07 > 0.05 \ ,$$

d.h. mit $u_1 = 0$ und $b_1 = 1$ ist

$$\tilde{x}_{0.05} = u_1 + \frac{0.05 - \sum_{i=1}^{0} h_i}{h_1} b_1 = 0 + \frac{0.05 - 0}{0.07} \cdot 1$$

$$= 0.7143 \ .$$

Das untere Quartil $\tilde{x}_{0.25}$ liegt in K_2, da

$$\sum_{i=1}^{1} h_i = 0.07 < 0.25 \quad \text{und} \quad \sum_{i=1}^{2} h_i = 0.31 > 0.25 \ ;$$

somit ist mit $u_2 = 1$ und $b_2 = 4$

$$\tilde{x}_{0.25} = u_2 + \frac{0.25 - \sum_{i=1}^{1} h_i}{h_2} b_2$$

$$= 1 + \frac{0.25 - 0.07}{0.24} \cdot 4 = 4 \ ,$$

d.h. 25% der Beschäftigten fahren täglich weniger als 4 km bis zu ihrem Arbeitsplatz.

$\tilde{x}_{0.5}$ ist gerade der Median, der bereits im Aufgabenteil (a) bestimmt wurde:

$$\tilde{x}_{0.5} = 10.4286 \ .$$

Das obere Quartil $\tilde{x}_{0.75}$ liegt in K_4, da

$$\sum_{i=1}^{3} h_i = 0.66 < 0.75 \quad \text{und} \quad \sum_{i=1}^{4} h_i = 0.84 > 0.75 \ .$$

Also ist mit $u_4 = 15$ und $b_4 = 15$

$$\tilde{x}_{0.75} = u_4 + \frac{0.75 - \sum_{i=1}^{3} h_i}{h_4} b_4 = 15 + \frac{0.75 - 0.66}{0.18} \cdot 15$$

$$= 22.5 \ .$$

Das 0.9 - Quantil $\tilde{x}_{0.9}$ schließlich liegt in der Klasse K_5, denn

$$\sum_{i=1}^{4} h_i = 0.84 < 0.9 \quad \text{und} \quad \sum_{i=1}^{5} h_i = 1 > 0.9 \ .$$

Dann ist mit $u_5 = 30$ und $b_5 = 20$

$$\tilde{x}_{0.9} = u_5 + \frac{0.9 - \sum_{i=1}^{4} h_i}{h_5} b_5 = 30 + \frac{0.9 - 0.84}{0.16} \cdot 20$$

$$= 37.5 \ ,$$

d.h. 10% der Beschäftigten des Betriebes müssen täglich mehr als 37.5 km bis zu ihrem Arbeitsplatz fahren.

Kapitel 4: Streuungsmaße für Häufigkeitsverteilungen

AUFGABE 4.1

Für die drei Putzkolonnen eines Reinigungsunternehmens ergibt sich je nach Alter, Dauer der Betriebszugehörigkeit und Einsatzgebiet folgende Einkommensverteilung (in DM) pro Monat:

(i) 2624, 2830, 2386, 2395, 2147, 2546;
(ii) 2936, 2758, 2774, 2822;
(iii) 2325, 2536, 2395, 2454, 2640.

Berechnen Sie für jede Kolonne

(a) das Durchschnittseinkommen,
(b) den Median,
(c) die Spannweite,
(d) den Quartilsabstand,
(e) die mittlere absolute Abweichung vom Median,
(f) die Varianz und Standardabweichung sowie
(g) den Variationskoeffizienten.

AUFGABE 4.2

In Aufgabe 3.6 wurden die täglich anfallenden Anfahrtswege der Beschäftigten einer Firma zu ihrem Arbeitsplatz angegeben. Berechnen Sie für diese Daten Quartilsabstand, Varianz und Standardabweichung.

AUFGABE 4.3

Berechnen Sie für die Verteilung der Lebensdauern von 16 Kühlaggregaten aus Aufgabe 2.2 die Standardabweichung, indem Sie

(a) die Originaldaten,
(b) die Klasseneinteilung aus Aufgabe 2.2.b verwenden und dabei davon ausgehen, dass die Klassenmittelwerte unbekannt sind (mit und ohne Sheppardscher Korrektur).

Vergleichen Sie die unter (a) und (b) gemachten Ergebnisse.

AUFGABE 4.4

Bestimmen Sie für die Daten

15; 22; 38; -17; -1; 26; 11; 19; -25; 5;
17; -2; 9; 29; 6; 73; -3; 57; -16; 17

die Streuungsmasse

(a) Quartilsabstand $\tilde{q} = \tilde{x}_{0.75} - \tilde{x}_{0.25}$,
(b) mittlere absolute Abweichung vom Median

$$d = \frac{1}{n} \sum_{i=1}^{n} |x_i - \tilde{x}_{0.5}| ,$$

(c) Standardabweichung $s = \sqrt{\frac{1}{n-1} \sum_{i=1}^{n} (x_i - \bar{x})^2}$.
(d) Zeichnen Sie auf einer Zahlengeraden die Daten zusammen mit den Bereichen $[\tilde{x}_{0.25} ; \tilde{x}_{0.75}]$, $[\tilde{x}_{0.5} - d ; \tilde{x}_{0.5} + d]$, $[\bar{x} - s ; \bar{x} + s]$ ein.
(e) Vergleichen Sie weiterhin das unter (b) bzw. (c) gewonnene Ergebnisse mit der Grösse

$$d^* = \frac{1}{n} \sum_{i=1}^{n} |x_i - \bar{x}|$$

bzw.

$$s^* = \sqrt{\frac{1}{n-1} \sum_{i=1}^{n} (x_i - \tilde{x}_{0.5})^2}$$

LÖSUNG ZU AUFGABE 4.1

→(a) Für das arithmetische Mittel (vgl. Aufgabe 3.1)

$$\bar{x} = \frac{1}{n} \sum_{i=1}^{n} x_i$$

der Einkommen in den drei Putzkolonnen ergibt sich

(i) mit $n = 6$ ein Betrag von

$$\bar{x} = \frac{1}{6} \sum_{i=1}^{6} x_i = \frac{1}{6} (2624 + 2830 + 2386 + 2395 + 2546) = \frac{1}{6} \cdot 14928$$
$$= 2488 \quad ;$$

(ii) mit $n = 4$ ein Betrag von

$$\bar{x} = \frac{1}{4} \sum_{i=1}^{4} x_i = \frac{1}{4} (2936 + 2758 + 2774 + 2822) = \frac{1}{4} \cdot 11290$$
$$= 2822.50 \quad ;$$

(iii) mit $n = 5$ ein Betrag von

$$\bar{x} = \frac{1}{5} \sum_{i=1}^{5} x_i = \frac{1}{5} (2325 + 2536 + 2395 + 2454 + 2640) = \frac{1}{5} \cdot 12350$$
$$= 2470 \quad .$$

→(b) Um den Median (vgl. Aufgabe 3.5.a)

$$\tilde{x}_{0.5} = \begin{cases} x_{((n+1)/2)} & \text{, falls n ungerade} \\ \frac{1}{n} (x_{(n/2)} + x_{((n+2)/2)}) & \text{, falls n gerade} \end{cases}$$

bestimmen zu können, müssen die Einkommenswerte der drei Kolonnen zunächst der Größe nach geordnet werden.

(i) Mit $(x_{(1)}, x_{(2)}, x_{(3)}, x_{(4)}, x_{(5)}, x_{(6)}) = (2147, 2386, 2395, 2546, 2624, 2830)$ und $n = 6$ (gerade Zahl) ist

$$\tilde{x}_{0.5} = \frac{x_{(6/2)} + x_{(8/2)}}{2} = \frac{x_{(3)} + x_{(4)}}{2} = \frac{2395 + 2546}{2}$$
$$= 2470.5 \quad .$$

(ii) Mit $(x_{(1)}, x_{(2)}, x_{(3)}, x_{(4)}) = (2758, 2774, 2822, 2936)$ und $n = 4$ (gerade Zahl) ist

$$\tilde{x}_{0.5} = \frac{x_{(2)} + x_{(3)}}{2} = \frac{2774 + 2822}{2}$$
$$= 2798 \quad .$$

(iii) Mit $(x_{(1)}, x_{(2)}, x_{(3)}, x_{(4)}, x_{(5)}) = (2325, 2395, 2454, 2536, 2640)$ und $n = 5$ (ungerade Zahl) ist

$$\tilde{x}_{0.5} = x_{(6/2)} = x_{(3)}$$
$$= 2454 \quad .$$

→(c) Die Spannweite R, die die Breite des Streubereichs der Merkmalsausprägungen angibt, ist definiert als

$$R = x_{(n)} - x_{(1)} \quad ,$$

wobei $x_{(n)}$ den größten und $x_{(1)}$ den kleinsten Merkmalswert bezeichnet.

Im Teil (b) dieser Aufgabe sind die Einkommenswerte bereits der Größe nach geordnet worden. Die Spannweite beträgt somit jeweils

(i) $R = x_{(6)} - x_{(1)} = 2830 - 2147 = 683$;

(ii) $R = x_{(4)} - x_{(1)} = 2936 - 2758 = 178$;

(iii) $R = x_{(5)} - x_{(1)} = 2640 - 2325 = 315$.

→(d) Bezeichnen $\tilde{x}_{0.75}$ und $\tilde{x}_{0.25}$ das obere bzw. das untere Quartil einer Beobachtungsreihe (vgl. Aufgabe 3.5.a), so wird die Differenz

$$\tilde{q} = \tilde{x}_{0.75} - \tilde{x}_{0.25}$$

als Quartilsabstand bezeichnet. Der Quartilsabstand, der die Größe des Bereichs angibt, in dem mindestens 50 % der Beobachtungen liegen, ist in vielen Fällen als Maß für die Streuung besser geeignet als die unter (c) betrachtete Spannweite, da dieser nicht so sehr von Extremwerten (Ausreißern) abhängig ist.

Da im Aufgabenteil (b) die Merkmalswerte bereits der Größe nach geordnet wurden, liegt der Quartilsabstand mit

$$\tilde{x}_\alpha = \begin{cases} x_{(k)} & \text{, falls } n \cdot \alpha \text{ keine ganze Zahl ist: } k \text{ ist dann die auf } n \cdot \alpha \text{ folgende ganze Zahl} \\ \frac{1}{n}(x_{(k)} + x_{(k+1)}) & \text{, falls } n \cdot \alpha \text{ eine ganze Zahl ist: } k = n \cdot \alpha \end{cases}$$

für $\alpha = 0.75$ und $\alpha = 0.25$ jeweils bei

(i) $\tilde{q} = \tilde{x}_{0.75} - \tilde{x}_{0.25} = x_{(5)} - x_{(2)} = 2624 - 2386$
$= 238$,

denn mit $n = 6$ und $n \cdot 0.75 = 6 \cdot 0.75 = 4.5$ bzw. $n \cdot 0.25 = 6 \cdot 0.25 = 1.5$ ist

$$\tilde{x}_{0.75} = x_{(5)} \quad , \quad \tilde{x}_{0.25} = x_{(2)} \quad ;$$

(ii) $\tilde{q} = \tilde{x}_{0.75} - \tilde{x}_{0.25} = 2879 - 2766$

$= 113$,

denn mit $n = 4$ und $n \cdot 0.75 = 4 \cdot 0.75 = 3$ bzw. $n \cdot 0.25 = 4 \cdot 0.25 = 1$ ist

$$\tilde{x}_{0.75} = (x_{(3)} + x_{(4)})/2 = (2822 + 2936)/2$$
$$= 2879 \quad \text{und}$$
$$\tilde{x}_{0.25} = (x_{(1)} + x_{(2)})/2 = (2758 + 2774)/2$$
$$= 2766 \quad ;$$

(iii) $\tilde{q} = \tilde{x}_{0.75} - \tilde{x}_{0.25} = x_{(4)} - x_{(2)} = 2536 - 2395$

$= 141$,

denn mit $n = 5$ und $n \cdot 0.75 = 5 \cdot 0.75 = 3.75$ bzw. $n \cdot 0.25 = 5 \cdot 0.25 = 1.25$ ist

$$\tilde{x}_{0.75} = x_{(4)} \quad , \quad \tilde{x}_{0.25} = x_{(2)} \quad .$$

→(e) Bisher wurden Streuungsmaße berechnet, die auf der Differenz vonRanggrößen, d.h. von den der Größe nach geordneten Beobachtungswerten, basierten. Als eine weitere Möglichkeit, eine Kennzahl für die Streuung zu bilden, bietet es sich an, die Abweichungen der Beobachtungen von einem Lagemaß zu betrachten. Wird der Median $\tilde{x}_{0.5}$ als ein solches Lagemaß verwendet, so heißt

$$d = \frac{1}{n} \sum_{i=1}^{n} |x_i - \tilde{x}_{0.5}|$$

die mittlere absolute Abweichung vom Median.

Der Median der Einkommensverteilung der jeweiligen Putzkolonnen ist im Aufgabenteil (b) berechnet worden; somit ergibt sich dann für die mittlere absolute Abweichung vom Median jeweils

(i) $d = \frac{1}{6} \sum_{i=1}^{6} |x_i - 2470.5|$

$$= \frac{1}{6} (|2624 - 2470.5| + |2830 - 2470.5| + |2386 - 2470.5| + |2395 - 2470.5|$$
$$+ |2147 - 2470.5| + |2546 - 2470.5|)$$
$$= \frac{1}{6} (153.5 + 359.5 + 84.5 + 75.5 + 323.5 + 75.5)$$
$$= \frac{1}{6} \cdot 1072$$
$$= 178.6667 \quad ;$$

(ii) $d = \frac{1}{4} \sum_{i=1}^{4} |x_i - 2798| = \frac{1}{4} (138 + 40 + 24 + 24) = \frac{1}{4} \cdot 226$

$= 56.5$;

(iii) $d = \frac{1}{5} \sum_{i=1}^{5} |x_i - 2454| = \frac{1}{5} (129 + 82 + 59 + 0 + 186) = \frac{1}{5} \cdot 456$

$= 91.2$.

→(f) Beim am häufigsten verwendeten Streuungsmaß einer Häufigkeitsverteilung, der Varianz, werden die Beobachtungswerte in Bezug zu ihrem arithmetischen Mittel gesetzt. Dabei wird im Gegensatz zur mittleren Abweichung vom Median nicht die betragliche Differenz, sondern der quadratische Abstand als Abstandsmaß gewählt. Die Varianz s^2 ist nun gegeben als

$$s^2 = \frac{1}{n-1} \sum_{i=1}^{n} (x_i - \bar{x})^2 = \frac{1}{n-1} \left[\sum_{i=1}^{n} x_i^2 - n\bar{x}^2 \right] .$$

Da die Varianz nicht die gleiche Dimension wie die Beobachtungswerte besitzt, geht man in der deskriptiven Statistik häufig zur Standardabweichung s als Streuungsmaß über, die gegeben ist durch

$$s = \sqrt{s^2} .$$

Mit den bereits in Teil (a) berechneten durchschnittlichen Einkommen $\bar{x}$ der drei Putzkolonnen ergibt sich nun für die Varianz bzw. die Standardabweichung jeweils

(i) $s^2 = \frac{1}{6-1} \sum_{i=1}^{6} (x_i - \bar{x})^2 = \frac{1}{5} \left(\sum_{i=1}^{6} x_i^2 - 6 \cdot \bar{x}^2 \right)$

$= \frac{1}{5} (2624^2 + 2830^2 + 2386^2 + 2395^2 + 2147^2 + 2546^2 - 6 \cdot 2488^2)$

$= \frac{1}{5} (37415022 - 37140864)$

$= 54831.6$, d.h.

$s = \sqrt{s^2} = \sqrt{54831.6}$

$= 234.1615$;

(ii) $s^2 = \frac{1}{4-1} \sum_{i=1}^{4} (x_i - \bar{x})^2 = \frac{1}{3} \left(\sum_{i=1}^{4} x_i^2 - 4 \cdot \bar{x}^2 \right)$

$= \frac{1}{3} (31885420 - 31866025)$

$= 6465$, d.h.

$$s = \sqrt{6465}$$
$$= 80.4052 \quad ;$$

(iii) $$s^2 = \frac{1}{5-1} \sum_{i=1}^{5} (x_i - \bar{x})^2 = \frac{1}{4} \left(\sum_{i=1}^{5} x_i^2 - 5 \cdot \bar{x}^2 \right)$$
$$= \frac{1}{4} (30564662 - 5 \cdot 2470^2)$$
$$= 15040.5 \quad , \quad \text{d.h.}$$

$$s = \sqrt{15040.5}$$
$$= 122.6397 \quad .$$

→(g) Der Variationskoeffizient v, den zu berechnen nur bei positiven Beobachtungswerten sinnvoll ist, ist gegeben durch

$$v = \frac{s}{\bar{x}} \quad ,$$

d.h. durch das Verhältnis von Standardabweichung s zum arithmetischen Mittel $\bar{x}$. Da der Variationskoeffizient also ein vom jeweiligen Mittelwert bereinigtes Maß für die Streuung angibt, eignet er sich vor allem zum Vergleich von Streuungen verschiedener Häufigkeitsverteilungen.

Mit den im Teil (a) bzw. (f) berechneten Werten für das arithmetische Mittel bzw. für die Standardabweichung der Einkommenswerte in den drei Putzkolonnen erhält man somit als Variationskoeffizient jeweils

(i) $$v = \frac{s}{\bar{x}} = \frac{234.1615}{2488}$$
$$= 0.0941 \quad ;$$

(ii) $$v = \frac{80.4052}{2822.5}$$
$$= 0.0285 \quad ;$$

(iii) $$v = \frac{122.6397}{2470}$$
$$= 0.0497 \quad ;$$

d.h. auch die relative Streuung der Einkommenswerte ist in der ersten Putzkolonne am größten.

LÖSUNG ZU AUFGABE 4.2

Mit dem bereits in Aufgabe 3.6 ermittelten oberen Quartil $\tilde{x}_{0.75} = 22.5$ bzw. unteren Quartil $\tilde{x}_{0.25} = 4$ ergibt sich ein Quartilsabstand (vgl. Aufgabe 4.1) von

$$\tilde{q} = \tilde{x}_{0.75} - \tilde{x}_{0.25} = 22.5 - 4$$
$$= 18.5 \quad .$$

Sind die Klassenmittelwerte bei gruppierten Daten (p Klassen) unbekannt, so läßt sich eine Varianz s_*^2 noch näherungsweise mit Hilfe der Klassenmitten m_i, $i=1,\ldots,p$, berechnen:

$$s_*^2 = \frac{1}{n-1} \sum_{i=1}^{p} (m_i - \bar{x}_M)^2 H_i \quad \text{mit} \quad \bar{x}_M = \frac{1}{n} \sum_{i=1}^{p} m_i H_i \quad .$$

Die Standardabweichung s_* erhält man dann entsprechend durch

$$s_* = \sqrt{s_*^2} \quad .$$

In Aufgabe 3.6 wurde für die $n = 100$ Beschäftigten ein durchschnittlicher Anfahrtsweg zur Arbeitsstätte von $\bar{x}_M = 14.705$ km ermittelt, so daß sich unter Verwendung der in Tab. L3.6.1 angegebenen Klassenmitten m_i und der absoluten Klassenhäufigkeiten H_i, $i=1,\ldots,5$, eine Varianz von

$$s_*^2 = \frac{1}{100-1} \sum_{i=1}^{5} (m_i - 14.705)^2 H_i$$
$$= \frac{1}{99} [(0.5 - 14.705)^2 \cdot 7 + (3 - 14.705)^2 \cdot 24 + (10 - 14.705)^2 \cdot 35$$
$$+ (22.5 - 14.705)^2 \cdot 18 + (40 - 14.705)^2 \cdot 16]$$
$$= \frac{1}{99} \cdot 16806.5475$$
$$= 169.7631$$

ergibt. Damit liegt die Standardabweichung also bei

$$s_* = \sqrt{s_*^2} = \sqrt{169.7631 \text{ km}^2}$$
$$= 13.0293 \text{ km} \quad .$$

LÖSUNG ZU AUFGABE 4.3

→(a) Bei einer durchschnittlichen Lebensdauer der $n = 16$ Kühlaggregate von $\bar{x} = 2.5706$ Jahren, vgl. Aufgabe 3.1.a, ergibt sich für die Varianz ein Wert von

$$s^2 = \frac{1}{n-1} \sum_{i=1}^{n} (x_i - \bar{x})^2 = \frac{1}{16-1} \left(\sum_{i=1}^{16} x_i^2 - 16 \cdot \bar{x}^2 \right)$$
$$= \frac{1}{15} (180.6759 - 105.7277) = \frac{1}{15} \cdot 74.9482$$
$$= 4.9965 \quad ,$$

d.h. die Standardabweichung beträgt

$$s = \sqrt{s^2} = \sqrt{4.9965}$$
$$= 2.2353$$

Jahre.

→(b) Bei einer Einteilung der Beobachtungen in p Klassen, wobei die Klassenmittelwerte unbekannt sind, läßt sich die Varianz der Beobachtungswerte näherungsweise unter Verwendung der Klassenmitten $m_1, \ldots, m_p$ bestimmen (vgl. Aufgabe 4.2):

$$s_*^2 = \frac{1}{n-1} \sum_{i=1}^{p} (m_i - \bar{x}_M)^2 \cdot H_i = \frac{1}{n-1} \left(\sum_{i=1}^{p} m_i^2 \cdot H_i - n\bar{x}_M^2 \right)$$

mit

$$\bar{x}_M = \frac{1}{n} \sum_{i=1}^{p} m_i \cdot H_i \quad .$$

Mit s_*^2 überschätzt man in der Regel die Varianz der Beobachtungsreihe, was sich bei gleicher Klassenbreite $b_1 = \ldots = b_p$ durch die sogenannte Sheppardsche Korrektur $b^2/12$ noch korrigieren läßt: Als Näherung verwendet man dann

$$s_{**}^2 = s_*^2 - b^2/12 \quad .$$

Mit $\bar{x}_M = 2.5625$, vgl. Aufgabe 3.1.b, und den in Tab. L2.2.2 für die $p = 8$ Lebensdauerklassen der $n = 16$ Kühlaggregate angegebenen absoluten Häufigkeiten H_i sowie den Klassenmitten m_i, $i=1,\ldots,8$, erhält man nun für die Varianz

$$s_*^2 = \frac{1}{16-1} \sum_{i=1}^{8} (m_i - 2.5625)^2 H_i = \frac{1}{15} \left(\sum_{i=1}^{8} m_i^2 H_i - 16 \cdot 2.5625^2 \right)$$

$$= \frac{1}{15}(176 - 105.0625)$$
$$= 4.7292$$

bzw. für die Standardabweichung

$$s_* = \sqrt{4.7292}$$
$$= 2.1748 \quad .$$

Da die Klassenbreite b_i, $i=1,\ldots,8$, jeweils ein Jahr beträgt, erhält man mit Hilfe der Sheppardschen Korrektur eine weitere Näherung für die Varianz bzw. die Standardabweichung der Lebensdauerwerte durch

$$s_{**}^2 = 4.7292 - \frac{1}{12} = 4.6459 \quad \text{bzw.} \quad s_{**} = \sqrt{4.6459} = 2.1554 \quad .$$

Die Varianz bzw. die Standardabweichung der Lebensdauerwerte wird hier also entgegen des häufigeren Falles unterschätzt,

$$s = 2.2353 > 2.1748 = s_* \quad ,$$

d.h. in diesem Fall führt die Sheppardsche Korrektur nur zu einer noch grösseren Abweichung von der exakten Varianz bzw. Standardabweichung.

LÖSUNG ZU AUFGABE 4.4

→(a) Werden die $n = 20$ Beobachtungswerte der Größe nach geordnet, so erhält man

$$(x_{(1)},\ldots,x_{(20)}) = (-25, -17, -16, -3, -2, -1, 5, 6, 9, 11, 15, 17, 17, 19, 22, 26, 29, 38, 57, 73) \quad .$$

Somit ergibt sich für das obere bzw. für das untere Quartil (vgl. Aufgabe 3.5.a), da $n \cdot 0.75 = 20 \cdot 0.75 = 15 = k$,

$$\tilde{x}_{0.75} = \frac{1}{2}(x_{(k)} + x_{(k+1)}) = \frac{1}{2}(x_{(15)} + x_{(16)}) = \frac{1}{2}(22 + 26)$$
$$= 24$$

bzw., da $n \cdot 0.25 = 20 \cdot 0.25 = 5 = k$,

$$\tilde{x}_{0.25} = \frac{1}{2}(x_{(k)} + x_{(k+1)}) = \frac{1}{2}(x_{(5)} + x_{(6)}) = \frac{1}{2}(-2 + (-1))$$
$$= -1.5 \quad .$$

Der Quartilsabstand $\tilde{q}$ (vgl. Aufgabe 4.1), d.h. die Größe des Bereichs zwischen dem unteren und oberen Quartil, liegt also bei

$$\tilde{q} = \tilde{x}_{0.75} - \tilde{x}_{0.25} = 24 - (-1.5)$$
$$= 25.5 \quad .$$

→(b) Für den Median (vgl. z.B. Aufgabe 3.5.a) der obigen Merkmalswerte, die in (a) bereits nach ihrer Größe geordnet wurden, ergibt sich, da $n = 20$ eine gerade Zahl ist,

$$\tilde{x}_{0.5} = \frac{1}{2}\,(x_{(n/2)} + x_{((n+2)/2)}) = \frac{1}{2}\,(x_{(10)} + x_{(11)}) = \frac{1}{2}\,(11 + 15)$$
$$= 13 \quad .$$

Die mittlere absolute Abweichung vom Median (vgl. Aufgabe 4.1) beträgt dann

$$d = \frac{1}{n}\sum_{i=1}^{n} |x_i - \tilde{x}_{0.5}| = \frac{1}{20}\sum_{i=1}^{20} |x_i - 13|$$
$$= \frac{1}{20}\,(|-25 - 13| + |-17 - 13| + \ldots + |73 - 13|) = \frac{1}{20}\cdot 346$$
$$= 17.3 \quad .$$

→(c) Mit dem arithmetischen Mittel

$$\bar{x} = \frac{1}{n}\sum_{i=1}^{n} x_i = \frac{1}{20}\sum_{i=1}^{20} x_i = \frac{1}{20}\cdot 280$$
$$= 14$$

liegt die Standardabweichung der Beobachtungswerte bei

$$s = \sqrt{\frac{1}{n-1}\sum_{i=1}^{n} (x_i - \bar{x})^2} = \sqrt{\frac{1}{20-1}\,(\sum_{i=1}^{20} x_i^2 - 20\,\bar{x}^2)}$$
$$= \sqrt{\frac{1}{19}\,(14634 - 3920)} = \sqrt{563.8947}$$
$$= 23.7465 \quad .$$

→(d) In Abb. C4.4.1 sind neben den Beobachtungswerten $x_1, \ldots, x_{20}$ die Bereiche $[\tilde{x}_{0.25}, \tilde{x}_{0.75}] = [-1.5, 24]$, $[\tilde{x}_{0.5} - d, \tilde{x}_{0.5} - d] = [-4.3, 30.3]$ und $[\bar{x} - s, \bar{x} + s] = [-9.7465, 37.7465]$ zur Veranschaulichung der verschiedenen Streuungsmaße auf einer Zahlengeraden abgetragen worden.

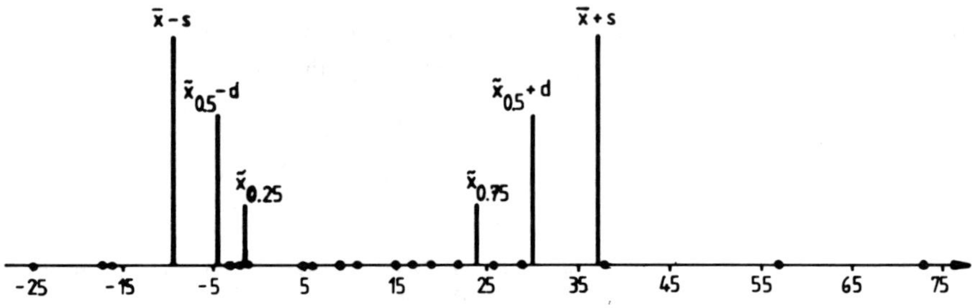

Abb. C4.4.1: Beobachtungswerte $x_1,...,x_{20}$ und Streubereiche $[\tilde{x}_{0.25}, \tilde{x}_{0.75}]$, $[\tilde{x}_{0.5} - d, \tilde{x}_{0.5} + d]$, $[\bar{x} - s, \bar{x} + s]$

→(e) Betrachtet man allgemein die mittlere absolute Abweichung der Beobachtungswerte $x_1,...,x_n$ von einem festen Wert c_1, so nimmt der Median unter all diesen möglichen Werten eine Sonderstellung ein. Es gilt nämlich die Minimumeigenschaft des Medians $\tilde{x}_{0.5}$:

$$\frac{1}{n} \sum_{i=1}^{n} |x_i - \tilde{x}_{0.5}| \leq \frac{1}{n} \sum_{i=1}^{n} |x_i - c_1|$$

für alle Zahlen c_1.

Ähnliches gilt nun auch für das arithmetische Mittel $\bar{x}$ in Bezug auf das quadratische Abstandsmaß:

$$\sum_{i=1}^{n} (x_i - \bar{x})^2 \leq \sum_{i=1}^{n} (x_i - c_2)^2$$

für alle Zahlen c_2, was die sogenannte Minimumeigenschaft des arithmetischen Mittels besagt.

Mit $\bar{x} = 14$, vgl. Aufgabenteil (c), erhält man als mittlere absolute Abweichung der Merkmalswerte $x_1,...,x_{20}$ vom arithmetischen Mittel

$$d^* = \frac{1}{n} \sum_{i=1}^{n} |x_i - \bar{x}| = \frac{1}{20} \sum_{i=1}^{20} |x_i - 14|$$

$$= \frac{1}{20} (|15 - 14| + |22 - 14| + ... + |17 - 14|) = \frac{1}{20} \cdot 346$$

$$= 17.3 \quad ,$$

d.h. in diesem Fall ergibt ein Vergleich mit der mittleren absoluten Abweichung vom Median d, vgl. Aufgabenteil (b),

$$d = d^* = 17.3 \quad .$$

Mit $\tilde{x}_{0.5} = 13$, vgl. Aufgabenteil (b), ergibt sich für

$$s^* = \sqrt{\frac{1}{n-1} \sum_{i=1}^{n} (x_i - \tilde{x}_{0.5})^2} = \sqrt{\frac{1}{19} \sum_{i=1}^{20} (x_i - 13)^2}$$

$$= \sqrt{\frac{1}{19} \left\{(15-13)^2 + (22-13)^2 + \ldots + (-16-13)^2 + (17-13)^2\right\}}$$

$$= \sqrt{\frac{1}{19} \cdot 10734}$$

$$= 23.7686 \quad ,$$

d.h. es gilt, vgl. Aufgabenteil (c),

$$s = 23.7465 < 23.7686 = s^* \quad .$$

Kapitel 5: Konzentrationsmaße für Häufigkeitsverteilungen

AUFGABE 5.1

Im Rahmen einer Untersuchung zur Situation von Nebenerwerbsbetrieben in der Landwirtschaft wurde für eine Region u.a. festgestellt, dass dort von noch 50 vorhandenen Betrieben die vier grössten eine Fläche von insgesamt 520 ha, die 32 kleinsten Betriebe hingegen zusammen nur 164 ha bewirtschaften. Für die übrigen Betriebe liegt die landwirtschaftliche Nutzfläche bei insgesamt 316 ha.

(a) Zeichnen Sie die Lorenzkurve.
(b) Berechnen Sie das Lorenzsche Konzentrationsmass.

AUFGABE 5.2

In Tab. 5.2 sind für das Jahr 1980 die Anzahl der Lohnsteuerpflichtigen, der Bruttolohn und die Lohnsteuer für verschiedene Einkommensklassen zusammengestellt.

(a) Zeichnen Sie die Lorenzkurve für die Lohnsteuer und den Bruttolohn in ein gemeinsames Koordinatensystem.
(b) Welches der beiden Merkmale ist stärker konzentriert?
(c) Wieviel Prozent der Lohnsteuer zahlt die Hälfte der Steuerpflichtigen in den unteren Lohngruppen?
(d) Wieviel Prozent des gesamten Bruttolohns erhalten 50% der Steuerpflichtigen in den unteren Lohngruppen?
(e) Wie würde sich das Lorenzsche Konzentrationsmass für den Bruttolohn verändern, wenn eine gröbere Klasseneinteilung vorgenommen werden würde?

Tab. 5.2: Steuerpflichtige (in 1000), Bruttolohn und Jahreslohnsteuer (in Mill. DM) für das Jahr 1980

Bruttolohn in DM Von ... bis unter ...	Steuerpflichtige (1000)	Bruttolohn (Mill. DM)	Jahreslohnsteuer (Mill. DM)
unter 2400	1567.1	1885	8
2400 - 4800	981.1	3492	21
4800 - 7200	727.3	4344	33
7200 - 9600	631.7	5263	95
9600 - 12000	574.8	6210	211
12000 - 16000	1040.1	14471	729
16000 - 20000	1040.8	18819	1422
20000 - 25000	1697.3	38434	3699
25000 - 36000	4674.8	142467	16717
36000 - 50000	4006.7	169729	23322
50000 - 75000	3202.2	190829	31813
75000 - 100000	662.5	55958	12368
100000 und mehr	265.9	36221	11394

AUFGABE 5.3

Die Anzahl der Betriebe im Bauhauptgewerbe belief sich Ende Juni 1984 auf 60255 mit insgesamt 1.131741 Millionen Beschäftigten. Bei einer Einteilung nach Beschäftigtengrössenklassen ergab sich die in Tab. 5.3 angegebene Aufteilung der Gesamtzahlen.

Tab. 5.3: Betriebe und Beschäftigte im Bauhauptgewerbe Ende Juni 1984

Betriebe mit ... bis unter ... Beschäftigten	Anzahl der Betriebe	Anzahl der Beschäftigten
1 - 20	47584	335444
20 - 50	8255	247539
50 - 100	2725	186764
100 - 200	1164	157266
200 - 500	436	124759
500 und mehr	91	79969

Berechnen Sie das Lorenzsche Konzentrationsmass und zeichnen Sie die Lorenzkurve für die Beschäftigtenzahl im Bauhauptgewerbe.

LÖSUNG ZU AUFGABE 5.1

→(a) Einen Aufschluß über die Konzentration von Merkmalswerten liefert die Lorenzkurve. Dabei seien $a_1,\dots,a_q$ die der Größe nach geordneten Ausprägungen eines Merkmals X mit Merkmalswerten $x_1,\dots,x_n$, wobei die Ausprägungen mit absoluten Häufigkeiten $H_1,\dots,H_q$ bzw. relativen Häufigkeiten $h_1,\dots,h_q$ auftreten. Zunächst werden in einem Koordinatensystem die Punkte (k_i , l_i), $i=1,\dots,q$, eingetragen mit

$$k_i = \sum_{j=1}^{i} h_j \quad , \quad l_i = \frac{\sum_{j=1}^{i} a_j H_j}{\sum_{j=1}^{q} a_j H_j} \qquad \text{für } i=1,\dots,q \quad .$$

Werden nun die Punkte (k_i , l_i) und (k_{i+1} , l_{i+1}) für $i=0,\dots,k-1$, wobei $(k_0 , l_0) = (0 , 0)$ und $(k_q , l_q) = (1 , 1)$, miteinander verbunden, so heißt die entstandene Kurve Lorenzkurve. Ein Punkt (k_i , l_i) dieser Kurve gibt dann gerade an, daß auf $k_i \cdot 100\%$ der Untersuchungseinheiten $l_i \cdot 100\%$ des Gesamtbetrags aller Ausprägungen entfallen.

Was läßt sich nun über die Konzentration bei der Aufteilung der insgesamt 1000 ha landwirtschaftlichen Nutzfläche auf $n = 50$ Betriebe sagen?
Für die $q = 3$ Betriebsgrößenklassen $a_1 \hat{=}$ klein, $a_2 \hat{=}$ mittel, $a_3 \hat{=}$ groß sind in Tab. L5.1.1 die zur Erstellung der Lorenzkurve benötigten Werte k_i und l_i für i=1, 2, 3 neben einigen Hilfsgrößen zusammengestellt. Die zugehörige Lorenzkurve ist in Abb. L5.1.1 in ein Koordinatensystem eingezeichnet worden.

Tab. L5.1.1: Arbeitstabelle zur Erstellung der Lorenzkurve

i	Betriebsgröße ($\hat{=}a_i$)	Anzahl der Betriebe H_i	Fläche pro Gruppe a_iH_i	Anteil der Betriebe h_i	Flächenanteil $\frac{a_iH_i}{\sum_{j=1}^{3} a_jH_j}$	aufsummierte Betriebsanteile k_i	aufsummierte Flächenanteile l_i
1	klein	32	164	0.64	0.164	0.64	0.164
2	mittel	14	316	0.28	0.316	0.92	0.480
3	groß	4	520	0.08	0.520	1.00	1.000
$\sum$		50	1000	1.00	1.000		

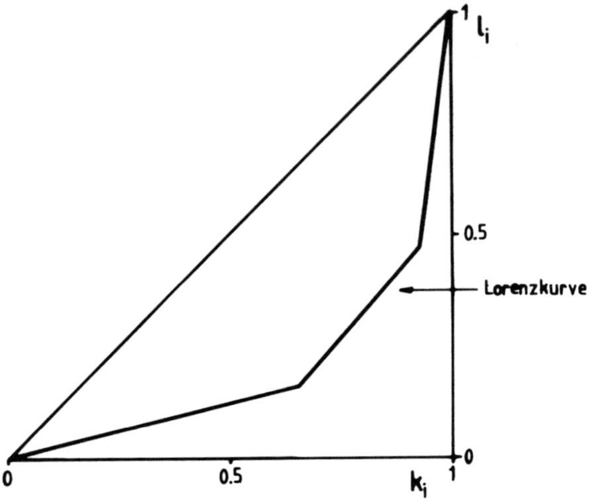

Abb. L5.1.1: Lorenzkurve zur Aufteilung landwirtschaftlich genutzter Fläche auf $n = 50$ Betriebe

Aus der Lorenzkurve läßt sich nun beispielsweise ablesen, daß 92 % der landwirtschaftlichen Betriebe in der unteren Betriebsgrößenklasse insgesamt nur 48 % der zur Verfügung stehenden Nutzfläche bearbeiten.

→(b) Als Maß für die Konzentration kann das Lorenzsche Konzentrationsmaß (LKM)

$$LKM = \left(\sum_{i=1}^{q} (k_{i-1} + k_i) \cdot \frac{a_i H_i}{\sum_{j=1}^{q} a_j H_j} \right) - 1 \quad .$$

verwendet werden, das man auch Gini - Koeffizient nennt. Graphisch gesehen gibt das LKM gerade die zweifache Fläche zwischen Diagonale, d.h. der linearen Verbindung der Punkte (0,0) und (1,1), und Lorenzkurve, vgl. Abb. L5.1.1, wieder. Ist

$$LKM = 0 \quad ,$$

so liegt Nichtkonzentration vor, d.h. die Lorenzkurve stimmt mit der Diagonalen überein; ist dagegen

$$LKM = \frac{n-1}{n} \quad ,$$

d.h. nimmt das Lorenzsche Konzentrationsmaß seinen maximalen Wert an, so trägt eine Untersuchungseinheit die gesamte Merkmalssumme. Um ein Konzentrationsmaß zu erhalten, das bei vollständiger Konzentration den Wert 1 annimmt, wird das LKM häufig noch normiert, d.h. man berechnet das normierte Lorenzsche Konzentrationsmaß

$$LKM_{nor} = \frac{n}{n-1} \, LKM \quad .$$

Mit den Werten aus Tab. L5.1.1 berechnet sich das LKM für die Aufteilung der landwirtschaftlichen Nutzfläche zu

$$\begin{aligned} LKM &= \left(\sum_{i=1}^{3} (k_{i-1} + k_i) \cdot \frac{a_i H_i}{\sum_{j=1}^{3} a_j H_j} \right) - 1 \\ &= (0 + 0.64) \cdot 0.164 + (0.64 + 0.92) \cdot 0.316 + (0.92 + 1) \cdot 0.520 - 1 \\ &= 0.59632 \end{aligned}$$

bzw. $$\begin{aligned} LKM_{nor} &= \frac{50}{49} \cdot 0.59632 \\ &= 0.60849 \quad . \end{aligned}$$

LÖSUNG ZU AUFGABE 5.2

→(a) In Tab. L5.2.1 sind die zur Erstellung der beiden Lorenzkurven (vgl. Aufgabe 5.1) zur Konzentrationsanalyse von Bruttolohn und Lohnsteuer bzgl. der insgesamt 21.0723 Mill. Steuerpflichtigen ($q = 13$ Klassen) benötigten Hilfsgrößen und die sich daraus dann ergebenden Punkte $(k_i\,,\,l_i^B)$ für den Bruttolohn bzw. $(k_i\,,\,l_i^L)$ für die Lohnsteuer mit

$$k_i = \sum_{j=1}^{i} h_j \quad ,$$

$$l_i^B = \frac{\sum_{j=1}^{i} a_j^B H_j}{\sum_{j=1}^{13} a_j^B H_j} \quad , \quad l_i^L = \frac{\sum_{j=1}^{i} a_j^L H_j}{\sum_{j=1}^{13} a_j^L H_j} \quad , \quad i = 1, \ldots, 13 \quad ,$$

zusammengestellt.

Dabei beträgt der Gesamtbruttolohn (in Mill. DM)

$$\sum_{j=1}^{13} a_j^B H_j = 688122$$

bzw. die Gesamtlohnsteuer (in Mill. DM) beläuft sich auf

$$\sum_{j=1}^{13} a_j^L H_j = 101832 \quad .$$

Mit $h_1 = \frac{1567.1}{21072.3} = 0.0744$, $h_2 = \frac{981.1}{21072.3} = 0.0466$ und

$$l_2^B = \frac{a_1^B H_1 + a_2^B H_2}{\sum_{j=1}^{13} a_j^B H_j} = \frac{1885 + 3492}{688122} = 0.0078$$

liegt zum Beispiel der Punkt (k_2 , l_2^B) der Lorenzkurve für den Bruttolohn bei

$$(k_2 , l_2^B) = (h_1 + h_2 , l_2^B) = (0.121 , 0.0078) \quad .$$

Werden alle Punkte (k_i , l_i^B), $i = 0,\ldots,13$, wobei $(k_0 , l_0^B) = (0 , 0)$, bzw. alle Punkte (k_i , l_i^L), $i = 0,\ldots,13$, wobei $(k_0 , l_0^L) = (0 , 0)$, miteinander verbunden, so ergeben sich die in Abb. C5.2.1 dargestellten Lorenzkurven.

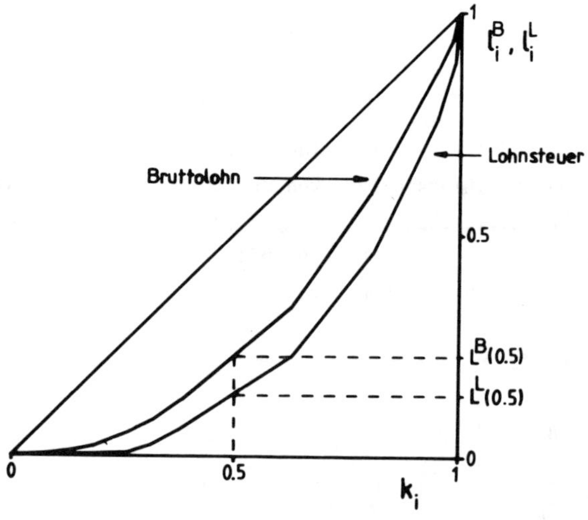

Abb. C5.2.1: Lorenzkurve zur Bruttolohn- bzw. Lohnsteuerkonzentration bei den Steuerpflichtigen des Jahres 1980

Tab. £5.2.1: Arbeitstabelle zur Erstellung der Lorenzkurve

i	Bruttolohn-klasse K_i	Anteil der Steuerpfl. h_i	Anteil der Bruttolöhne $\frac{a_i^B H_i}{\sum_{j=1}^{13} a_j^B H_j}$	Anteil der Lohnsteuer $\frac{a_i^L H_i}{\sum_{j=1}^{13} a_j^L H_j}$	aufsummierte Anteile der Steuerpfl. k_i	aufsummierte Anteile der Bruttolöhne l_i^B	aufsummierte Anteile der Lohnsteuer l_i^L
1	- 2400	0.0744	0.0027	0.0001	0.0744	0.0027	0.0001
2	2400 - 4800	0.0466	0.0051	0.0002	0.1209	0.0078	0.0003
3	4800 - 7200	0.0345	0.0063	0.0003	0.1554	0.0141	0.0006
4	7200 - 9600	0.0300	0.0076	0.0009	0.1854	0.0218	0.0015
5	9600 - 12000	0.0273	0.0090	0.0021	0.2127	0.0308	0.0036
6	12000 - 16000	0.0494	0.0210	0.0072	0.2621	0.0518	0.0108
7	16000 - 20000	0.0494	0.0273	0.0140	0.3114	0.0792	0.0247
8	20000 - 25000	0.0805	0.0559	0.0363	0.3920	0.1350	0.0610
9	25000 - 36000	0.2218	0.2070	0.1642	0.6138	0.3421	0.2252
10	36000 - 50000	0.1901	0.2467	0.2290	0.8040	0.5887	0.4542
11	50000 - 75000	0.1520	0.2773	0.3124	0.9560	0.8660	0.7666
12	75000 - 100000	0.0314	0.0813	0.1215	0.9874	0.9474	0.8881
13	100000 - ...	0.0126	0.0526	0.1119	1	1	1

→(b) Wie bereits aus Abb. L5.2.1 ersichtlich wird, ist das Merkmal 'Lohnsteuer' stärker konzentriert, denn das Lorenzsche Konzentrationsmaß ist gegeben als die zweifache Fläche zwischen Diagonale und jeweiliger Lorenzkurve. Als Maß für die Konzentration (vgl. Aufgabe 5.1) des Bruttolohns ergibt sich dann mit Hilfe der Werte aus Tab. L5.2.1

$$LKM^B = \left(\sum_{i=1}^{13} (k_{i-1} + k_i) \cdot \frac{a_i^B H_i}{\sum_{j=1}^{13} a_j^B H_j} \right) - 1$$

$$\begin{aligned} &= (0 + 0.0744) \cdot 0.0027 + (0.0744 + 0.1209) \cdot 0.0051 \\ &\quad + (0.1209 + 0.1554) \cdot 0.0063 + (0.1554 + 0.1854) \cdot 0.0076 \\ &\quad + (0.1854 + 0.2127) \cdot 0.009 \ \ + (0.2127 + 0.2621) \cdot 0.0210 \\ &\quad + (0.2621 + 0.3114) \cdot 0.0273 + (0.3114 + 0.3920) \cdot 0.0559 \\ &\quad + (0.3920 + 0.6138) \cdot 0.2070 + (0.6138 + 0.8040) \cdot 0.2467 \\ &\quad + (0.8040 + 0.9560) \cdot 0.2773 + (0.9560 + 0.9874) \cdot 0.0813 \\ &\quad + (0.9874 + 1) \cdot 0.0526 - 1 \\ &= 1.3826 - 1 \\ &= 0.3826 \quad , \end{aligned}$$

bzw. als Konzentrationsmaß für die Lohnsteuer erhält man

$$LKM^L = \left(\sum_{i=1}^{13} (k_{i-1} + k_i) \frac{a_i^L H_i}{\sum_{j=1}^{13} a_j^L H_j} \right) - 1$$

$$\begin{aligned} &= (0 + 0.0744) \cdot 0.0001 + (0.0744 + 0.1209) \cdot 0.0002 \\ &\quad + \ldots + (0.9874 + 1) \cdot 0.1119 - 1 \\ &= 1.5364 - 1 \\ &= 0.5364 \quad . \end{aligned}$$

→(c) Mit Hilfe linearer Interpolation läßt sich für jeden Wert x mit $k_{i-1} < x \le k_i$ ein entsprechender Näherungswert L(x) für die Lorenzkurve angeben:

$$L(x) = l_{i-1} + \frac{x - k_{i-1}}{h_i} \cdot \frac{a_i H_i}{\sum_{j=1}^{13} a_j H_j} \quad .$$

Für $x = 0.5$ gilt nun

$$k_8 = 0.3920 < x < 0.6138 = k_9 \quad ,$$

d.h. mit $i \doteq 9$ und

$$l_{i-1}^L = l_8^L = 0.0610 \quad ,$$

$$\frac{a_i^L H_i}{\sum_{j=1}^{13} a_j^L H_j} = \frac{a_9^L H_9}{\sum_{j=1}^{13} a_j^L H_j} = 0.1642 \quad ,$$

$$h_i = h_9 = 0.2218$$

ist

$$L^L(0.5) = l_8 + \frac{0.5 - k_8}{h_9} \cdot \frac{a_9^L H_9}{\sum_{j=1}^{13} a_j^L H_j} = 0.0610 + \frac{0.5 - 0.3920}{0.2218} \cdot 0.1642$$

$$= 0.1410 \quad .$$

Somit ergibt sich, daß 50 % der Steuerpflichtigen in den unteren Lohngruppen näherungsweise 14.1 % der gesamten Lohnsteuer zahlen, vgl. auch Abb. L5.2.1.

→(d) Analog zum Aufgabenteil (c) ergibt sich, daß 50 % der Steuerpflichtigen in den unteren Lohngruppen näherungsweise 23.58 % des Gesamtbruttolohns erhalten, denn mit $x = 0.5$,

$$k_8 = 0.3920 < x < 0.6138 = k_9$$

ist wiederum $i = 9$, d.h.

$$L^B(0.5) = l_8^B + \frac{0.5 - k_8}{h_9} \cdot \frac{a_9^B H_9}{\sum_{j=1}^{13} a_j^B H_j} = 0.1350 + \frac{0.5 - 0.3920}{0.2218} \cdot 0.2070$$

$$= 0.2358 \quad .$$

→(e) Das Lorenzsche Konzentrationsmaß wird kleiner, denn allgemein gilt, daß ein bei Klassenbildung berechnetes Konzentrationsmaß einen kleineren Wert annimmt als das wirklich vorhandene. Dieser Effekt wird um so größer, je gröber die Klassen eingeteilt werden.

LÖSUNG ZU AUFGABE 5.3

Die Lorenzkurve (vgl. Aufgabe 5.1) als graphische Darstellung der Konzentration des Merkmals 'Beschäftigtenzahl im Bauhauptgewerbe', bei $q=6$ Beschäftigtenklassen ergibt sich als Verbindungslinie der Punkte (k_i, l_i), $i=0,\ldots,6$,

$$k_i = \sum_{j=1}^{i} h_j \quad , \quad i=1,2,\ldots,6 \quad \text{und} \quad k_0 = 0 \quad ,$$

$$l_i = \frac{a_i H_i}{\sum_{j=1}^{6} a_j H_j} \quad , \quad i=1,2,\ldots,6 \quad \text{und} \quad l_0 = 0 \quad ,$$

vgl. auch Abb. L5.3.1. In Tab. L5.3.1 sind zuvor die für die Berechnung von k_i und l_i, $i=1,\ldots,6$, benötigten Hilfsgrößen zusammengestellt. Die sich bei den aufsummierten Anteilen ergebenden Rechnungsungenauigkeiten sind dabei auf Rundungsfehler zurückzuführen.

Tab. L5.3.1: Arbeitstabelle zur Erstellung der Lorenzkurve

i	Beschäftigtenklasse K_i	Anzahl der Betriebe H_i	Anzahl der Beschäftigten $a_i H_i$	Anteil der Betriebe h_i	Anteil der Beschäftigten $\frac{a_i H_i}{\sum_{j=1}^{6} a_j H_j}$	aufsummierte Betriebsanteile k_i	aufsummierte Beschäftigtenanteile l_i
1	1 - 20	47584	335444	0.7897	0.2964	0.7897	0.2964
2	20 - 50	8255	247539	0.1370	0.2187	0.9267	0.5151
3	50 - 100	2725	186764	0.0452	0.1650	0.9719	0.6801
4	100 - 200	1164	157266	0.0193	0.1390	0.9912	0.8191
5	200 - 500	436	124759	0.0072	0.1102	0.9984	0.9293
6	500 - ...	91	79969	0.0015	0.0707	1	1

Mit den entsprechenden Werten aus Tab. L5.3.1 ergibt sich als Maß für die Konzentration

$$\begin{aligned} LKM &= \left(\sum_{i=1}^{6} (k_{i-1} + k_i) \frac{a_i H_i}{\sum_{j=1}^{6} a_j H_j} \right) - 1 \\ &= (0 + 0.7897) \cdot 0.2964 + (0.7897 + 0.9267) \cdot 0.2187 \\ &\quad + (0.9267 + 0.9719) \cdot 0.1650 + (0.9719 + 0.9912) \cdot 0.1390 \\ &\quad + (0.9912 + 0.9984) \cdot 0.1102 + (0.9984 + 1) \cdot 0.0707 - 1 \\ &= 1.5561 - 1 = 0.5561 \quad . \end{aligned}$$

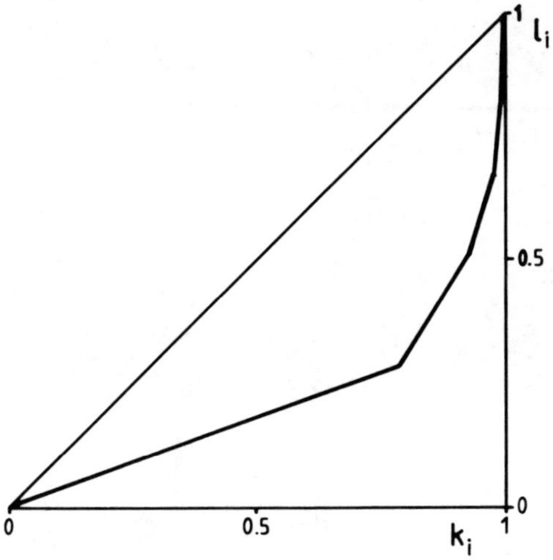

Abb. C5.3.1: Lorenzkurve der Beschäftigtenzahl im Bauhauptgewerbe 1984

Kapitel 6: Indexzahlen

AUFGABE 6.1

In Tab. 6.1 sind die Bevölkerungs- und Gestorbenenzahlen nach Alter und Geschlecht in Nordrhein-Westfalen für 1983 zusammengestellt.

Tab. 6.1: Bevölkerung und Gestorbene in Nordrhein-Westfalen 1983 nach Alter und Geschlecht

Alter von ... bis unter ... in Jahren	Bevölkerung		Gestorbene	
	männlich	weiblich	männlich	weiblich
0 - 1	82270	77664	1054	813
1 - 10	739617	707288	345	254
10 - 20	1280759	1211336	808	383
20 - 30	1349309	1296500	1519	645
30 - 40	1083169	1068230	1702	940
40 - 50	1309984	1256521	5186	2608
50 - 60	1011632	1072281	11363	5745
60 - 70	593216	915551	16841	12382
70 - 80	452677	856196	33766	34270
80 - 90	122412	310966	19292	35384
90 und mehr	10140	28801	2428	7177

(a) Berechnen Sie für jedes Geschlecht die globale Sterbeziffer.

(b) Wie gross ist die Sterbeziffer für jedes Geschlecht, wenn die Berechnung nach dem Altersaufbau des jeweils anderen Geschlechts erfolgt?

(c) Bestimmen Sie das Durchschnittsalter der gesamten Bevölkerung sowie das durchschnittliche Sterbealter und berechnen Sie die zugehörigen Standardabweichungen.

AUFGABE 6.2

Für die Firma Müller wurden zum Basisjahr 1976 die in Tab. 6.2 angegebenen Umsatzmesszahlen ermittelt.

Tab. 6.2: Umsatzmeßzahlen für die Jahre 1976 - 1985 zur Basis 1976

Jahr	1976	1977	1978	1979	1980	1981	1982	1983	1984	1985
Umsatzmeßzahlen	1.00	1.03	0.95	1.10	1.12	1.21	1.16	1.13	1.13	1.09

(a) Berechnen Sie die Umsatzmesszahlen der Firma Müller zum Basisjahr 1980.

(b) Welche Umsatzmesszahl zum Basisjahr 1980 erhält man für das Jahr 1986, wenn der Umsatz 1986 186 Mill. DM beträgt und im Jahr 1983 ein Umsatz von 174 Mill. DM erzielt wurde.

AUFGABE 6.3

In Tab. 6.3 wird ein Überblick über die Baulandverkäufe in Nordrhein - Westfalen in den Jahren 1980 und 1983 mit den dabei erzielten Preisen gegeben.

Tab. 6.3: Baulandverkäufe (in 1000 m²) und Baulandpreise (in DM) für die Jahre 1980 und 1983 nach Grundstücksarten

Grundstücksart	Baulandverkäufe in 1000 m²		Preis in DM/m²	
	1980	1983	1980	1983
Baureifes Land	11112	7567	102.68	147.35
Rohbauland	3269	2242	45.75	35.41
Industrieland	4346	2613	28.45	31.57
Land für Verkehrszwecke	721	147	15.93	30.92
Freiflächen	144	131	25.19	30.53

(a) Berechnen Sie den Wertindex.

(b) Wie gross sind die Preisindizes nach Laspeyres und Paasche?

(c) Wie gross sind die Mengenindizes nach Laspeyres und Paasche?
(d) Berechnen Sie für die in (b) bzw. (c) bestimmten Indizes den Fisherschen Idealindex.
(e) Welcher Index beschreibt die Steigerung der durch die Grundstücksverkäufe erzielten Umsätze?

AUFGABE 6.4

Der Binnenseekapitän Kuttel hat sich 1978 ein Motorboot für 75 000 DM angeschafft und möchte nun nach sechs Jahren einen Wiederbeschaffungswert für sein Boot ermitteln. Um die eingetretene Preissteigerung bei seinen Berechnungen berücksichtigen zu können, besorgt er sich für den betrachteten Zeitraum die Werte des Index der Erzeugerpreise für Boote und Jachten, vgl. Tab. 6.4.

Tab. 6.4: Index der Erzeugerpreise für Boote und Jachten für 1978 - 1984 in %

Jahr	1978	1979	1980	1981	1982	1983	1984
Erzeugerpreisindex	88.2	92.9	100	103.6	108.8	114.9	120.3

Berechnen Sie anhand der vorliegenden Daten den Wiederbeschaffungswert des Motorbootes im Jahr 1984.

AUFGABE 6.5

Ein landwirtschaftlicher Betrieb erwirtschaftete 1985 einen Umsatz von 280 940 DM, der sich, wie in Tab. 6.5 angegeben, auf vier Produktbereiche aufteilte. Da der Landwirt über einige statistische Grundkenntnisse verfügt, hat er sich wie in jedem Jahr für 1985 die Erzeugerpreisindizes nach Paasche und zwar zur Basis 1981 errechnet, vgl. Tab. 6.5.

Tab. 6.5: Prozentuale Anteile am Umsatz 1985 und Index der Erzeugerpreise 1985 für vier landwirtschaftliche Produktbereiche

Produktbereich	Getreide	Schlachtvieh	Hackfrüchte	Milch,Eier
Anteil am Umsatz in % 1985	40	35	15	10
Erzeugerpreis-index 1985	109.5	107.2	111.7	106.9

(a) Berechnen Sie für 1985 den Preisindex nach Paasche für seine landwirtschaftlichen Erzeugnisse.

(b) Im Jahr 1981 erzielt der Landwirt einen Umsatz von 246 360 DM, der sich in gleicher Weise wie 1985 auf die einzelnen Produktbereiche aufteilte. Wie hoch ist der Wertindex für das Jahr 1985?

AUFGABE 6.6

Für die Hauptgruppen des Güterverzeichnisses für den privaten Verbrauch sind in Tab. 6.6 die Umsätze für das Jahr 1980 und für 1984 die Preisindizes nach Laspeyres auf der Basis von 1980 zusammengestellt.

Berechnen Sie den Preisindex nach Laspeyres für den privaten Verbrauch im Jahr 1984 zum Basisjahr 1980

AUFGABE 6.7

Die Preisentwicklung für Güter und Dienstleistungen in der Gesundheits- und Körperpflege in der Bundesrepublik Deutschland wird in nachfolgender Tab. 6.7 anhand der Preisindizes von Laspeyres für die Jahre 1980 - 1984 deutlich. Führen Sie mit Hilfe der ebenfalls in Tab. 6.7 angegebenen Wertindizes für diesen Zeitraum eine Deflationierung für den privaten Verbrauch in der Gesundheits- und Körperpflege durch.

Tab. 6.6: Privater Verbrauch (in DM) des Jahres 1980 und Preisindex für das Jahr 1984 auf der Basis 1980 der Hauptgruppen des privaten Verbrauchs

Hauptgruppen des privaten Verbrauchs	Umsatz 1980 (Mill. DM)	Preisindex 1984
Nahrungs- und Genußmittel	203860	116.0
Kleidung und Schuhe	76690	115.7
Wohnungsmieten u.ä.	104430	120.0
Elektrizität, Gas, Brennstoff u.ä.	40300	128.8
Übrige Waren und Dienstleistungen für die Haushaltsführung	94640	115.9
Waren und Dienstleistungen für Verkehrszwecke und Nachrichtenübermittlung	127970	120.1
Waren und Dienstleistungen für die Körper- und Gesundheitspflege	36020	118.0
Waren und Dienstleistungen für Bildungs- und Unterhaltungszwecke	63870	114.2
Persönliche Ausstattung, sonstige Waren und Dienstleistungen	55420	120.8

Tab. 6.7: Preis- und Wertindex (in %) für Waren und Dienstleistungen in der Gesundheits- und Körperpflege

Jahr	1980	1981	1982	1983	1984
Preisindex	100	105.2	111.0	115.6	118.0
Wertindex	100	107.4	112.0	118.1	124.5

LÖSUNG ZU AUFGABE 6.1

Für i=1,...,11 bezeichne

H_i^M die männliche Wohnbevölkerung der i-ten Altersklasse,

H_i^W die weibliche Wohnbevölkerung der i-ten Altersklasse,

G_i^M die Anzahl der gestorbenen Männer in der i-ten Altersklasse,

G_i^W die Anzahl der gestorbenen Frauen in der i-ten Altersklasse,

dann ergibt sich als Gesamtzahl der in NRW 1983 wohnhaften Männer

$$H^M = \sum_{i=1}^{11} H_i^M = 82270 + \ldots + 10140$$
$$= 8035185$$

und als Gesamtzahl der in NRW wohnhaften Frauen

$$H^W = \sum_{i=1}^{11} H_i^W = 77664 + \ldots + 28801$$
$$= 8801334.$$

Weiterhin starben 1983 in NRW

$$G^M = \sum_{i=1}^{11} G_i^M = 1054 + \ldots + 2428$$
$$= 94304$$

Männer und

$$G^W = \sum_{i=1}^{11} G_i^W = 818 + \ldots + 7177$$
$$= 100601$$

Frauen.

→(a) Eine globale Sterbeziffer q wird ermittelt als Quotient aus der Gesamtzahl der Gestorbenen und der Wohnbevölkerung:

$$q = \frac{\text{Gesamtzahl der Gestorbenen}}{\text{Wohnbevölkerung}} \quad .$$

Mit den obigen Summen erhält man somit als globale männliche Sterbeziffer

$$q^M = \frac{G^M}{H^M} = \frac{94304}{8035185}$$

$$= 11.7364 \cdot 10^{-3}$$

und als globale weibliche Sterbeziffer

$$q^W = \frac{G^W}{H^W} = \frac{100601}{8801334}$$

$$= 11.4302 \cdot 10^{-3} \ .$$

→(b) Bei der Beurteilung von globalen Sterbeziffern ist darauf zu achten, daß diese sehr stark von der jeweiligen Altersverteilung abhängen. Um den Einfluß der Altersstruktur zu egalisieren, sollen hier nun standardisierte Sterbeziffern berechnet werden. Die Standardisierung erfolgt dabei in der Art, daß bei der Berechnung geschlechtsspezifischer Sterbeziffern der Altersaufbau des jeweils anderen Geschlechts zugrundegelegt wird. Ist k die Anzahl der Klassen, so ist

$$q_{st}^M = \sum_{i=1}^{k} p_i^W q_i^M \quad \text{mit} \quad p_i^W = \frac{H_i^W}{H^W} \quad \text{und} \quad q_i^M = \frac{G_i^M}{H_i^M}$$

die standardisierte männliche Sterbeziffer mit dem weiblichen Altersaufbau und

$$q_{st}^W = \sum_{i=1}^{k} p_i^M q_i^W \quad \text{mit} \quad p_i^M = \frac{H_i^M}{H^M} \quad \text{und} \quad q_i^W = \frac{G_i^W}{H_i^W}$$

die standardisierte weibliche Sterbeziffer mit dem männlichen Altersaufbau.

In Tab. C6.1.1 sind für die Altersklassen K_i, $i=1,\ldots,11$, die zur Berechnung der standardisierten männlichen bzw. weiblichen Sterbeziffern für das Land NRW in 1983 benötigten Größen zusammengestellt.

Somit ist also

$$q_{st}^M = \sum_{i=1}^{11} p_i^W q_i^M = 0.11298 \cdot 10^{-3} + 0.03777 \cdot 10^{-3} + \ldots + 0.78300 \cdot 10^{-3}$$

$$= 19.08821 \cdot 10^{-3}$$

die standardisierte Sterbeziffer für Männer in NRW mit dem weiblichen Altersaufbau und

$$q_{st}^W = \sum_{i=1}^{11} p_i^M q_i^W = 0.10721 \cdot 10^{-3} + 0.03314 \cdot 10^{-3} + \ldots + 0.31398 \cdot 10^{-3}$$

$$= 6.70833 \cdot 10^{-3}$$

Tab. £6.1.1: Arbeitstabelle zur Berechnung der standardisierten weiblichen und männlichen Sterbeziffern für NRW 1983

i	Altersklasse K_i	q_i^M	q_i^W	p_i^M	p_i^W	$p_i^W q_i^M$	$p_i^M q_i^W$
1	0 - 1	0.01281	0.01047	0.01024	0.00882	$0.11298 \cdot 10^{-3}$	$0.10721 \cdot 10^{-3}$
2	1 - 10	0.00047	0.00036	0.09205	0.08036	$0.03777 \cdot 10^{-3}$	$0.03314 \cdot 10^{-3}$
3	10 - 20	0.00063	0.00032	0.15939	0.13763	$0.08671 \cdot 10^{-3}$	$0.05100 \cdot 10^{-3}$
4	20 - 30	0.00113	0.00050	0.16793	0.14731	$0.16646 \cdot 10^{-3}$	$0.08397 \cdot 10^{-3}$
5	30 - 40	0.00157	0.00088	0.13480	0.12137	$0.19055 \cdot 10^{-3}$	$0.11862 \cdot 10^{-3}$
6	40 - 50	0.00396	0.00208	0.16303	0.14276	$0.56533 \cdot 10^{-3}$	$0.33910 \cdot 10^{-3}$
7	50 - 60	0.01123	0.00536	0.12590	0.12183	$1.36815 \cdot 10^{-3}$	$0.67482 \cdot 10^{-3}$
8	60 - 70	0.02839	0.01352	0.07383	0.10402	$2.95313 \cdot 10^{-3}$	$0.99818 \cdot 10^{-3}$
9	70 - 80	0.07459	0.04003	0.05634	0.09728	$7.25612 \cdot 10^{-3}$	$2.25529 \cdot 10^{-3}$
10	80 - 90	0.15760	0.11379	0.01523	0.03533	$5.56801 \cdot 10^{-3}$	$1.73302 \cdot 10^{-3}$
11	90 -	0.23945	0.24919	0.00126	0.00327	$0.78300 \cdot 10^{-3}$	$0.31398 \cdot 10^{-3}$

die standardisierte Sterbeziffer für Frauen in NRW mit dem männlichen Altersaufbau.
Vergleichbar sind nun q_{st}^{M} mit q^{W} und q_{st}^{W} mit q^{M}, da hier jeweils dieselbe Altersstruktur zugrundeliegt. Es ergibt sich, daß bei zugrundegelegtem, fiktiven, gleichen Altersaufbau die Sterbeziffer bzw. die Anzahl der Gestorbenen bei Männern in etwa doppelt so hoch ist bzw. wäre wie bei Frauen.

→(c) Gibt H_i die Bevölkerungszahl bzw. G_i die Anzahl der Gestorbenen in der i-ten Altersklasse, i=1,...,11 , an, so sind in Tab. L6.1.2 neben diesen Werten und den Klassenmitten $m_1,\dots,m_{11}$ einige zur Vereinfachung der Berechnung von Mittelwerten und Standardabweichungen beitragende Hilfsgrößen zusammengestellt. Dabei wurde als Mitte der 11. Altersklasse, die nach oben offen ist, 95 gewählt.

Bei Verwendung der Klassenmitten berechnet sich das Durchschnittsalter der Bevölkerung Nordrheinwestfalens damit zu

$$\bar{H} = \frac{1}{H^M + H^W} \cdot \sum_{i=1}^{11} m_i H_i = \frac{653743354.5}{16836519}$$
$$= 38.8289$$

Jahren, während das durchschnittliche Sterbealter bei

$$\bar{G} = \frac{1}{G^M + G^W} \cdot \sum_{i=1}^{11} m_i G_i = \frac{14022463}{194905}$$
$$= 71.9451$$

Jahren liegt.
Für die entsprechenden Standardabweichungen ergibt sich mit den Arbeitswerten aus Tab. L6.1.2 gerade

$$s_H = \sqrt{\frac{1}{H^M + H^W - 1} \cdot \sum_{i=1}^{11} (m_i - \bar{H})^2 H_i}$$

$$= \sqrt{\frac{1}{16836518} \cdot (1469.1046 \cdot 159934 + \dots + 3155.1925 \cdot 38941)}$$

$$= \sqrt{\frac{8230055077}{16836518}} = 22.1093$$

und

$$s_G = \sqrt{\frac{1}{G^M + G^W - 1} \cdot \sum_{i=1}^{11} (m_i - \bar{G})^2 G_i}$$

Tab. 6.1.2: Arbeitstabelle zur Berechnung des Durchschnittsalters und des durchschnittlichen Sterbealters sowie der entsprechenden Standardabweichungen

i	Altersklasse K_i	$H_i = H_i^M + H_i^W$	$G_i = G_i^M + G_i^W$	m_i	$m_i H_i$	$m_i G_i$	$(m_i - \bar{H})^2$	$(m_i - \bar{G})^2$
1	0 - 1	159934	1867	0.5	79967.0	933.5	1469.1046	5104.4023
2	1 - 10	1446905	599	5.5	7957977.5	3294.5	1110.8156	4414.9513
3	10 - 20	2492095	1191	15.0	37381425.0	17865.0	567.8165	3242.7444
4	20 - 30	2645809	2164	25.0	66145225.0	54100.0	191.2385	2203.8424
5	30 - 40	2151399	2642	35.0	75298965.0	92470.0	14.6605	1364.9404
6	40 - 50	2566505	7794	45.0	115492725.0	350730.0	38.0825	726.0384
7	50 - 60	2083913	17108	55.0	114615215.0	940940.0	261.5045	287.1364
8	60 - 70	1508767	29223	65.0	98069855.0	1899495.0	684.9265	48.2344
9	70 - 80	1308873	68036	75.0	98165475.0	5102700.0	1308.3485	9.3324
10	80 - 90	433378	54676	85.0	36837130.0	4647460.0	2131.7705	170.4304
11	90 -	38941	9605	95.0	3699395.0	912475.0	3155.1925	531.5284
$\sum$		16836519	194905		653743354.5	14022463.0		

$$= \sqrt{\frac{1}{194904} \cdot (5104.4023 \cdot 1867 + \ldots + 531.5284 \cdot 9605)}$$

$$= \sqrt{\frac{51451219.68}{194904}} = 16.2475 \ .$$

LÖSUNG ZU AUFGABE 6.2

Sind x_t Maßzahlen zu Zeitpunkten t, wobei x_0 eine Maßzahl zum Basiszeitpunkt 0 bedeutet, dann liefert das Verhältnis von x_t zu x_0

$$I_{0t} = \frac{x_t}{x_0} \quad \text{für } t=0,1,2,\ldots$$

eine Zeitreihe einfacher Meßzahlen (Indizes). Soll eine derart gegebene Meßzahlreihe umbasiert werden, d.h. will man von einer Basisperiode 0 zu einer Basisperiode k übergehen, so erhält man die Indizes

$$I_{kt} = \frac{x_t}{x_k} \quad \text{durch} \quad I_{kt} = \frac{I_{0t}}{I_{0k}} \quad \text{für} \quad t=0,1,2,\ldots \quad .$$

Man spricht von Verkettung, wenn I_{0t} berechnet wird als

$$I_{0t} = I_{0k} \cdot I_{kt} \quad \text{für} \quad t=0,1,2,\ldots \quad .$$

→(a) Für die Umsatzmeßzahlen der Firma Müller für die Jahre 1976 - 85 zur Basis 1976 soll eine Umbasierung auf das Basisjahr 1980 durchgeführt werden. In Tab. C6.2.1 sind neben den ursprünglichen Umsatzindizes $I_{76,t}$, t=76,77,...,85 , die Umsatzindizes

$$I_{80,t} = \frac{I_{76,t}}{I_{76,80}} = \frac{I_{76,t}}{1.12} \quad \text{für } t=76,77,\ldots,85$$

angegeben. So ergibt sich etwa für das Jahr 1983 eine Umsatzmeßzahl zur Basis 1980 von

$$I_{80,83} = \frac{1.13}{1.12} = 1.01 \quad ,$$

d.h. 1983 beträgt der Umsatz das 1.01-fache des Umsatzes von 1980 oder anders ausgedrückt, 1983 ist der Umsatz gegenüber 1980 um 1% gestiegen (1.01 = 1 + 0.01 = 1 + 1%).

Tab. L6.2.1: Umsatzmeßzahlen für die Jahre 1976 - 85 zur Basis 1976 und zur Basis 1980

t	76	77	78	79	80	81	82	83	84	85
$I_{76,t}$	1.00	1.03	0.95	1.10	1.12	1.21	1.16	1.13	1.13	1.09
$I_{80,t}$	0.89	0.92	0.85	0.98	1.00	1.08	1.04	1.01	1.01	0.97

→(b) Im Jahre 1986 erzielte die Fa. Müller einen Umsatz von $x_{86} = 186$ Mill. DM. Mit Hilfe der ebenfalls gegebenen Umsatzhöhe von $x_{83} = 174$ Mill. DM für das Jahr 1983 läßt sich nun eine Umsatzmeßzahl für das Jahr 1986 zur Basis 1983 berechnen:

$$I_{83,86} = \frac{x_{86}}{x_{83}} = \frac{186}{174}$$
$$= 1.07 \quad .$$

Gefragt ist nun nach der Umsatzmeßzahl für das Jahr 1986 zur Basis 1980, d.h. nach $I_{80,86}$. Da aber, vgl. Tab. L6.2.1,

$$I_{80,83} = \frac{x_{83}}{x_{80}}$$
$$= 1.01 \quad ,$$

ergibt sich, daß 1980 ein Umsatz in Höhe von

$$x_{80} = \frac{x_{83}}{I_{80,83}} = \frac{174}{1.01}$$
$$= 172.28$$

Mill. DM erzielt wurde. Somit erhält man als Umsatzmeßzahl für 1986 zum Basisjahr 1980

$$I_{80,86} = \frac{x_{86}}{x_{80}} = \frac{186}{172.28}$$
$$= 1.08 \quad .$$

LÖSUNG ZU AUFGABE 6.3

Sind für einen Warenkorb mit n verschiedenen Gütern zu einer bestimmten Periode t die Preise $p_{t1},\dots,p_{tn}$ und die Mengen $q_{t1},\dots,q_{tn}$ bekannt, so gibt

$$\sum_{i=1}^{n} p_{ti}q_{ti}$$

den Wert des Warenkorbs an. Für $t = 0$ entspricht diese Summe gerade dem Warenkorbwert zur Basisperiode 0.

→(a) Sollen Aussagen über die Veränderung des Wertes eines Warenkorbs zur Berichtsperiode t im Vergleich zur Basisperiode 0 gemacht werden, so wird i.a. der Wertindex

$$W_{0t} = \frac{\sum_{i=1}^{n} p_{ti}q_{ti}}{\sum_{i=1}^{n} p_{0i}q_{0i}}$$

betrachtet.

In Tab. C6.3.1 sind die Baulandpreise und die Baulandverkäufe der Jahre 1980 und 1983 für verschiedene Grundstücksarten neben einigen auch für die Aufgabenteile (b), (c) und (d) benötigten Hilfsgrößen zusammengestellt.

Als Wertindex ergibt sich damit

$$W_{80,83} = \frac{\sum_{i=1}^{5} p_{83,i}\cdot q_{83,i}}{\sum_{i=1}^{5} p_{80,i}\cdot q_{80,i}} = \frac{1285423.75}{1429293.50}$$
$$= 0.8993 \quad ,$$

d.h. der durch Baulandverkäufe erzielte Umsatz ist vom Basisjahr 1980 bis zum Berichtsjahr 1983 um 10.07% zurückgegangen.

→(b) Um Aussagen über Preisentwicklungen machen zu können, wird u.a. der Preisindex von Laspeyres

$$P^{L}_{0,t} = \frac{\sum_{i=1}^{n} p_{ti}q_{0i}}{\sum_{i=1}^{n} p_{0i}q_{0i}}$$

Tab. £6.3.1: Baulandpreise $p_{80,i}$ und $p_{83,i}$ sowie Baulandverkäufe $q_{80,i}$ und $q_{83,i}$ für i=1,...,5 verschiedene Grundstücksarten;
Arbeitstabelle zur Berechnung des Wertindex, der Preisindizes und der Mengenindizes

i	$q_{80,i}$	$q_{83,i}$	$p_{80,i}$	$p_{83,i}$	$p_{80,i} \cdot q_{80,i}$	$p_{83,i} \cdot q_{83,i}$	$p_{83,i} \cdot q_{80,i}$	$p_{80,i} \cdot q_{83,i}$
1	11112	7567	102.68	147.35	1140980.16	1114997.45	1637353.20	776979.56
2	3269	2242	45.75	35.41	149556.75	79389.22	115755.29	102571.50
3	4346	2613	28.45	31.57	123643.70	82492.41	137203.22	74339.85
4	721	147	15.93	30.92	11485.53	4545.24	22293.32	2341.71
5	144	131	25.19	30.53	3627.36	3999.43	4396.32	3299.89
$\sum$					1429293.50	1285423.75	1917001.35	959532.51

bzw. der von Paasche

$$P^P_{0,t} = \frac{\sum_{i=1}^{n} p_{ti}q_{ti}}{\sum_{i=1}^{n} p_{0i}q_{ti}}$$

herangezogen. Beim Preisindex von Laspeyres werden also sowohl die Preise der Berichts- als auch die der Basisperiode auf die Mengenkombination $q_{01},\dots,q_{0n}$, d.h. der Basisperiode 0, bezogen. Dagegen wird beim Preisindex von Paasche der Warenkorb der Berichtsperiode t sowohl für die Preise der Basisperiode 0 als auch für die Preise der Berichtsperiode t zugrundegelegt.

Mit den bereits in Tab. L6.3.1 berechneten Summen erhält man für den Preisindex von Laspeyres

$$P^L_{80,83} = \frac{\sum_{i=1}^{5} p_{83,i}\cdot q_{80,i}}{\sum_{i=1}^{5} p_{80,i}\cdot q_{80,i}} = \frac{1917001.35}{1429293.50}$$

$$= 1.3412 \quad ,$$

d.h. für die im Jahre 1980 getätigten Baulandverkäufe müßte 1983 ein um 34.12% höherer Preis gezahlt werden. Der Preisindex von Paasche mit

$$P^P_{80,83} = \frac{\sum_{i=1}^{5} p_{83,i}\cdot q_{83,i}}{\sum_{i=1}^{5} p_{80,i}\cdot q_{83,i}} = \frac{1285423.75}{959532.51}$$

$$= 1.3396$$

besagt, daß, werden für beide Jahre die Baulandverkäufe von 1983 zugrundegelegt, die Preise um 33.96% angestiegen sind.

→(c) Mengenindizes wie der von Laspeyres

$$Q^L_{0,t} = \frac{\sum_{i=1}^{n} p_{0i}q_{ti}}{\sum_{i=1}^{n} p_{0i}q_{0i}}$$

bzw. der von Paasche

$$Q_{0,t}^{P} = \frac{\sum_{i=1}^{n} p_{ti} q_{ti}}{\sum_{i=1}^{n} p_{ti} q_{0i}}$$

dienen dem Aufzeigen von Entwicklungen bei den verbrauchten Mengen, wobei konstante Preise unterlegt werden. Dem Mengenindex von Laspeyres werden dabei die Preise der Basisperiode 0 zugrundegelegt, während für den von Paasche die Preise zur Berichtsperiode t als Grundlage verwendet werden.

Mit Hilfe der Werte aus Tab. L6.3.1 erhält man für die Baulandverkäufe zu Preisen von 1980 als Mengenindex von Laspeyres

$$Q_{80,83}^{L} = \frac{\sum_{i=1}^{5} p_{80,i} \cdot q_{83,i}}{\sum_{i=1}^{5} p_{80,i} \cdot q_{80,i}} = \frac{959532.51}{1429293.50}$$

$$= 0.6713 \quad ,$$

d.h. die Baulandverkäufe, gewichtet mit den Preisen von 1980, sind um 32.87% zurückgegangen. Werden für die Baulandverkäufe in den Jahren 1980 und 1983 jeweils die Preise der Berichtsperiode 1983 zugrundegelegt, so ergibt sich für den Mengenindex von Paasche

$$Q_{80,83}^{P} = \frac{\sum_{i=1}^{5} p_{83,i} \cdot q_{83,i}}{\sum_{i=1}^{5} p_{83,i} \cdot q_{80,i}} = \frac{1285423.75}{1917001.35}$$

$$= 0.6705$$

d.h. ein Rückgang der Baulandverkäufe von 32.95%.

→(d) Ein Preis- bzw. Mengenindex, der stets zwischen den entsprechenden Werten der Indizes von Laspeyres und Paasche liegt, ist der sogenannte Fishersche Idealindex P_F bzw. Q_F mit

$$P_F = \sqrt{P_{0,t}^{L} P_{0,t}^{P}} \qquad \text{bzw.} \qquad Q_F = \sqrt{Q_{0,t}^{L} Q_{0,t}^{P}} \quad .$$

Für die Baulandverkäufe in den Jahren 1980 und 1983 ergibt sich somit, da (vgl. Aufgabenteil (b))

$$P_F = \sqrt{P^L_{80,83} \cdot P^P_{80,83}} = \sqrt{1.3412 \cdot 1.3396}$$
$$= 1.3404 \quad ,$$

eine Preissteigerung von 34.04% bzw., da (vgl. Aufgabenteil (c))

$$Q_F = \sqrt{Q^L_{80,83} \cdot Q^P_{80,83}} = \sqrt{0.6713 \cdot 0.6705}$$
$$= 0.6709 \quad ,$$

ein Rückgang der Baulandverkäufe von 32.91%.

→(e) In den Jahren 1980 und 1983 wurden durch Baulandverkäufe Umsätze in Höhe von

$$\sum_{i=1}^{5} p_{80,i} \cdot q_{80,i} \cdot 1000 = 1429293500 \text{ DM}$$

und

$$\sum_{i=1}^{5} p_{83,i} \cdot q_{83,i} \cdot 1000 = 1285423750 \text{ DM}$$

erzielt. Der Umsatzrückgang wird dann durch den Wertindex, vgl. Aufgabenteil (a), beschrieben.

LÖSUNG ZU AUFGABE 6.4

Neben dem Anschaffungswert $x_{78} = 75000$ DM sind die Preisindizes $I_{80,78}, \ldots, I_{80,84}$ für Boote und Jachten gegeben. Der Wiederbeschaffungswert x_{84} des Motorbootes berechnet sich dann durch Umbasierung (vgl. Aufgabe 6.2) des Erzeugerpreisindex zur Basis 1980 auf das Basisjahr 1978. Es ergibt sich ein Wert von

$$x_{84} = I_{78,84} \cdot x_{78}$$
$$= \frac{I_{80,84}}{I_{80,78}} \cdot x_{78}$$
$$= \frac{120.3}{88.2} \cdot 75000$$
$$= 1.36395 \cdot 75000$$

$= 102296.25$ DM .

LÖSUNG ZU AUFGABE 6.5

Wird ein Warenkorb in p Untergruppen eingeteilt, wie z.B. in dieser Aufgabe die Aufteilung landwirtschaftlicher Erzeugnisse in vier Produktbereiche, so läßt sich mit Hilfe von Preissubindizes für die einzelnen Gruppen ein Preisindex für den Warenkorb ermitteln. Liegen Preisindizes für die Berichtsperiode t zur Basisperiode 0 von Paasche $P_{0,t}^{P(i)}$, $i=1,\ldots,p$, vor, so ergibt sich der Gesamtpreisindex von Paasche als gewogenes harmonisches Mittel der Subindizes:

$$P_{0,t}^{P} = 1 \Bigg/ \left(\sum_{i=1}^{p} g_{ti} \cdot \frac{1}{P_{0,t}^{P(i)}} \right)$$

wobei der Gewichtungsfaktor g_{ti} den Anteil der i-ten Untergruppe am Wert des Warenkorbs zur Berichtsperiode t wiedergibt. Analog läßt sich auch aus gegebenen Mengensubindizes nach Paasche $Q_{0,t}^{P(i)}$ ein Mengenindex nach Paasche für den gesamten Warenkorb ermitteln:

$$Q_{0,t}^{P} = 1 \Bigg/ \left(\sum_{i=1}^{p} g_{ti} \cdot \frac{1}{Q_{0,t}^{P(i)}} \right)$$

Für die in vier Gruppen unterteilten landwirtschaftlichen Erzeugnisse des Landwirts sind die Preissubindizes für 1985 zur Basis 1981 von Paasche $P_{81,85}^{P(i)}$, $i=1,\ldots,4$, gegeben. Insgesamt wurde 1985, d.h. zur Berichtsperiode t, ein Umsatz von 280940 DM erzielt, der sich wie angegeben auf die einzelnen Produktgruppen aufteilte. Als Gewichtungsfaktoren erhält man somit

$$g_{85,1} = 0.4 \quad , \quad g_{85,2} = 0.35 \quad , \quad g_{85,3} = 0.15 \quad , \quad g_{85,4} = 0.10 \quad .$$

Der Preisindex von Paasche für die landwirtschaftlichen Erzeugnisse berechnet sich damit zu

$$P_{81,85}^{P} = 1 \Bigg/ \left(\sum_{i=1}^{4} g_{85,i} \cdot \frac{1}{P_{81,85}^{P(i)}} \right)$$

$$= 1 \;/\; \left(0.40 \cdot \frac{1}{1.095} + 0.35 \cdot \frac{1}{1.072} + 0.15 \cdot \frac{1}{1.117} + 0.10 \cdot \frac{1}{1.069} \right)$$

$$= 1 \;/\; 0.9196$$

$$= 1.0874 \quad .$$

→(b) Der Wertindex (vgl. Aufgabe 6.3) von

$$W_{81,85} = \frac{\sum_{i=1}^{4} p_{85,i} \cdot q_{85,i}}{\sum_{i=1}^{4} p_{81,i} \cdot q_{81,i}} = \frac{\text{Umsatz 1985}}{\text{Umsatz 1981}} = \frac{280940}{246360}$$

$$= 1.1404$$

besagt, daß der Umsatz von 1981 bis 1985 um 14.04% gestiegen ist.

LÖSUNG ZU AUFGABE 6.6

Der Preisindex von Laspeyres für die Berichtsperiode t zur Basisperiode 0 läßt sich berechnen als das gewogene arithmetische Mittel der Preissubindizes (nach Laspeyres) $P_{0,t}^{L(i)}$, die für p Untergruppen eines Warenkorbs vorliegen (vgl. Aufgabe 6.5):

$$P_{0,t}^{L} = \sum_{i=1}^{p} g_{0i} P_{0,t}^{L(i)} \quad ,$$

wobei die Gewichte g_{0i} dem Anteil der i-ten Untergruppe am Wert des Warenkorbs zur Basisperiode 0 entsprechen. Liegen Mengensubindizes nach Laspeyres $Q_{0,t}^{L(i)}$ für die p Untergruppen vor, so erhält man in analoger Weise den Mengenindex nach Laspeyres $Q_{0,t}^{L}$ für den gesamten Warenkorb durch

$$Q_{0,t}^{L} = \sum_{i=1}^{p} g_{0i} Q_{0,t}^{L(i)} \quad .$$

Für die neun Hauptgruppen des privaten Verbrauchs sind die Preisindizes nach Laspeyres $P_{80,84}^{L(i)}$ für 1984 zum Basisjahr 1980 gegeben. Mit einem Gesamtumsatz im Jahr 1980 in Höhe von 803200 Mill. DM ergeben sich als Gewichtungsfaktoren $g_{80,i}$ gerade

$$g_{80,i} = \frac{\text{Umsatz in der i-ten Hauptgruppe 1980}}{\text{Gesamtumsatz 1980}} \quad , \; i=1,\ldots,9 \; ,$$

d.h. man erhält

$$g_{80,1} = \frac{203860}{803200} = 0.2538 \quad , \; g_{80,2} = 0.0955 \quad , \; g_{80,3} = 0.1300 \quad ,$$

$$g_{80,4} = 0.0502 \quad , \quad g_{80,5} = 0.1178 \quad , \quad g_{80,6} = 0.1593 \quad ,$$

$$g_{80,7} = 0.0448 \quad , \quad g_{80,8} = 0.0795 \quad , \quad g_{80,9} = 0.0690 \quad .$$

Es ist also

$$\begin{aligned} P^{L}_{80,84} &= \sum_{i=1}^{9} g_{80,i} \cdot P^{L(i)}_{80,84} \\ &= 0.2538 \cdot 1.160 + 0.0955 \cdot 1.157 + \ldots + 0.0690 \cdot 1.208 \\ &= 1.1804 \end{aligned}$$

der Preisindex für die Lebenshaltung 1984 oder anders ausgedrückt, wird der Warenkorb von 1980 zugrundegelegt, so sind die Lebenshaltungskosten um 18.04% gestiegen.

LÖSUNG ZU AUFGABE 6.7

Preisbereinigung oder Deflationierung nennt man die Division eines Wertindex durch einen Preisindex, die durchgeführt wird, um Preisänderungen zu eliminieren. Eine Deflationierung führt dabei immer zu einem Mengenindex; in dem Fall, daß der Preisindex nach Laspeyres gegeben ist, zum Mengenindex von Paasche (vgl. Aufgabe 6.3):

$$Q^{P}_{0,t} = \frac{W_{0,t}}{P^{L}_{0,t}} = \frac{\sum_{i=1}^{n} p_{ti}q_{ti}}{\sum_{i=1}^{n} p_{ti}q_{0i}} \quad ,$$

und in dem Fall, daß der Preisindex nach Paasche gegeben ist, zum Mengenindex von Laspeyres:

$$Q^{L}_{0,t} = \frac{W_{0,t}}{P^{P}_{0,t}} = \frac{\sum_{i=1}^{n} p_{0i}q_{ti}}{\sum_{i=1}^{n} p_{0i}q_{0i}} \quad .$$

In Tab. L6.7.1 sind die Mengenindizes nach Paasche $Q^{P}_{80,t}$ für den betrachteten Zeitraum von 1980 bis 1984 zusammengestellt. Für das Jahr 1982 ergibt sich z.B. ein preisbereinigter Wert von

$$Q^P_{80,82} = \frac{W_{80,82}}{P^L_{80,82}} = \frac{1.12}{1.11}$$
$$= 1.0090 \quad .$$

Tab. C6.7.1: Mengenindizes $Q^P_{80,t}$ für t=80,...,84

t	80	81	82	83	84
$Q^P_{80,t}$	1.0000	1.0209	1.0090	1.0216	1.0551

Kapitel 7: Korrelation und Assoziation von Merkmalen

AUFGABE 7.1

In einer Firma, die Personalcomputer für den Bürobedarf herstellt, haben sich die Beschäftigtenzahlen getrennt nach Arbeitern und Angestellten verschieden entwickelt, vgl. die in Tab. 7.1 angegebenen Daten für die Jahre 1977 bis 1984.

Tab. 7.1: Arbeiter- und Angestelltenzahl einer Firma für 1977 - 84

Jahr	1977	1978	1979	1980	1981	1982	1983	1984
Arbeiter	496	512	537	539	574	608	654	692
Angestellte	68	75	84	93	86	72	66	54

(a) Berechnen Sie als Mass des Zusammenhanges zwischen Arbeiter- und Angestelltenzahl den Korrelationskoeffizienten nach Bravais - Pearson.

(b) Wie gross ist die Korrelation (nach Bravais - Pearson), wenn Sie nur die Beschäftigtenzahlen aus den Jahren 1977 - 1980 zugrundelegen?

(c) Erläutern Sie die in (a) und (b) gewonnenen Ergebnisse anhand einer graphischen Darstellung.

AUFGABE 7.2

Auf der Versuchsanlage einer Baumschule wurde ein biologisches Schädlingsbekämpfungsmittel bei Stachelbeersträuchern getestet. Die nachfolgende Tab. 7.2 gibt den auf 10 gleichartigen Versuchsfeldern registrierten Schädlingsbekämpfungsmitteleinsatz in g/m^2 und den Ernteertrag in kg/m^2 wieder.

Tab. 7.2: Schädlingsbekämpfungsmitteleinsatz (g/m^2) und Ernteertrag (kg/m^2) auf 10 gleichartigen Versuchsfeldern

Versuchsfeld	1	2	3	4	5	6	7	8	9	10
Schädlingsbekämpfungsmittel in g/m^2	1.3	0.3	2.5	2.1	2.3	0.2	1.8	0.6	2.6	0
Ernteertrag in kg/m^2	4.8	3.4	2.6	4.0	3.5	2.9	4.6	4.2	2.1	2.4

(a) Besteht ein linearer Zusammenhang zwischen dem Schädlingsbekämpfungsmitteleinsatz und dem Ernteertrag?
(b) Hängt der Ernteertrag von der Höhe des Schädlingsbekämpfungsmitteleinsatzes ab?

AUFGABE 7.3

Die Mietervereinigung einer Stadt hat zum Jahresende für 600 Mietwohnungen nachfolgende Tab. 7.3 über den Mietpreis Y (in DM) in Abhängigkeit von der Wohnfläche X (in qm) veröffentlicht.

Tab. 7.3: Mietpreis (in DM) und Wohnfläche (in qm) bei 600 Wohnungen einer Stadt

Wohnfläche X in qm von...bis unter... \ Mietpreis Y in DM von...bis unter...	0 - 300	300 - 600	600 - 900	900 - 1200
0 - 40	101	53	0	0
40 - 80	96	215	13	8
80 - 120	3	14	35	62

Berechnen Sie unter Verwendung der Klassenmitten einen geeigneten Korrelationskoeffizienten als Mass für den Zusammenhang zwischen Mietpreis und Wohnfläche.

AUFGABE 7.4

Bei der Endkontrolle an einem Fliessband wurde an sieben Tagen die Anzahl der Ausschussstücke gezählt. Ausserdem wurde an diesen Tagen die Lärmbelästigung, die an dem Band jeweils gegeben war, gemessen. Die dabei festgestellten Daten sind in Tab. 7.4 zusammengestellt.

Tab. 7.4: Anzahl der Ausschußstücke und Lärmbelästigung (in ME) für sieben Arbeitstage an einem Fließband

Tag	1	2	3	4	5	6	7
Anzahl der Ausschußstücke	31	41	24	45	39	26	32
Lärm in ME	93	98	90	100	95	92	97

(a) Berechnen Sie als Mass für den Zusammenhang zwischen der Anzahl der Ausschussstücke und der Lärmbelästigung
(i) den Korrelationskoeffizienten nach Bravais - Pearson,
(ii) den Fechnerschen Korrelationskoeffizienten und
(iii) den Spearmanschen Rangkorrelationskoeffizienten.
(b) Zeigen Sie mit Hilfe einer graphischen Darstellung, wie es zu den unterschiedlichen Ergebnissen in (a) kommt.

AUFGABE 7.5

An einer deutschen Fachhochschule müssen die Studenten der Wirtschaftswissenschaften für das Fach Mathematik neben einer Klausur auch eine mündliche Prüfung ablegen. Bei acht Studenten ergaben sich als Klausur- und mündliche Prüfungsergebnisse die Notenkombinationen

(2;3) , (4;2) , (3;3) , (1;2) ,
(5;4) , (3;5) , (2;1) , (4;4) .

Berechnen Sie mit Hilfe eines geeigneten Korrelationskoeffizienten ein Mass für den Zusammenhang zwischen den Ergebnissen der beiden Prüfungen.

AUFGABE 7.6

Im Rahmen eines Weinfestes sollten verschiedene Weinsorten eines Jahrganges auf ihren Geschmack hin getestet werden. Dazu waren fünf professionelle Weingutachter geladen und aus dem Publikum fünf Weinfreude ausgewählt worden. Jeder Tester konnte pro Weinsorte Punkte zwischen 0 (ungenügend) und 30 (sehr gut) vergeben. In Tab. 7.6 sind die Durchschnitte der beiden Gruppen von Weintestern für verschiedene Weinsorten zusammengestellt.

Tab. 7.6: Durchschnittliche Bewertungspunktzahlen zweier Gruppen von Weintestern für sechs verschiedene Weinsorten

Weinsorte	Professionelle Weingutachter	Private Weinkonsumenten
1	14	23
2	8	10
3	19	16
4	15	9
5	26	14
6	11	12

Besteht ein Zusammenhang zwischen den Bewertungen der beiden Gruppen?
Berechnen Sie den Kendallschen Rangkorrelationskoeffizienten.

AUFGABE 7.7

Ein Lebensmittelhändler hat am Morgen auf dem Grossmarkt jeweils zwei Kisten mit Tomaten der Handelsklasse I und der Handelsklasse III eingekauft. In seinem Geschäft stellt er bei der Überprüfung der Ware fest, dass von den 63 Tomaten der Handelsklasse I 57 zum Verkauf angeboten werden können, während von den 104 Tomaten der Handelsklasse III 48 so starke Fäulnisbildung aufweisen, dass er diese nicht mehr in den Obst- und Gemüsestand legen kann.

(a) Stellen Sie obigen Sachverhalt in einer Kontingenztafel dar.
(b) Berechnen Sie den Yuleschen Assoziationskoeffizienten.

AUFGABE 7.8

Eine Umfrage ergab, dass von 94 Besitzern eines Fernsehgerätes der Marke TV sich 91 wieder für den Kauf dieses Gerätes entscheiden würden. Dagegen gaben 121 von 164 Besitzern eines Fernsehgerätes der Marke SU an, dass sie dieses Gerät nicht wieder kaufen würden. Geben Sie eine geeignete Masszahl für den Zusammenhang zwischen Marke des Fernsehgerätes und Zufriedenheit der Besitzer an und interpretieren Sie das Ergebnis.

AUFGABE 7.9

Bei einer Statistik-Klausur an einer deutschen Universität ergaben sich für die daran teilgenommenen Studenten der drei möglichen Fachrichtungen die in Tab. 7.9 angegebenen Ergebnisse.

Tab. 7.9: Klausurergebnisse in Statistik von Studenten der Fachrichtungen BWL, VWL und Soziologie

Fachrichtung \ Ergebnis	bestanden	nicht bestanden
BWL	334	122
VWL	125	85
Soziologie	53	25

Berechnen Sie als Mass für den Zusammenhang zwischen der Fachrichtung und dem Klausurergebnis den Pearsonschen Kontingenzkoeffizienten.

AUFGABE 7.10

Die Marketingabteilung eines Unternehmens will eine Analyse über den Zusammenhang zwischen der verkauften Stückzahl (Y) (in Mio.) eines ihrer Produkte und den dafür gemachten Ausgaben (in Mio. DM) für Zeitungswerbung (X_1) und für Plakatwerbung (X_2)

durchführen. Für die Jahre 1978 - 1985 ergaben sich die in Tab. 7.10 angegebenen Werte.

Tab. 7.10: Verkaufte Stückzahl (Y) und Ausgaben für Zeitungs (X_1) - und Plakatwerbung (X_2) in den Jahren 1978 - 1985

Jahr	i	y_i	x_{1i}	x_{2i}
1978	1	4	2	1
1979	2	6	5	3
1980	3	13	8	6
1981	4	15	14	8
1982	5	15	10	9
1983	6	18	17	14
1984	7	23	17	15
1985	8	26	19	16

Berechnen Sie

(a) die multiple Korrelation $r_{Y,(X_1,X_2)}$;

(b) die partiellen Korrelationen $r_{(Y,X_1)/X_2}$ und $r_{(Y,X_2)/X_1}$.

LÖSUNG ZU AUFGABE 7.1

Werden an n Untersuchungseinheiten die Merkmale X und Y beobachtet, so liefert der Korrelationskoeffizient von Bravais-Pearson

$$r_{XY} = \frac{\sum_{i=1}^{n}(x_i - \bar{x})(y_i - \bar{y})}{\sqrt{\sum_{i=1}^{n}(x_i - \bar{x})^2 \cdot \sum_{i=1}^{n}(y_i - \bar{y})^2}} = \frac{\sum_{i=1}^{n} x_i y_i - n\bar{x}\bar{y}}{\sqrt{\left(\sum_{i=1}^{n} x_i^2 - n\bar{x}^2\right)\left(\sum_{i=1}^{n} y_i^2 - n\bar{y}^2\right)}}$$

$$= \frac{s_{XY}}{\sqrt{s_X^2 \cdot s_Y^2}} \qquad \text{mit} \qquad s_{XY} = \frac{1}{n-1}\sum_{i=1}^{n}(x_i - \bar{x})(y_i - \bar{y}) \quad ,$$

[s_{XY} heißt auch (empirische) Kovarianz zwischen X und Y; s_X^2 und s_Y^2 sind die Varianzen von X bzw. Y], wobei (x_i, y_i) die Beobachtung an der i-ten Untersuchungseinheit bezeichnet, ein Maß für den linearen Zusammenhang zwischen den beiden Merkmalen. Für diesen Korrelationskoeffizienten gilt

$$-1 \le r_{XY} \le 1 \quad .$$

Falls $r_{XY} = 1$ ist, so liegen alle Beobachtungswerte auf einer Geraden mit positiver Steigung, falls $r_{XY} = -1$ ist, auf einer Geraden mit negativer Steigung. Es liegt kein linearer Zusammenhang vor, wenn $r_{XY} = 0$ gilt.

→(a) Bei Betrachtung des Zeitraums 1977 - 1984, d.h. für $n = 8$ Jahre berechnet sich der Korrelationskoeffizient von Bravais-Pearson zwischen der Anzahl der Arbeiter X und der Anzahl der Angestellten Y mit

$$\bar{x} = \frac{1}{8}\sum_{i=1}^{8} x_i = \frac{1}{8}\cdot 4612$$

$$= 576.50 \quad ,$$

$$\bar{y} = \frac{1}{8}\sum_{i=1}^{8} y_i = \frac{1}{8}\cdot 598$$

$$= 74.75$$

und den Werten aus Tab. C7.1.1 zu

$$r_{XY} = \frac{\sum_{i=1}^{8} x_i y_i - 8\bar{x}\bar{y}}{\sqrt{\left(\sum_{i=1}^{8} x_i^2 - 8\bar{x}^2\right)\cdot\left(\sum_{i=1}^{8} y_i^2 - 8\bar{y}^2\right)}}$$

$$= \frac{341035 - 344747}{\sqrt{(2692770 - 2658818)\cdot(45806 - 44700.5)}}$$

$$= \frac{-3712}{\sqrt{33952\cdot 1105.5}} = \frac{-3712}{6126.4946} = -0.6059 \; .$$

Tab. C7.1.1: Arbeitstabelle zur Berechnung des Korrelationskoeffizienten von Bravais - Pearson

i	x_i	y_i	x_i^2	y_i^2	$x_i y_i$
1	496	68	246016	4624	33728
2	512	75	262144	5625	38400
3	537	84	288369	7056	45108
4	539	93	290521	8649	50127
5	574	86	329476	7396	49364
6	608	72	369664	5184	43776
7	654	66	427716	4356	43164
8	692	54	478864	2916	37368
$\sum$	4612	598	2692770	45806	341035

→(b) Betrachtet man nur die Jahre 1977 - 80 bei der Entwicklung der Arbeiter- und Angestelltenzahl, so ergibt sich mit den Durchschnittswerten

$$\bar{x}_* = \frac{1}{4}\sum_{i=1}^{4} x_i = \frac{1}{4}\cdot 2084$$

$$= 521$$

und

$$\bar{y}_* = \frac{1}{4}\sum_{i=1}^{4} y_i = \frac{1}{4}\cdot 320$$

$$= 80$$

als Maß für den linearen Zusammenhang zwischen den beiden Merkmalen ein Wert von

$$r_{XY}^{*} = \frac{\sum_{i=1}^{4} x_i y_i - 4\bar{x}_* \bar{y}_*}{\sqrt{\left(\sum_{i=1}^{4} x_i^2 - 4\bar{x}_*^2\right)\cdot\left(\sum_{i=1}^{4} y_i^2 - 4\bar{y}_*^2\right)}}$$

$$= \frac{167363 - 166720}{\sqrt{(1087050 - 1085764)\cdot(25954 - 25600)}}$$

$$= \frac{643}{\sqrt{1286\cdot 354}} = \frac{643}{674.7177} = 0.9530 \quad ,$$

d.h. im Gegensatz zum Aufgabenteil (a), wo für den gesamten Zeitraum 1977-84 ein negativer linearer Zusammenhang berechnet worden ist, besteht für die ersten vier Jahre eine sehr hohe positive lineare Abhängigkeit zwischen Arbeiter- und Angestelltenzahl.

→(c) In Abb. L7.1.1 ist der im Teil (b) schon kurz erläuterte Sachverhalt in Form eines Streuungsdiagramms graphisch dargestellt. Für die Jahre 1977 - 80 ist ein starker positiver linearer Zusammenhang zwischen der Arbeiter- und Angestelltenzahl zu erkennen. Über den gesamten Zeitraum hinweg ist dies jedoch nicht der Fall, denn mit dem Jahr 1980 setzt eine annähernd negative lineare Entwicklung bei den Beschäftigtenzahlen ein, wodurch die insgesamt vorliegende negative Korrelation erklärt wird.

LÖSUNG ZU AUFGABE 7.2

Als ein Maß für den linearen Zusammenhang (vgl. Aufgabe 7.1) zwischen dem Schädlingsbekämpfungsmitteleinsatz X und dem Ernteertrag Y soll der Korrelationskoeffizient von Bravais - Pearson berechnet werden. Mit den in Tab. L7.2.1 zusammengestellten Hilfsgrößen und

$$\bar{x} = \frac{1}{10}\sum_{i=1}^{10} x_i = \frac{1}{10}\cdot 13.7$$

$$= 1.37 \quad ,$$

$$\bar{y} = \frac{1}{10}\sum_{i=1}^{10} y_i = \frac{1}{10}\cdot 34.5$$

$$= 3.45$$

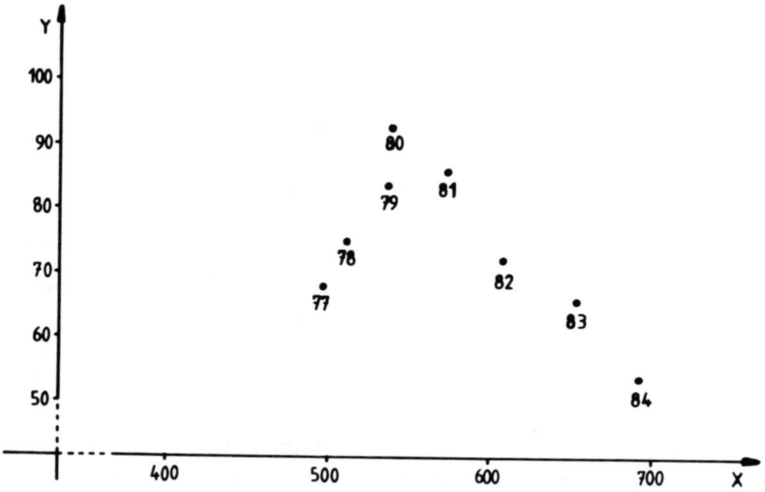

Abb. C7.1.1: Angestellten (X)- und Arbeiterzahl (Y) in den Jahren 1977 - 1984

ergibt sich eine Korrelation von

$$r_{XY} = \frac{\sum_{i=1}^{10} (x_i - \bar{x})(y_i - \bar{y})}{\sqrt{\sum_{i=1}^{10} (x_i - \bar{x})^2 \cdot \sum_{i=1}^{10} (y_i - \bar{y})^2}}$$

$$= \frac{\sum_{i=1}^{10} x_i y_i - 10\bar{x}\bar{y}}{\sqrt{\left(\sum_{i=1}^{10} x_i^2 - 10\bar{x}^2\right)\cdot\left(\sum_{i=1}^{10} y_i^2 - 10\bar{y}^2\right)}}$$

$$= \frac{47.05 - 47.265}{\sqrt{(28.13 - 18.769)(126.99 - 119.025)}}$$

$$= \frac{-0.215}{\sqrt{9.361 \cdot 7.965}} = \frac{-0.215}{8.6348} = -0.0249$$

d.h., da r_{XY} sehr nahe bei Null liegt, ist praktisch kein linearer Zusammenhang zwischen dem Einsatz von Schädlingsbekämpfungsmittel und dem Ernteertrag zu erkennen.

Tab. £7.2.1: Schädlingsbekämpfungsmitteleinsatz x_i, Ernteertrag y_i für das i-te Versuchsfeld, i=1,..,10 , und einige Hilfswerte zur Berechnung des Korrelationskoeffizienten von Bravais - Pearson

i	x_i	y_i	x_i^2	y_i^2	x_iy_i
1	1.3	4.8	1.69	23.04	6.24
2	0.3	3.4	0.09	11.56	1.02
3	2.5	2.6	6.25	6.76	6.50
4	2.1	4.0	4.41	16.00	8.40
5	2.3	3.5	5.29	12.25	8.05
6	0.2	2.9	0.04	8.41	0.58
7	1.8	4.6	3.24	21.16	8.28
8	0.6	4.2	0.36	17.64	2.52
9	2.6	2.1	6.76	4.41	5.46
10	0	2.4	0	5.76	0
$\sum$	13.7	34.5	28.13	126.99	47.05

→(b) Daß der Ernteertrag trotz des negativen Ergebnisses aus Aufgabenteil (a) dennoch auf eine bestimmte, wenn auch nicht lineare Art und Weise vom Schädlingsbekämpfungsmitteleinsatz abhängt, wird mit **Abb. £7.2.1** deutlich. Die dabei in ein Koordinatensystem eingetragenen Meßergebnisse (x_i,y_i), i=1,...,10 , lassen ziemlich eindeutig einen quadratischen Zusammenhang zwischen den beiden Merkmalen erkennen.

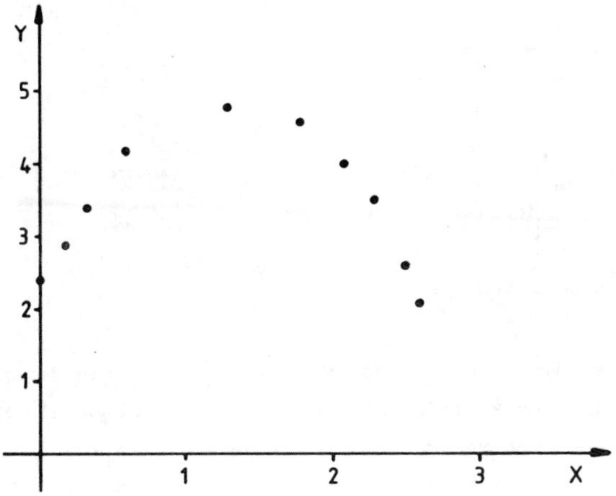

Abb. £7.2.1: Schädlingsbekämpfungsmitteleinsatz X und Ernteertrag Y bei 10 Versuchsfeldern

LÖSUNG ZU AUFGABE 7.3

Werden an n Untersuchungseinheiten die Merkmale X und Y beobachtet, wobei die Ausprägungen des Merkmals X in Klassen $K_1^X,\dots,K_r^X$ bzw. die des Merkmals Y in Klassen $K_1^Y,\dots,K_s^Y$ zusammengefaßt sind, so läßt sich die Häufigkeitsverteilung des Merkmalspaares (X,Y) in Form einer Kontingenztafel darstellen. Mit der absoluten Häufigkeit H_{ij} für das Klassenpaar (K_i^X,K_j^Y), $i=1,\dots,r$, $j=1,\dots,s$, ergibt sich die in Tab. L7.3.1 dargestellte (r×s) - Tafel. Durch die Randhäufigkeiten

$$H_{i.} = \sum_{j=1}^{s} H_{ij} \quad , \quad i=1,..,r \quad ,$$

bzw.

$$H_{.j} = \sum_{i=1}^{r} H_{ij} \quad , \quad j=1,..,s \quad ,$$

erhält man die Häufigkeitsverteilung (Randverteilung) des Merkmals X bzw. die des Merkmals Y. Natürlich gilt

$$n = \sum_{i=1}^{r} \sum_{j=1}^{s} H_{ij} = \sum_{i=1}^{r} H_{i.} = \sum_{j=1}^{s} H_{.j} \quad .$$

Tab. L7.3.1: (r×s) - Kontingenztafel

X \ Y	K_1^Y	...	K_s^Y	$\sum$
K_1^X	H_{11}	...	H_{1s}	$H_{1.}$
.	.		.	.
.	.		.	.
.	.		.	.
K_r^X	H_{r1}	...	H_{rs}	$H_{r.}$
$\sum$	$H_{.1}$	...	$H_{.s}$	n

Bezeichnet x_i^M die Klassenmitte der Klasse K_i^X bzw. y_j^M die Mitte der Klasse K_j^Y, so läßt sich der Korrelationskoeffizient nach Bravais - Pearson als Maß für den Zusammenhang zwischen den Merkmalen X und Y berechnen durch

$$r_{XY} = \frac{\sum_{i=1}^{r} \sum_{j=1}^{s} (x_i^M - \bar{x}_M)(y_j^M - \bar{y}_M) H_{ij}}{\sqrt{\sum_{i=1}^{r} (x_i^M - \bar{x}_M)^2 H_{i.} \cdot \sum_{j=1}^{s} (y_j^M - \bar{y}_M)^2 H_{.j}}}$$

$$= \frac{\sum\limits_{i=1}^{r} \sum\limits_{j=1}^{s} x_i^M y_j^M H_{ij} - n\bar{x}_M \bar{y}_M}{\sqrt{\left(\sum\limits_{i=1}^{r} (x_i^M)^2 H_{i.} - n\bar{x}_M^2\right) \cdot \left(\sum\limits_{j=1}^{s} (y_j^M)^2 H_{.j} - n\bar{y}_M^2\right)}} ,$$

wobei

$$\bar{x}_M = \frac{1}{n} \sum_{i=1}^{r} x_i^M H_{i.} \quad \text{bzw.} \quad \bar{y}_M = \sum_{j=1}^{s} y_j^M H_{.j} \quad .$$

In Tab. C7.3.2 sind noch einmal die gegebenen absoluten Häufigkeiten H_{ij} für die Klassenpaare (K_i^X, K_j^Y) des Merkmalspaares $(X,Y) \hat{=}$ (Wohnfläche, Mietpreis), sowie die absoluten Randhäufigkeiten $H_{i.}$ und $H_{.j}$ für i=1,2,3 , j=1,2,3,4 zusammengestellt.

Tab. C7.3.2: Wohnfläche X (in qm) und Mietpreis Y (in DM) bei n = 600 Wohnungen einer Stadt

X \ Y	0-300	300-600	600-900	900-1200	$\sum$
0- 40	$H_{11} = 101$	$H_{12} = 53$	$H_{13} = 0$	$H_{14} = 0$	$H_{1.} = 154$
40- 80	$H_{21} = 96$	$H_{22} = 215$	$H_{23} = 13$	$H_{24} = 8$	$H_{2.} = 332$
80-120	$H_{31} = 3$	$H_{32} = 14$	$H_{33} = 35$	$H_{34} = 62$	$H_{3.} = 114$
$\sum$	$H_{.1} = 200$	$H_{.2} = 282$	$H_{.3} = 48$	$H_{.4} = 70$	n = 600

Mit den Klassenmitten

$$x_1^M = 20 \quad , \quad x_2^M = 60 \quad , \quad x_3^M = 100 \quad \text{bzw.}$$

$$y_1^M = 150 \; , \quad y_2^M = 450 \; , \quad y_3^M = 750 \; , \quad y_4^M = 1050$$

beträgt die durchschnittliche Wohnfläche also gerade

$$\bar{x}_M = \frac{1}{n} \sum_{i=1}^{r} x_i^M H_{i.} = \frac{1}{600} \sum_{i=1}^{3} x_i^M H_{i.}$$

$$= \frac{1}{600} \cdot (20 \cdot 154 + 60 \cdot 332 + 100 \cdot 114)$$

$$= \frac{1}{600} \cdot 34400 = 57.3333$$

qm bzw. der durchschnittliche Mietpreis liegt bei DM

$$\bar{y}_M = \frac{1}{n} \sum_{j=1}^{s} y_j^M H_{.j} = \frac{1}{600} \sum_{j=1}^{4} y_j^M H_{.j}$$

$$= \frac{1}{600} \cdot (150 \cdot 200 + 450 \cdot 282 + 750 \cdot 48 + 1050 \cdot 70)$$

$$= \frac{1}{600} \cdot 266400 = 444 \ .$$

Für den Korrelationskoeffizienten von Bravais - Pearson (vgl. Aufgabe 7.1) ergibt sich bei Verwendung von Klassenmitten mit $r = 3$, $s = 4$ und den Werten aus der Tab. L7.3.3 gerade

$$r_{XY} = \frac{\sum_{i=1}^{r} \sum_{j=1}^{s} (x_i^M - \bar{x}_M)(y_j^M - \bar{y}_M) H_{ij}}{\sqrt{\sum_{i=1}^{r} (x_i^M - \bar{x}_M)^2 H_{i.} \cdot \sum_{j=1}^{s} (y_j^M - \bar{y}_M)^2 H_{.j}}}$$

$$= \frac{\sum_{i=1}^{3} \sum_{j=1}^{4} x_i^M y_j^M H_{ij} - 600 \bar{x}_M \bar{y}_M}{\sqrt{\left(\sum_{i=1}^{3} (x_i^M)^2 H_{i.} - 600 \bar{x}_M^2\right) \cdot \left(\sum_{j=1}^{4} (y_j^M)^2 H_{.j} - 600 \bar{y}_M^2\right)}}$$

$$= \frac{18348000 - 15273591.12}{\sqrt{(2396800 - 1972264.373)(165780000 - 118281600)}}$$

$$= \frac{3074408.88}{\sqrt{424535.627 \cdot 47498400}} = \frac{3074408.880}{4490519.238}$$

$$= 0.6846 \ .$$

LÖSUNG ZU AUFGABE 7.4

→(a,i) An $n = 7$ Tagen werden die Merkmale $X \triangleq$ Anzahl der Ausschußstücke und $Y \triangleq$ Lärm (in ME) an einem Fließband festgehalten. Mit den in Tab. L7.4.1 zusammengestellten Beobachtungen, sowie einigen Hilfsgrößen berechnet sich der Korrelationskoeffizient von Bravais - Pearson (vgl. auch Aufgabe 7.1) mit

$$\bar{x} = \frac{1}{7} \sum_{i=1}^{7} x_i = \frac{1}{7} \cdot 238$$

$$= 34 \quad ,$$

Tab. C7.3.3: Arbeitstabelle zur Berechnung des Korrelationskoeffizienten von Bravais - Pearson für Wohnfläche/Mietpreis

i,j	H_{ij}	x_i^M	y_j^M	$x_i^M y_j^M H_{ij}$
1,1	101	20	150	303000
1,2	53	20	450	477000
1,3	0	20	750	0
1,4	0	20	1050	0
2,1	96	60	150	864000
2,2	215	60	450	5805000
2,3	13	60	750	585000
2,4	8	60	1050	504000
3,1	3	100	150	45000
3,2	14	100	450	630000
3,3	35	100	750	2625000
3,4	62	100	1050	6510000
$\sum$	600			18348000

i	$H_{i.}$	x_i^M	$x_i^M H_{i.}$	$(x_i^M)^2 H_{i.}$
1	154	20	3080	61600
2	332	60	19920	1195200
3	114	100	11400	1140000
$\sum$	600		34400	2396800

j	$H_{.j}$	y_j^M	$y_j^M H_{.j}$	$(y_j^M)^2 H_{.j}$
1	200	150	30000	4500000
2	282	450	126900	57105000
3	48	750	36000	27000000
4	70	1050	73500	77175000
$\sum$	600		266400	165780000

$$\bar{y} = \frac{1}{7} \sum_{i=1}^{7} y_i = \frac{1}{7} 665$$

$$= 95$$

zu

$$r_{XY} = \frac{\sum_{i=1}^{7} (x_i - \bar{x})(y_i - \bar{y})}{\sqrt{\sum_{i=1}^{7} (x_i - \bar{x})^2 \cdot \sum_{i=1}^{7} (y_i - \bar{y})^2}}$$

$$= \frac{\sum_{i=1}^{7} x_i y_i - 7\bar{x}\bar{y}}{\sqrt{\left(\sum_{i=1}^{7} x_i^2 - 7\bar{x}^2\right)\cdot\left(\sum_{i=1}^{7} y_i^2 - 7\bar{y}^2\right)}}$$

$$= \frac{22762 - 22610}{\sqrt{(8464 - 8092)(63251 - 63175)}}$$

$$= \frac{152}{\sqrt{28272}} = \frac{152}{168.1428} = 0.9040 \ .$$

Tab. C7.4.1: Anzahl der Ausschußstücke x_i und Lärm (in ME) y_i, i=1,..,7 ; Arbeitstabelle zur Berechnung des Korrelationskoeffizienten von Bravais - Pearson

i	x_i	y_i	x_i^2	y_i^2	$x_i y_i$
1	31	93	961	8649	2883
2	41	98	1681	9604	4018
3	24	90	576	8100	2160
4	45	100	2025	10000	4500
5	39	95	1521	9025	3705
6	26	92	676	8464	2392
7	32	97	1024	9409	3104
$\sum$	238	665	8464	63251	22762

→(a,ii) Neben dem Korrelationskoeffizienten von Bravais - Pearson ist der Fechnersche Korrelationskoeffizient ein weiteres Maß für den linearen Zusammenhang zweier Merkmale X und Y. Liegen Beobachtungspaare $(x_1,y_1),\ldots,(x_n,y_n)$ vor, so werden diese zunächst in $(x_1-\bar{x},y_1-\bar{y}),\ldots,(x_n-\bar{x},y_n-\bar{y})$ transformiert. Anschließend werden die Vorzeichen der einzelnen Differenzenpaare betrachtet und mit

$$V = \sum_{i=1}^{n} v_i, \text{ wobei } v_i = \begin{cases} 1 & \text{, falls } x_i-\bar{x} \text{ und } y_i-\bar{y} \text{ gleiches Vorzeichen haben oder beide Null sind} \\ 1/2 & \text{, falls genau einer der Werte } x_i-\bar{x} \text{ bzw. } y_i-\bar{y} \text{ Null ist} \\ 0 & \text{, sonst} \end{cases}$$

ist der Fechnersche Korrelationskoeffizient bestimmt durch

$$r_F = \frac{2V-n}{n} \ .$$

Es gilt

$$-1 \leq r_F \leq 1 \text{ ,}$$

wobei allerdings zu beachten ist, daß z.B. $r_F = 1$ nicht nur bei striktem positiv linearen Zusammenhang gilt, sondern schon dann, wenn ($x_i - \bar{x} < 0$ und $y_i - \bar{y} < 0$) oder ($x_i - \bar{x} > 0$ und $y_i - \bar{y} > 0$) für alle Paare (x_i, y_i), $i=1,\ldots,n$, erfüllt ist.

Mit $\bar{x} = 34$ und $\bar{y} = 95$ sind in Tab. L7.4.2, um die Berechnung des Fechnerschen Korrelationskoeffizienten für die Merkmale X ≙ Anzahl der Ausschußstücke und Y ≙ Lärm zu vereinfachen, neben den Differenzen $x_i - \bar{x}$ und $y_i - \bar{y}$ bereits die Werte v_i, $i=1,\ldots,7$, berechnet worden.

Tab. L7.4.2: Anzahl der Ausschußstücke x_i und Lärm (in ME) y_i, $i=1,\ldots,7$; Arbeitstabelle zur Berechnung des Fechnerschen Korrelationskoeffizienten

i	x_i	y_i	$x_i - \bar{x}$	$y_i - \bar{y}$	v_i
1	31	93	-3	-2	1
2	41	98	7	3	1
3	24	90	-10	-5	1
4	45	100	11	5	1
5	39	95	5	0	0.5
6	26	92	-8	-3	1
7	32	97	-2	2	0
$\sum$	238	665	0	0	5.5

Der Fechnersche Korrelationskoeffizient beträgt also

$$r_F = \frac{2V - n}{n} = \frac{2 \cdot \sum_{i=1}^{7} v_i - 7}{7} = \frac{2 \cdot 5.5 - 7}{7}$$

$$= 0.5714 \quad ,$$

d.h. er liefert als Maß für den Zusammenhang zwischen den beiden Merkmalen einen erheblich kleineren Wert als der Korrelationskoeffizient von Bravais-Pearson, der in (i) berechnet wurde.

→(a,iii) Für die Berechnung des Spearmanschen Rangkorrelationskoeffizienten müssen zunächst die Ränge $R(x_i)$ und $R(y_i)$ der Ausprägungen x_i und y_i der Merkmale X und Y, $i=1,\ldots,n$, bestimmt werden. Allgemein werden Rangzahlen in der Art vergeben, daß die n Merkmalswerte der Größe nach geordnet werden und beginnend mit dem größten Merkmalswert, dem die Rangzahl 1 zugeordnet wird, alle Merkmalswerte mit ganzen Zahlen (Ränge) durchnummeriert werden bis hin zum kleinsten Merkmalswert, der dann die Rangzahl n erhält. Tritt ein Merkmalswert mehrfach auf, so ordnet man diesen gleichen Werten als Rang das arithmetische Mittel der Ränge zu, die sie einnehmen.

Der Spearmansche Korrelationskoeffizient ist dann definiert durch

$$r_S = \frac{\sum_{i=1}^{n} [R(x_i) - \overline{R(x)}]\cdot[R(y_i) - \overline{R(y)}]}{\sqrt{\sum_{i=1}^{n} [R(x_i) - \overline{R(x)}]^2 \cdot \sum_{i=1}^{n} [R(y_i) - \overline{R(y)}]^2}}$$

mit

$$\overline{R(x)} = \frac{1}{n}\sum_{i=1}^{n} R(x_i) \quad \text{und} \quad \overline{R(y)} = \frac{1}{n}\sum_{i=1}^{n} R(y_i) \;,$$

d.h. er entspricht dem Korrelationskoeffizienten von Bravais - Pearson insoweit, als daß die Ausprägungen x_i und y_i in der Formel durch ihre Rangzahlen $R(x_i)$ und $R(y_i)$ ersetzt werden. Sind alle Beobachtungen x_i und y_i, $i=1,\ldots,n$, verschieden, d.h. treten keine Bindungen auf, wie dies in dieser Aufgabe der Fall ist, so läßt sich r_S in einer einfacheren Form darstellen:

$$r_S = 1 - \frac{6\cdot\sum_{i=1}^{n} d_i^2}{n(n^2-1)} \quad \text{mit} \quad d_i = R(x_i) - R(y_i) \;.$$

Weiterhin gilt

$$-1 \leq r_S \leq 1 \;,$$

wobei der Spearmansche Korrelationskoeffizient den Wert 1 allerdings nicht nur bei einer strikt positiven Linearität der Beobachtungswerte annimmt, sondern schon dann, wenn für alle Paare (x_i, y_i) und (x_j, y_j) mit $x_i < x_j$ auch $y_i < y_j$ gilt.

In Tab. C7.4.3 sind für die Ausprägungen x_i und y_i der Merkmale X ≙ Anzahl der Ausschußstücke und Y ≙ Lärm (in ME) die Rangzahlen $R(x_i)$ und $R(y_i)$ sowie die Größen $d_i = R(x_i) - R(y_i)$ und d_i^2 zusammengestellt.

Somit berechnet sich der Spearmansche Rangkorrelationskoeffizient zu

$$r_S = 1 - \frac{6\cdot\sum_{i=1}^{7} d_i^2}{7(49-1)} = 1 - \frac{6\cdot 2}{7\cdot 48} = 0.9643 \;.$$

Tab. L7.4.3: Rangzahlen $R(x_i)$ und $R(y_i)$ für die Anzahl der Ausschußstücke x_i und der Lärmbelastung y_i, i=1,...,7

i	x_i	y_i	$R(x_i)$	$R(y_i)$	$d_i = R(x_i) - R(y_i)$	d_i^2
1	31	93	5	5	0	0
2	41	98	2	2	0	0
3	24	90	7	7	0	0
4	45	100	1	1	0	0
5	39	95	3	4	-1	1
6	26	92	6	6	0	0
7	32	97	4	3	1	1

→(b) In **Abb. L7.4.1** sind die Punkte (x_i, y_i), i=1,...,7 , in einem Koordinatensystem dargestellt. Da diese Punkte relativ dicht an der ebenfalls eingezeichneten Geraden liegen, ist damit der hohe Wert des Korrelationskoeffizienten von Bravais - Pearson ($r_{XY} = 0.9040$) erklärt. Auf der anderen Seite liegen alle Beobachtungspaare bis auf $(x_7, y_7) = (32,97)$ in dem ebenfalls eingezeichneten Quadranten I und III, d.h. dieser Punkt geht somit in die Berechnung des Fechnerschen Korrelationskoeffizienten gar nicht ein, vgl. auch Tab. L7.4.2, was hier zu einem relativ kleinen Korrelationswert ($r_F = 0.5714$) führt.

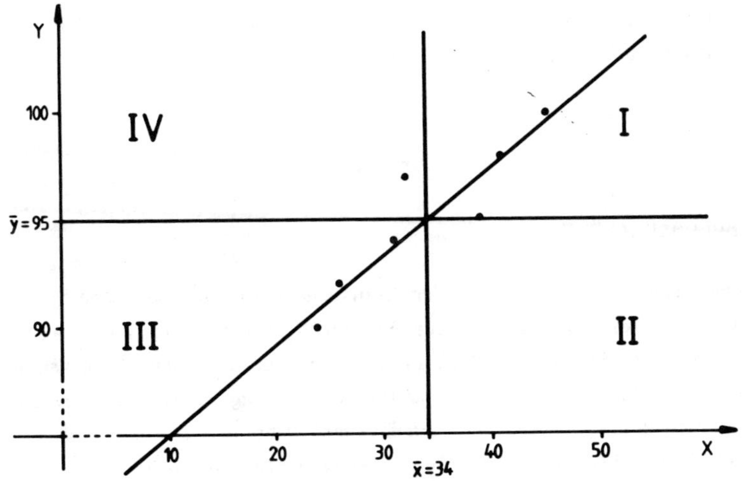

Abb. L7.4.1: Zusammenhang zwischen X ≙ Anzahl der Ausschußstücke und Y ≙ Lärmbelastung

Zeichnet man die Rangzahlenpaare ($R(x_i)$, $R(y_i)$), $i=1,\ldots,7$, in ein Koordinatensystem ein, vgl. Abb. C7.4.2, so wird deutlich, daß die Anpassung dieser Punkte an die ebenfalls eingezeichnete Gerade besser ist als die bei den Originaldaten. Damit wird verständlich, daß für den Spearmanschen Rangkorrelationskoeffizienten hier gilt:

$$r_S = 0.9643 > 0.9040 = r_{XY} .$$

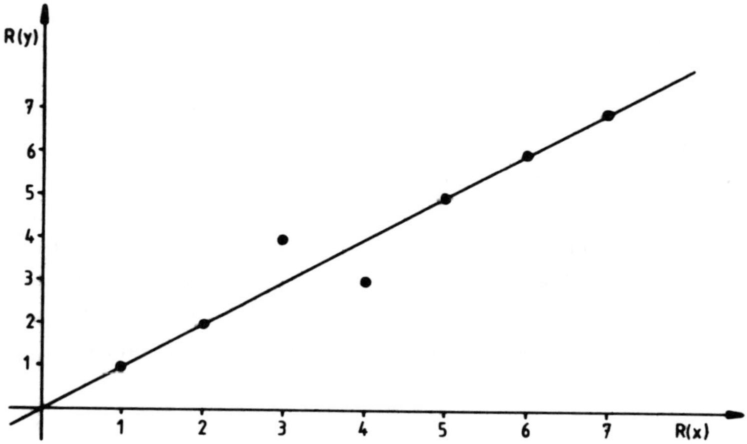

Abb. C7.4.2: Rangzahlenpaare ($R(x_i)$, $R(y_i)$) der Merkmale $X \mathrel{\hat{=}}$ Anzahl der Ausschußstücke und $Y \mathrel{\hat{=}}$ Lärmbelastung

LÖSUNG ZU AUFGABE 7.5

Als Maß für den Zusammenhang zwischen dem Klausurergebnis und der mündlichen Prüfung soll hier der Spearmansche Rangkorrelationskoeffizient (vgl. Aufgabe 7.4) berechnet werden. In Tab. C7.5.1 sind für $n = 8$ Studenten neben den Ergebnissen der Klausur x_i und der mündlichen Prüfung y_i die entsprechenden Ränge $R(x_i)$ und $R(y_i)$, $i=1,\ldots,8$, aufgeführt. Dabei wird den Ausprägungen, die mehrfach auftreten, das arithmetische Mittel der Ränge, die sie einnehmen, zugeordnet.

Für den Spearmanschen Korrelationskoeffizienten ergibt sich mit

Tab. L7.5.1: Klausurergebnis x_i und mündliches Prüfungsergebnis y_i mit den entsprechenden Rangzahlen $R(x_i)$ und $R(y_i)$ für $i=1,\ldots,8$; Arbeitstabelle zur Berechnung des Spearmanschen Rangkorrelationskoeffizienten

i	x_i	y_i	$R(x_i)$	$R(y_i)$	$(R(x_i))^2$	$(R(y_i))^2$	$R(x_i)R(y_i)$
1	2	3	6.5	4.5	42.25	20.25	29.25
2	4	2	2.5	6.5	6.25	42.25	16.25
3	3	3	4.5	4.5	20.25	20.25	20.25
4	1	2	8.0	6.5	64.00	42.25	52.00
5	5	4	1.0	2.5	1.00	6.25	2.50
6	3	5	4.5	1.0	20.25	1.00	4.50
7	2	1	6.5	8.0	42.25	64.00	52.00
8	4	4	2.5	2.5	6.25	6.25	6.25
$\sum$	24	24	36.0	36.0	202.50	202.50	183.00

$$\overline{R(x)} = \frac{1}{n}\sum_{i=1}^{n} R(x_i) = \frac{1}{8}\sum_{i=1}^{8} R(x_i) = \frac{1}{8}\cdot 36$$

$$= 4.5 \quad ,$$

$$\overline{R(y)} = 4.5$$

gerade

$$r_S = \frac{\sum_{i=1}^{8}\left(R(x_i) - \overline{R(x)}\right)\cdot\left(R(y_i) - \overline{R(y)}\right)}{\sqrt{\sum_{i=1}^{8}\left(R(x_i) - \overline{R(x)}\right)^2\cdot\sum_{i=1}^{8}\left(R(y_i) - \overline{R(y)}\right)^2}}$$

$$= \frac{\sum_{i=1}^{8} R(x_i)\cdot R(y_i) - 8\cdot\overline{R(x)}\cdot\overline{R(y)}}{\sqrt{\left(\sum_{i=1}^{8} R(x_i)^2 - 8\cdot\overline{R(x)}^2\right)\cdot\left(\sum_{i=1}^{8} R(y_i)^2 - 8\cdot\overline{R(y)}^2\right)}}$$

$$= \frac{183 - 162}{\sqrt{(202.5 - 162)(202.5 - 162)}} = \frac{21}{40.5}$$

$$= 0.5185 \quad .$$

LÖSUNG ZU AUFGABE 7.6

Analog zur Berechnung des Spearmanschen Rangkorrelationskoeffizienten müssen auch zur Berechnung des Kendallschen Korrelationskoeffizienten zunächst die Ränge der Ausprägungen $x_1,\dots,x_n$ bzw. $y_1,\dots,y_n$ des Merkmals X bzw. Y bestimmt werden. Anschließend werden die Rangzahlen $R(x_i)$, $i=1,\dots,n$, des Merkmals X, beginnend mit dem kleinsten Wert der Größe nach geordnet. Durch diese Anordnung wird dann in eindeutiger Weise eine Reihenfolge der Beobachtungspaare $(x_1,y_1),\dots,(x_n,y_n)$ und damit auch der Ränge $R(y_1),\dots,R(y_n)$ festgelegt (alle x_i und y_i jeweils verschieden). Für jede Rangzahl $R(y_i)$ wird dann

Q_i = Anzahl der $R(y_i)$ nachfolgenden Rangzahlen, die kleiner als $R(y_i)$ sind,

bestimmt. Der Kendallsche Rangkorrelationskoeffizient τ berechnet sich nun zu

$$\tau = 1 - \frac{4 \cdot \sum_{i=1}^{n} Q_i}{n(n-1)} \qquad (\tau = \text{Tau}) \quad .$$

In Tab. L7.6.1 sind zunächst einmal für die $n=6$ Weinsorten neben den durchschnittlichen Bewertungspunktzahlen der professionellen Weingutachter x_i und denen der privaten Konsumenten y_i die zugehörigen Rangzahlen zusammengestellt. Werden die Ränge $R(x_i)$ der Größe nach geordnet, wodurch eine neue Reihenfolge der Bewertungspunktzahlen (x_i,y_i), $i=1,\dots,6$, und somit auch der Rangzahlen $R(y_i)$ festgelegt wird, so lassen sich dann die Größen Q_i, $i=1,\dots,6$, bestimmen, vgl. Tab. L7.6.2.

Tab. L7.6.1: Durchschnittliche Bewertungspunktzahlen der professionellen Weingutachter x_i sowie der privaten Weinkonsumenten y_i und die entsprechenden Ränge $R(x_i)$ bzw. $R(y_i)$, $i=1,\dots,6$

i	1	2	3	4	5	6
x_i	14	8	19	15	26	11
y_i	23	10	16	9	14	12
$R(x_i)$	4	6	2	3	1	5
$R(y_i)$	1	5	2	6	3	4

Tab. C7.6.2: Arbeitstabelle zur Berechnung des Kendallschen Korrelationskoeffizienten

Rangzahlen $R(x_1),\dots,R(x_6)$ geordnet	1	2	3	4	5	6
zugeh. Bewertungspunkte der Weingutachter	26	19	15	14	11	8
zugeh. Bewertungspunkte der Weinkonsumenten	14	16	9	23	12	10
entsprechende Rangzahlen $R(y_1),\dots,R(y_6)$	3	2	6	1	4	5
$Q_1,\dots,Q_6$	2	1	3	0	0	0

Damit ergibt sich als Maß für den Zusammenhang zwischen den beiden Merkmalen

$$\tau = 1 - \frac{4 \cdot \sum_{i=1}^{6} Q_i}{6(6-1)} = 1 - \frac{4 \cdot 6}{30} = 1 - 0.8$$
$$= 0.2 \quad ,$$

d.h. es besteht keine besonders hohe Abhängigkeit zwischen den Bewertungen der Weinsorten durch die beiden Gruppen von Weinprüfern.

LÖSUNG ZU AUFGABE 7.7

Werden an n Untersuchungseinheiten zwei nominal skalierte Merkmale X und Y beobachtet, wobei deren Ausprägungen mit $a_1,\dots,a_r$ bzw. $b_1,\dots,b_s$ bezeichnet werden sollen, so läßt sich die Häufigkeitsverteilung von (X,Y) in Form einer (r×s) - Kontingenztafel (vgl. Aufgabe 7.3) darstellen. Mit der absoluten Häufigkeit H_{ij} für die Merkmalsausprägung (a_i,b_j), $i=1,\dots,r, j=1,\dots,s$, den Randhäufigkeiten

$$H_{i.} = \sum_{j=1}^{s} H_{ij} \ , \ i=1,\dots,r \ , \quad H_{.j} = \sum_{i=1}^{r} H_{ij} \ , \ j=1,\dots,s \ ,$$

und

$$n = \sum_{i=1}^{r} H_{i.} = \sum_{j=1}^{s} H_{.j} = \sum_{i=1}^{r} \sum_{j=1}^{s} H_{ij}$$

läßt sich eine (r×s) - Kontingenztafel, wie in Tab. C7.7.1 angegeben, aufstellen.

Tab. C7.7.1: (r×s) - Kontingenztafel für zwei nominal skalierte Merkmale

X \ Y	b_1 ... b_s	$\sum$
a_1 . . . a_r	H_{11} ... H_{1s} . . . H_{r1} ... H_{rs}	$H_{1.}$ . . . $H_{r.}$
$\sum$	$H_{.1}$ ... $H_{.s}$	n

Besitzen die Merkmale X und Y nur jeweils zwei mögliche Ausprägungen, d.h. ist $r = 2$, $s = 2$, so heißt die (2×2) - Kontingenztafel auch Vierfeldertafel.

Bezeichnet X das Merkmal 'Handelsklasse' mit den Ausprägungen $a_1 \hat{=} I$, $a_2 \hat{=} III$ und Y das Merkmal 'Fäulnisbildung' mit den Ausprägungen $b_1 \hat{=}$ Ja, $b_2 \hat{=}$ Nein, so läßt sich mit den gegebenen absoluten Häufigkeiten H_{ij}, $i,j = 1,2$, nachfolgende Vierfeldertafel, vgl. Tab. C7.7.2, aufstellen.

Tab. C7.7.2: Vierfeldertafel zur Untersuchung von Fäulnisbildung bei Tomaten der Handelsklasse I und III

Handelsklasse \ Fäulnisbildung	Ja	Nein	$\sum$
I	$H_{11} = 6$	$H_{12} = 57$	$H_{1.} = 63$
III	$H_{21} = 48$	$H_{22} = 56$	$H_{2.} = 104$
$\sum$	$H_{.1} = 54$	$H_{.2} = 113$	$n = 167$

→(b) Der Yulesche Assoziationskoeffizient dient bei der Vierfeldertafel als Maß für die Abhängigkeit der Merkmale X und Y. Er ist gegeben durch

$$A_{XY} = \frac{H_{11}H_{22} - H_{12}H_{21}}{H_{11}H_{22} + H_{12}H_{21}}$$

mit der Eigenschaft

$$-1 \leq A_{XY} \leq 1 \quad ,$$

wobei das Vorzeichen von A_{XY} nur im Zusammenhang mit der Vierfeldertafel interpretiert werden kann. Der Wert $A_{XY} = \pm 1$ wird dabei nicht allein bei vollständiger Abhängigkeit angenommen, sondern schon wenn ein $H_{ij} = 0$ ist.

Das Yulesche Assoziationsmaß für den Zusammenhang zwischen den Merkmalen 'Handelsklasse' und 'Fäulnisbildung' berechnet sich nun zu

$$A_{XY} = \frac{H_{11}H_{22} - H_{12}H_{21}}{H_{11}H_{22} + H_{12}H_{21}} = \frac{6 \cdot 56 - 57 \cdot 48}{6 \cdot 56 + 57 \cdot 48} = \frac{-2400}{3072}$$

$$= -0.78125 \quad .$$

LÖSUNG ZU AUFGABE 7.8

In Tab. L7.8.1 sind die Ergebnisse einer Befragung von $n = 258$ Personen bzgl. der Merkmale $X \mathrel{\hat{=}}$ Marke des Fernsehgerätes mit den Ausprägungen $a_1 \mathrel{\hat{=}}$ TV, $a_2 \mathrel{\hat{=}}$ SU und $Y \mathrel{\hat{=}}$ Zufriedenheit mit dem Gerät mit den Ausprägungen $b_1 \mathrel{\hat{=}}$ ja, $b_2 \mathrel{\hat{=}}$ nein in Form einer Vierfeldertafel (vgl. Aufgabe 7.7) zusammengestellt.

Tab. L7.8.1: Vierfeldertafel zur Untersuchung der Zufriedenheit der Besitzer von Fernsehgeräten der Marke TV und SU

Marke \ Zufriedenheit	ja	nein	$\sum$
TV	$H_{11} = 91$	$H_{12} = 3$	$H_{1.} = 94$
SU	$H_{21} = 43$	$H_{22} = 121$	$H_{2.} = 164$
$\sum$	$H_{.1} = 134$	$H_{.2} = 124$	$n = 258$

Der Yulesche Assoziationskoeffizient (vgl. Aufgabe 7.7) beträgt somit

$$A_{XY} = \frac{H_{11}H_{22} - H_{12}H_{21}}{H_{11}H_{22} + H_{12}H_{21}} = \frac{91 \cdot 121 - 3 \cdot 43}{91 \cdot 121 + 3 \cdot 43} = \frac{10882}{11140}$$

$$= 0.9768 \quad ,$$

d.h. es besteht ein hoher positiver Zusammenhang zwischen der Marke TV und der Zufriedenheit mit dem Gerät.

LÖSUNG ZU AUFGABE 7.9

Während das Yulesche Assoziationsmaß nur für die Vierfeldertafel zur Anwendung kommt, läßt sich mit Hilfe des Pearsonschen Kontingenzkoeffizienten die Kontingenz bzw. Assoziation, d.h. der Zusammenhang zwischen zwei Merkmalen X und Y in beliebigen (r×s) - Kontingenztafeln (vgl. Aufgabe 7.7) messen. Der Pearsonsche Kontingenzkoeffizient ist gegeben durch

$$C = \sqrt{\frac{\chi^2}{n + \chi^2}} \qquad (\chi^2 = \text{Chi-Quadrat}) \quad ,$$

wobei

$$\chi^2 = \sum_{i=1}^{r} \sum_{j=1}^{s} \frac{(H_{ij} - m_{ij})^2}{m_{ij}} \qquad \text{mit} \qquad m_{ij} = \frac{H_{i.} H_{.j}}{n}$$

ist. Für C gilt

$$0 \le C \le \sqrt{\frac{\min(r,s) - 1}{\min(r,s)}} \quad .$$

Um ein Assoziationsmaß zu erhalten, das auch den Wert 1 annehmen kann, wird der Pearsonsche Kontingenzkoeffizient oft dahingehend korrigiert, daß man

$$C_{corr} = \sqrt{\frac{\min(r,s)}{\min(r,s) - 1}} \cdot C$$

als korrigierten Pearsonschen Kontingenzkoeffizienten verwendet.

In Tab. L7.9.1 sind für das Merkmal X ≙ Fachrichtung mit r = 3 Ausprägungen und für Y ≙ Klausurergebnis mit s = 2 Ausprägungen, die bei n = 744 Studenten beobachtet wurden, neben den absoluten Häufigkeiten und den Randhäufigkeiten auch die Werte $m_{ij} = H_{i.} H_{.j}/n$, i=1,2,3, j=1,2, in die (3×2) - Kontingenztafel eingetragen worden. Für m_{22} erhält man dabei z.B. den Wert

$$m_{22} = \frac{H_{2.} H_{.2}}{n} = \frac{210 \cdot 232}{744}$$
$$= 65.48 \quad .$$

Tab. L7.9.1: Klausurergebnisse in Statistik von n = 744 Studenten dreier verschiedener Fachrichtungen sowie $m_{ij} = H_{i.} H_{.j} / n$ für i=1,2,3, j=1,2

Klausurergebnis / Fachrichtung	bestanden	nicht bestanden	$\sum$
BWL	$H_{11} = 334$ $m_{11} = 313.81$	$H_{12} = 122$ $m_{12} = 142.19$	$H_{1.} = 456$
VWL	$H_{21} = 125$ $m_{21} = 144.52$	$H_{22} = 85$ $m_{22} = 65.48$	$H_{2.} = 210$
Soziologie	$H_{31} = 53$ $m_{31} = 53.68$	$H_{32} = 25$ $m_{32} = 24.32$	$H_{3.} = 78$
$\sum$	$H_{.1} = 512$	$H_{.2} = 232$	n = 744

Als Maß für den Zusammenhang zwischen der Fachrichtung und dem Klausurergebnis erhält man mit den Werten aus Tab. L7.9.1 und

$$\chi^2 = \sum_{i=1}^{3} \sum_{j=1}^{2} \frac{(H_{ij} - m_{ij})^2}{m_{ij}}$$
$$= \frac{(334 - 313.81)^2}{313.81} + \frac{(122 - 142.19)^2}{142.19} + \ldots + \frac{(25 - 24.32)^2}{24.32}$$
$$= 12.649$$

für den Pearsonschen Kontingenzkoeffizienten

$$C = \sqrt{\frac{\chi^2}{n + \chi^2}} = \sqrt{\frac{12.649}{744 + 12.649}}$$
$$= 0.1293$$

bzw. für den korrigierten Koeffizienten

$$C_{corr} = \sqrt{\frac{\min(3,2)}{\min(3,2) - 1}} \cdot C = \sqrt{\frac{2}{2 - 1}} \cdot 0.1293$$
$$= 0.1829 \ .$$

LÖSUNG ZU AUFGABE 7.10

→(a) Die multiple Korrelation ist ein Maß für die Abhängigkeit eines Merkmals Y von p Merkmalen $X_1,\dots,X_p$. Für p = 2 berechnet sich der multiple Korrelationskoeffizient $r_{Y,(X_1,X_2)}$ über die einfachen Korrelationskoeffizienten nach Bravais - Pearson (vgl. Aufgabe 7.1) r_{YX_1}, r_{YX_2} bzw. $r_{X_1X_2}$ zu

$$r_{Y,(X_1,X_2)} = \sqrt{\frac{r_{YX_1}^2 + r_{YX_2}^2 - 2r_{YX_1}\cdot r_{YX_2}\cdot r_{X_1X_2}}{1 - r_{X_1X_2}^2}} .$$

Für die multiple Korrelation zwischen dem Merkmal Y ≙ verkaufte Stückzahl und den Merkmalen X_1 ≙ Ausgaben für Zeitungswerbung und X_2 ≙ Ausgaben für Plakatwerbung, die über n = 8 Jahre beobachtet wurden, erhält man mit den Werten aus Tab. £7.10.1 und

$$\bar{y} = \frac{1}{8}\sum_{i=1}^{8} y_i = \frac{1}{8}\cdot 120 = 15 ,$$

$$\bar{x}_1 = \frac{1}{8}\sum_{i=1}^{8} x_{1i} = \frac{1}{8}\cdot 92 = 11.5 ,$$

$$\bar{x}_2 = \frac{1}{8}\sum_{i=1}^{8} x_{2i} = \frac{1}{8}\cdot 72 = 9$$

sowie

$$r_{YX_1} = \frac{\sum_{i=1}^{8} y_i x_{1i} - 8\bar{y}\bar{x}_1}{\sqrt{\left(\sum_{i=1}^{8} y_i^2 - 8\bar{y}^2\right)\cdot\left(\sum_{i=1}^{8} x_{1i}^2 - 8\bar{x}_1^2\right)}}$$

$$= \frac{1693 - 1380}{\sqrt{(2200 - 1800)(1328 - 1058)}} = \frac{313}{\sqrt{108000}}$$

$$= 0.9524 ,$$

$$r_{YX_2} = \frac{\sum_{i=1}^{8} y_i x_{2i} - 8\bar{y}\bar{x}_2}{\sqrt{\left(\sum_{i=1}^{8} y_i^2 - 8\bar{y}^2\right)\cdot\left(\sum_{i=1}^{8} x_{2i}^2 - 8\bar{x}_2^2\right)}}$$

$$= \frac{1368 - 1080}{\sqrt{(2200 - 1800)(868 - 648)}} = \frac{288}{\sqrt{88000}}$$

$$= 0.9708 \quad ,$$

$$r_{X_1X_2} = \frac{\sum_{i=1}^{8} x_{1i}x_{2i} - 8\bar{x}_1\bar{x}_2}{\sqrt{\left(\sum_{i=1}^{8} x_{1i}^2 - 8\bar{x}_1^2\right)\cdot\left(\sum_{i=1}^{8} x_{2i}^2 - 8\bar{x}_2^2\right)}}$$

$$= \frac{1064 - 828}{\sqrt{(1328 - 1058)(868 - 648)}} = \frac{236}{\sqrt{59400}}$$

$$= 0.9683$$

Tab. L7.10.1: Arbeitstabelle zur Berechnung des multiplen Korrelationskoeffizienten

i	y_i	x_{1i}	x_{2i}	y_i^2	x_{1i}^2	x_{2i}^2	y_ix_{1i}	y_ix_{2i}	$x_{1i}x_{2i}$
1	4	2	1	16	4	1	8	4	2
2	6	5	3	36	25	9	30	18	15
3	13	8	6	169	64	36	104	78	48
4	15	14	8	225	196	64	210	120	112
5	15	10	9	225	100	81	150	135	90
6	18	17	14	324	289	196	306	252	238
7	23	17	15	529	289	225	391	345	255
8	26	19	16	676	361	256	494	416	304
$\sum$	120	92	72	2200	1328	868	1693	1368	1064

gerade

$$r_{Y,(X_1,X_2)} = \sqrt{\frac{r_{YX_1}^2 + r_{YX_2}^2 - 2r_{YX_1}\cdot r_{YX_2}\cdot r_{X_1X_2}}{1 - r_{X_1X_2}^2}}$$

$$= \sqrt{\frac{0.9524^2 + 0.9708^2 - 2\cdot 0.9524\cdot 0.9708\cdot 0.9683}{1 - 0.9683^2}}$$

$$= 0.9721 \quad ,$$

d.h. einen relativen hohen Grad von Abhängigkeit zwischen Y und (X_1,X_2). Jedoch ist dieser nur unwesentlich höher als die Korrelation zwischen Y und X_2 alleine, was hier durch die hohe Korrelation zwischen X_1 und X_2 erklärbar ist.

→(b) Oft ist eine Korrelation zwischen zwei Merkmalen Y und X nur deshalb gegeben, weil beide Merkmale mit einem dritten Merkmal U korreliert sind. Eine Möglichkeit, die Korrelation zwischen Y und X vom Einfluß eines dritten Merkmals U zu bereinigen (zumindest rechnerisch), bietet dann der partielle Korrelationskoeffizient von Y und X unter U, der gegeben ist durch

$$r_{(Y,X)/U} = \frac{r_{YX} - r_{YU}r_{XU}}{\sqrt{(1 - r_{YU}^2)(1 - r_{XU}^2)}} ,$$

wobei r_{XY}, r_{XU} und r_{YU} wiederum die einfachen Korrelationskoeffizienten nach Bravais - Pearson (vgl. Aufgabe 7.1) darstellen.

Mit den bereits in Aufgabenteil (a) berechneten Korrelationen

$$r_{YX_1} = 0.9524 \quad , \quad r_{YX_2} = 0.9708 \quad , \quad r_{X_1X_2} = 0.9683$$

erhält man als "eigentliche" Korrelation zwischen der 'verkauften Stückzahl' (Y) und den 'Ausgaben für Zeitungswerbung' (X_1) bei "Konstanthaltung" des Merkmals 'Ausgaben für Plakatwerbung' (X_2) gerade

$$r_{(Y,X_1)/X_2} = \frac{r_{YX_1} - r_{YX_2}r_{X_1X_2}}{\sqrt{(1 - r_{YX_2}^2)(1 - r_{X_1X_2}^2)}}$$

$$= \frac{0.9524 - 0.9708 \cdot 0.9683}{\sqrt{(1 - 0.9708^2)(1 - 0.9683^2)}}$$

$$= 0.2065 ,$$

bzw. als partielle Korrelation von Y und X_2, partialisiert unter X_1,

$$r_{(Y,X_2)/X_1} = \frac{r_{YX_2} - r_{YX_1}r_{X_1X_2}}{\sqrt{(1 - r_{YX_1}^2)(1 - r_{X_1X_2}^2)}}$$

$$= \frac{0.9708 - 0.9524 \cdot 0.9683}{\sqrt{(1 - 0.9524^2)(1 - 0.9683^2)}}$$

$$= 0.6381 .$$

Man sieht, im Vergleich zu den nicht partialisierten Korrelationskoeffizienten erhält man hier z.T. wesentlich geringere Werte.

Kapitel 8: Regressionsrechnung

AUFGABE 8.1

Die in Tab. 8.1 zusammengestellten Daten geben einen Überblick über die Entwicklung der Arbeitslosenzahlen und der offenen Stellen für die Jahre 1976 - 1984 im Bundesland Bremen.

Tab. 8.1: Anzahl offener Stellen und Arbeitslosenzahl in Bremen von 1976 - 1984

Jahr	1976	1977	1978	1979	1980	1981	1982	1983	1984
offene Stellen	3010	3041	3439	4382	4379	2911	1335	987	1217
Arbeitslose	15166	15594	15420	13826	14764	19899	28775	36743	38917

(a) Zeichnen Sie ein Streuungsdiagramm für die Anzahl der offenen Stellen X und der Arbeitslosenzahl Y.

(b) Bestimmen Sie mit Hilfe der Methode der kleinsten Quadrate eine Regressionsgerade von der Arbeitslosenzahl auf die Anzahl der offenen Stellen und zeichnen Sie diese in das Streuungsdiagramm ein.

(c) Berechnen Sie das Bestimmtheitsmass und prognostizieren Sie die Anzahl der Arbeitslosen bei 700 offenen Stellen.

AUFGABE 8.2

Bestimmen Sie für die gruppierten Daten das Merkmalspaares (X,Y) = (Wohnfläche, Mietpreis) aus Aufgabe 7.3 unter Verwendung der Klassenmitten eine Regressionsgerade für Y in Abhängigkeit von X mittels der Methode der Kleinsten Quadrate und berechnen Sie das Bestimmtheitsmass.

AUFGABE 8.3

In Tab. 8.3 wird die Bevölkerungsentwicklung in Nordrhein-Westfalen von 1935-1980 aufgezeigt.

Tab. 8.3: Bevölkerungsentwicklung in Nordrhein-Westfalen von 1935-1980

Jahr	t	Bevölkerung y_t (in Mill.)
1935	1	11.772
1940	2	12.059
1945	3	11.200
1950	4	12.926
1955	5	14.442
1960	6	15.694
1065	7	16.661
1970	8	16.914
1975	9	17.176
1980	10	17.044

Führen Sie mit Hilfe des

(a) Kleinste-Quadrate-Verfahrens,
(b) Waldschen-Verfahrens

eine lineare Regression von y_t auf t durch, berechnen Sie die jeweiligen Bestimmtheitsmasse und

(c) zeichnen Sie die sich dabei ergebenden Regressionsgeraden zusammen mit den Daten in ein Koordinatensystem ein und bestimmen Sie die Approximationen und Residuen zu den Bevölkerungszahlen nach den Verfahren aus (a) und (b).

AUFGABE 8.4

In Aufgabe 7.10 sind für die Jahre 1978-1985 die verkaufte Stückzahl (Y) eines Produktes sowie die mit dem Produkt zusammenhängenden Ausgaben für Zeitungswerbung (X_1) und für Plakatwerbung (X_2) zusammengestellt. Da ein linearer Zusammenhang zwischen Y und X_1 sowie X_2 vermutet wird, soll bei Anwendung der

Methode der kleinsten Quadrate eine multiple Regressionsbeziehung von Y auf X_1 und X_2 bestimmt werden. Wie gross ist hier das multiple Bestimmtheitsmass? Welche verkaufte Stückzahl würden Sie bei den Ausgaben $x_1 = 8$ Mio. DM für Zeitschriftenwerbung und $x_2 = 12$ Mio. DM für Plakatwerbung prognostizieren?

AUFGABE 8.5

Aufgrund der ermittelten Daten bei $n = 10$ Versuchsfeldern aus Aufgabe 7.2 besteht die Vermutung, dass ein quadratischer Zusammenhang zwischen dem Schädlingsbekämpfungsmitteleinsatz (X) und dem Ernteertrag (Y) vorliegt. Bestimmen Sie nach der Methode der kleinsten Quadrate eine quadratische Regressionsfunktion, stellen Sie diese zusammen mit den Ausgangsdaten graphisch dar und berechnen Sie das Bestimmtheitsmass für die quadratische Regression.

LÖSUNG ZU AUFGABE 8.1

→(a) In Abb. C8.1.1 sind die Beobachtungspaare (x_i, y_i), i=1,...,9, der Merkmale X ≙ offene Stellen und Y ≙ Arbeitslosenzahl in Bremen für die Jahre 1976 - 1984 in ein Koordinatensystem eingetragen. Weiterhin ist dort auch schon die im Teil (b) berechnete Regressionsgerade eingezeichnet.

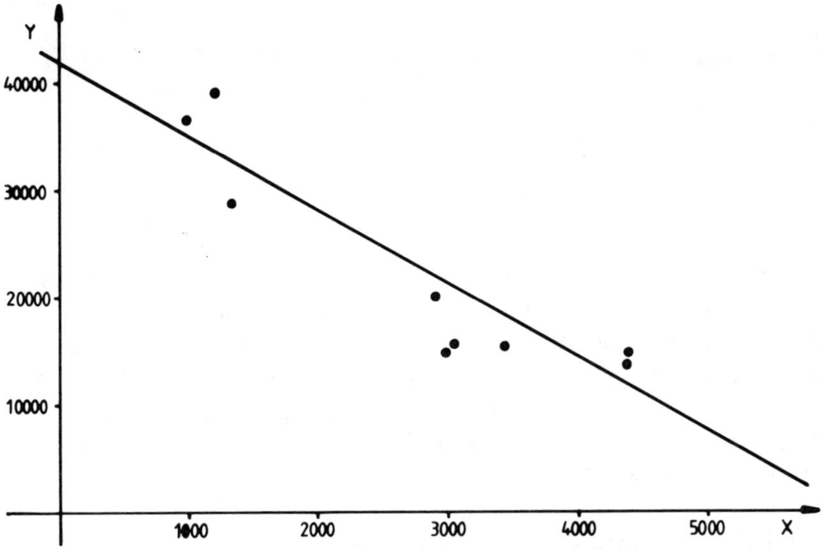

Abb. C8.1.1: Streuungsdiagramm zur Entwicklung der offenen Stellen X und der Arbeitslosenzahl Y für die Jahre 1976 - 1984 in Bremen

→(b) Da vermutet wird, daß zwischen zwei Merkmalen X und Y eine lineare Beziehung besteht, soll eine Regressionsgerade

$$\hat{y} = a + bx$$

mit Hilfe von Beobachtungen $(x_1, y_1), \ldots, (x_n, y_n)$ des Merkmalspaares (X,Y) an n Untersuchungseinheiten / Objekten so bestimmt werden, daß $\hat{y}_i$ eine möglichst gute Näherung für die Ausprägung y_i des Merkmals Y eines Objektes, das die Ausprägung x_i des Merkmals X trägt, ist. Ein Verfahren, das dies gewährleistet, ist die Methode der kleinsten Quadrate:

$$\text{Minimiere} \sum_{i=1}^{n} (y_i - a - bx_i)^2 \quad \text{bzgl. der Unbekannten a und b ,}$$

d.h. a und b sollen so bestimmt werden, daß die Summe der quadratischen Abweichungen der y_i von den $\hat{y}_i = a + bx_i$ möglichst klein ist. Hiermit ergibt sich für den Steigungsparameter b der Regressionsgeraden der Wert

$$b = \frac{\sum_{i=1}^{n} (x_i - \bar{x})(y_i - \bar{y})}{\sum_{i=1}^{n} (x_i - \bar{x})^2}$$

bzw. für das Absolutglied a der Wert

$$a = \bar{y} - b\bar{x} \quad ,$$

mit $\bar{x} = \frac{1}{n} \sum_{i=1}^{n} x_i \quad , \quad \bar{y} = \frac{1}{n} \sum_{i=1}^{n} y_i \quad .$

Aufgrund der Vermutung, daß zwischen der Anzahl der offenen Stellen (X) und der Arbeitslosenzahl (Y) eine lineare Beziehung besteht, sollen nach der Kleinste-Quadrate-Methode (KQ-Methode) die Parameter a und b der Regressionsgeraden bestimmt werden. In Tab. C8.1.1 sind neben der beobachteten Anzahl offener Stellen x_i und der Arbeitslosenzahl y_i, i=1,...,9, für die Jahre 1976-84 einige Hilfsgrößen, welche die nachfolgenden Berechnungen erleichtern, zusammengestellt.

Tab. C8.1.1 Arbeitstabelle zur Bestimmung der Regressionsgeraden

i	x_i	y_i	x_i^2	y_i^2	x_iy_i
1	3010	15166	9060100	230007556	45649660
2	3041	15594	9247681	243172836	47421354
3	3439	15420	11826721	237776400	53029380
4	4382	13826	19201924	191158276	60585532
5	4379	14764	19175641	217975696	64651556
6	2911	19899	8473921	395970201	57925989
7	1335	28775	1782225	828000625	38414625
8	987	36743	974169	1350048049	36265341
9	1217	38917	1481089	1514532889	47361989
$\sum$	24701	199104	81223471	5208642528	451305426

Mit

$$\bar{x} = \frac{1}{n} \sum_{i=1}^{n} x_i = \frac{1}{9} \sum_{i=1}^{9} x_i = \frac{1}{9} \cdot 24701$$

$$= 2744.56 \quad ,$$

$$\bar{y} = \frac{1}{n} \sum_{i=1}^{n} y_i = \frac{1}{9} \sum_{i=1}^{9} y_i = \frac{1}{9} \cdot 199104$$

$$= 22122.67$$

und den Werten aus Tab. L8.1.1 erhält man somit für den Steigungsparameter der Geraden

$$b = \frac{\sum_{i=1}^{9} (x_i - \bar{x})(y_i - \bar{y})}{\sum_{i=1}^{9} (x_i - \bar{x})^2} = \frac{\sum_{i=1}^{9} x_i y_i - 9\bar{x}\bar{y}}{\sum_{i=1}^{9} x_i^2 - 9\bar{x}^2} = \frac{451305426 - 546452956}{81223471 - 67793486.34}$$

$$= \frac{-95147530}{13429984.66} = -7.0847$$

bzw. für das Absolutglied

$$a = \bar{y} - b\bar{x} = 22122.67 + 7.0847 \cdot 2744.56$$
$$= 41567.0542 \quad .$$

Die Regressionsgerade, die in Abb. L8.1.1 auch graphisch dargestellt ist, lautet also

$$\hat{y} = 41567.0542 - 7.0847\,x \quad .$$

→(c) Das Bestimmtheitsmaß

$$B_{Y,X} = 1 - \frac{\sum_{i=1}^{n} (y_i - \hat{y}_i)^2}{\sum_{i=1}^{n} (y_i - \bar{y})^2} \quad \text{mit} \quad \hat{y}_i = a + bx_i$$

ist ein Maß für die Güte der Anpassung der geschätzten Regressionsgeraden an die Beobachtungswerte. Er gibt den Anteil der Varianz von Y an, der durch X, d.h. durch die Regression erklärt werden kann. Dabei gilt

$$0 \leq B_{Y,X} \leq 1 \quad ,$$

wobei der Wert $B_{Y,X} = 1$ gerade dann erreicht wird, wenn alle Beobachtungspunkte exakt auf einer Geraden liegen. Bei der einfachen linearen Regression nach der Methode der kleinsten Quadrate entspricht das Bestimmtheitsmaß dem Quadrat des Korrelationskoeffizienten von Bravais - Pearson, d.h. es gilt in diesem Fall

$$B_{Y,X} = r_{XY}^2 \quad .$$

Ein einfacher Weg zur Berechnung des Bestimmtheitsmaßes ergibt sich hier auch durch die Beziehung

$$B_{Y,X} = b^2 \cdot \frac{s_X^2}{s_Y^2} = b^2 \cdot \frac{\sum_{i=1}^{n} (x_i - \bar{x})^2}{\sum_{i=1}^{n} (y_i - \bar{y})^2} \quad .$$

Mit Hilfe letzterer Formel soll nun das Bestimmtheitsmaß der im Aufgabenteil (b) bestimmten Regressionsgeraden berechnet werden. Es ergibt sich mit den Werten aus Tab. L8.1.1

$$B_{Y,X} = b^2 \cdot \frac{\sum_{i=1}^{9} x_i^2 - 9\bar{x}^2}{\sum_{i=1}^{9} y_i^2 - 9\bar{y}^2} = (-7.0847)^2 \cdot \frac{81223471 - 67793486.34}{5208642528 - 4404712751}$$

$$= (-7.0847)^2 \cdot \frac{13429984.66}{803929777}$$

$$= 0.8385 \quad ,$$

d.h. ca. 84 % der Variabilität in den Arbeitslosenzahlen sind durch einen linearen Ansatz bzgl. der offenen Stellen erklärbar. Bei $x = 700$ offenen Stellen wird die Anzahl der Arbeitslosen prognostiziert zu

$$\hat{y} = \hat{y}(700) = 41567.0542 - 7.0847 \cdot 700$$

$$= 36607.764 \quad ,$$

also zu rund 36600.

LÖSUNG ZU AUFGABE 8.2

Soll bei gruppierten Daten eine lineare Beziehung

$$\hat{y} = a + bx$$

zwischen zwei Merkmalen X und Y bestimmt werden, so erhält man unter Verwendung der Klassenmitten x_i^M (für das Merkmal X), $i=1,\ldots,r$, bzw. y_j^M (für das Merkmal Y), $j=1,\ldots,s$, mit den Werten aus der zugehörigen $(r \times s)$-Kontingenztafel (vgl. Aufgabe 7.3) für den Steigungsparameter b bzw. für das Absolutglied a nach der Methode der kleinsten Quadrate (vgl. Aufgabe 8.1) gerade

$$b = \frac{\sum_{i=1}^{r}\sum_{j=1}^{s}(x_i^M - \bar{x}_M)(y_j^M - \bar{y}_M)H_{ij}}{\sum_{i=1}^{r}(x_i^M - \bar{x}_M)^2 H_{i.}} = \frac{\sum_{i=1}^{r}\sum_{j=1}^{s} x_i^M y_j^M H_{ij} - n\bar{x}_M\bar{y}_M}{\sum_{i=1}^{r}(x_i^M)^2 H_{i.} - n\bar{x}_M^2}$$

bzw. $a = \bar{y}_M - b\bar{x}_M$,

wobei $\bar{x}_M = \frac{1}{n}\sum_{i=1}^{r} x_i^M H_{i.}$ und $\bar{y}_M = \frac{1}{n}\sum_{j=1}^{s} y_j^M H_{.j}$.

In Tab. L7.3.2 sind bereits die gegebenen absoluten Häufigkeiten H_{ij} für die Klassenpaare (K_i^X, K_j^Y) des Merkmalpaares $(X,Y) \mathrel{\hat=} $ (Wohnfläche, Mietpreis) sowie die absoluten Randhäufigkeiten $H_{i.}$ und $H_{.j}$ für $i=1,2,3$ und $j=1,2,3,4$ in einer (3×4) - Kontingenztafel dargestellt. Mit der durchschnittlichen Wohnfläche von $\bar{x}_M = 57.3333$ qm und dem durchschnittlichen Mietpreis von $\bar{y}_M = 444$ DM, sowie den in Tab. L7.3.3 zusammengestellten Hilfswerten ergibt sich für

$$b = \frac{\sum_{i=1}^{3}\sum_{j=1}^{4}(x_i^M - \bar{x}_M)(y_j^M - \bar{y}_M)H_{ij}}{\sum_{i=1}^{3}(x_i^M - \bar{x}_M)^2 H_{i.}} = \frac{\sum_{i=1}^{3}\sum_{j=1}^{4} x_i^M y_j^M H_{ij} - 600\bar{x}_M\bar{y}_M}{\sum_{i=1}^{3}(x_i^M)^2 H_{i.} - 600\bar{x}_M^2}$$

$$= \frac{18348000 - 15273591.12}{2396800 - 1972264.373}$$

$$= 7.2418$$

bzw. für

$$a = \bar{y} - b\bar{x} = 444 - 7.2418 \cdot 57.3333$$
$$= 28.8037 \quad .$$

Als Regressionsgerade für den Mietpreis Y in Abhängigkeit von der Wohnfläche X erhält man also

$$\hat{y} = 28.8037 + 7.2418\,x \quad .$$

Das Bestimmtheitsmaß $B_{Y,X}$ für die Regression läßt sich hier sehr einfach angeben, da in Aufgabe 7.3 bereits die Korrelation zwischen den beiden Merkmalen X und Y berechnet wurde und für die lineare Einfachregression nach der Methode der kleinsten Quadrate die Beziehung

$$B_{Y,X} = r_{XY}^2$$

gilt. Somit ist also

$$B_{Y,X} = (0.6846)^2 = 0.4687 \quad .$$

LÖSUNG ZU AUFGABE 8.3

→(a) Bestimmt werden soll eine lineare Regressionsbeziehung

$$\hat{y}_t = a + bt \quad ,$$

wobei y_t die Bevölkerungszahlen in Nordrhein-Westfalen in t=1,...,10 Jahren angibt, nach der Kleinst-Quadrate Methode (vgl. auch Aufgabe 8.1). In Tab. L8.3.1 sind die zur Bestimmung der Unbekannten a und b benötigten Größen in Form einer Arbeitstabelle zusammengestellt, wobei $t = x_t$, t=1,...,10, gesetzt wurde.

Tab. L8.3.1: Arbeitstabelle zur Regressionsanalyse

$t = x_t$	y_t	x_t^2	y_t^2	$x_t y_t$
1	11.772	1	138.5800	11.772
2	12.059	4	145.4195	24.118
3	11.200	9	125.4400	33.600
4	12.926	16	167.0815	51.704
5	14.442	25	208.5714	72.210
6	15.694	36	246.3016	94.164
7	16.661	49	277.5889	116.627
8	16.914	64	286.0834	135.312
9	17.176	81	295.0150	154.584
10	17.044	100	290.4979	170.440
∑ 55	145.888	385	2180.5792	864.531

Für die arithmetischen Mittel ergibt sich zunächst

$$\bar{x} = \frac{1}{10} \sum_{t=1}^{10} x_t = \frac{1}{10} \cdot 55 = 5.5 \qquad \text{und}$$

$$\bar{y} = \frac{1}{10} \sum_{t=1}^{10} y_t = \frac{1}{10} \cdot 145.888 = 14.5888 \quad .$$

Nach dem Kleinste-Quadrate-Verfahren erhält man nun für den Steigungsparameter der Regressionsgeraden

$$b = \frac{\sum_{t=1}^{10} (x_t - \bar{x})(y_t - \bar{y})}{\sum_{t=1}^{10} (x_t - \bar{x})^2} = \frac{\sum_{t=1}^{10} x_t y_t - 10\bar{x}\bar{y}}{\sum_{t=1}^{10} x_t^2 - 10\bar{x}^2} = \frac{864.531 - 802.384}{385 - 302.5} = \frac{62.147}{82.5}$$

$$= 0.7533$$

und für das Absolutglied

$$a = \bar{y} - b\bar{x} = 14.5888 - 0.7533 \cdot 5.5$$
$$= 10.44565 \quad .$$

Die Regressionsgerade lautet also

$$\hat{y} = 10.44565 + 0.7533\,x \qquad \text{bzw.}$$
$$\hat{y}_t = 10.44565 + 0.7533\,t \quad .$$

Das zugehörige Bestimmtheitsmaß $B_{Y,X}$ berechnet sich dann aus der für die lineare Einfachregression nach der KQ-Methode hier geltenden Beziehung (vgl. Aufgabe 8.1)

$$B_{Y,X} = b^2 \cdot \frac{s_X^2}{s_Y^2} = b^2 \cdot \frac{\sum_{t=1}^{10} (x_t - \bar{x})^2}{\sum_{t=1}^{10} (y_t - \bar{y})^2}$$

mit den Werten aus Tab. L8.3.1 zu

$$B_{Y,X} = (0.7533)^2 \cdot \frac{\sum_{t=1}^{10} x_t^2 - 10\bar{x}^2}{\sum_{t=1}^{10} y_t^2 - 10\bar{y}^2} = (0.7533)^2 \cdot \frac{385 - 302.5}{2180.5792 - 2128.3309}$$

$$= (0.7533)^2 \cdot \frac{82.5}{52.2483} = 0.8960 \quad ,$$

d.h. 89.6 % der Variabilität der Einwohnerzahlen kann durch einen linearen Ansatz bzgl. der Zeit erklärt werden.

→(b) Eine andere, vor allem schnellere und bzgl. Meßfehler in den x_i und y_i robustere Methode zur Bestimmung einer Regressionsgeraden

$$y^W = a^W + b^W x$$

bietet sich mit dem Waldschen Verfahren an. Dazu werden zunächst die n Beobachtungspaare $(x_1,y_1),\ldots,(x_n,y_n)$ so geordnet, daß die x_i mit steigendem Index stets größer werden. Anschließend werden die geordneten Paare in zwei gleich große Gruppen unterteilt; ist dabei die Anzahl n der Beobachtungspaare ungerade, so wird das mittlere Paar vernachläßigt. Mit den jeweiligen Gruppenmittelwerten $(\bar{x}_1,\bar{y}_1)$ bzw. $(\bar{x}_2,\bar{y}_2)$ und den Gesamtmitteln $(\bar{x},\bar{y})$ werden dann der Steigungsparameter b^W durch

$$b^W = \frac{\bar{y}_2 - \bar{y}_1}{\bar{x}_2 - \bar{x}_1}$$

und das Absolutglied a^W durch

$$a^W = \bar{y} - b^W \bar{x}$$

bestimmt.

Da die $n = 10$ Beobachtungswerte $x_t = t$, $t=1,\ldots,10$, natürlich bereits in geordneter Reihenfolge vorliegen, müssen hier nur die Mittelwerte $\bar{x}_1$ und $\bar{y}_1$ der ersten fünf Beobachtungen und die Mittelwerte $\bar{x}_2$ und $\bar{y}_2$ der letzten fünf Beobachtungen berechnet werden. Mit den Werten aus Tab. L 8.3.1 ergibt sich

$$\bar{x}_1 = \frac{1}{5} \sum_{t=1}^{5} x_t = \frac{1}{5} (1+2+3+4+5)$$
$$= 3 \quad ,$$
$$\bar{x}_2 = \frac{1}{5} \sum_{t=6}^{10} x_t = \frac{1}{5} (6+7+8+9+10)$$
$$= 8 \quad ,$$
$$\bar{y}_1 = \frac{1}{5} \sum_{t=1}^{5} y_t = \frac{1}{5} \cdot 63.399$$
$$= 12.4798 \quad ,$$
$$\bar{y}_2 = \frac{1}{5} \sum_{t=6}^{10} y_t = \frac{1}{5} \cdot 83.489$$
$$= 16.6978 \quad .$$

Mit $\bar{x} = 5.5$ bzw. $\bar{y} = 14.588$, vgl. Aufgabenteil (a), erhält man dann nach dem Waldschen Verfahren für die Steigung b^W der Regressionsgeraden

$$b^W = \frac{\bar{y}_2 - \bar{y}_1}{\bar{x}_2 - \bar{x}_1} = \frac{16.6978 - 12.4798}{8 - 3}$$
$$= 0.8436$$

bzw. für das Absolutglied a^W

$$a^W = \bar{y} - b^W \bar{x} = 14.588 - 0.8436 \cdot 5.5$$
$$= 9.9482 \quad ,$$

d.h. als Waldsche Regressionsgerade ergibt sich die lineare Beziehung der Bevölkerungszahl y_t bzgl. der Zeit t

$$\hat{y}_t^W = 9.9482 + 0.8436\, t \quad .$$

Das Bestimmtheitsmaß für diese Regressionsgerade ergibt sich zu

$$B^W_{Y,X} = 1 - \frac{\sum_{t=1}^{10} (y_t - \hat{y}^W_t)^2}{\sum_{t=1}^{10} (y_t - \bar{y})^2}$$

$$= 1 - \frac{(11.772 - 10.7918)^2 + \ldots + (17.044 - 18.3842)^2}{52.2483}$$

$$= 1 - \frac{6.1059}{52.2483} = 1 - 0.1169$$

$$= 0.8831 \quad ,$$

vgl. auch Tab. L8.3.2 in Aufgabenteil (c), und ist natürlich kleiner als das Bestimmtheitsmaß $B_{Y,X} = 0.8960$ der Regressionsgeraden nach der Kleinste-Quadrate-Methode, denn bei letzterer wird ja gerade das Bestimmtheitsmaß maximiert.

→(c) In Abb. L8.3.1 sind neben den Bevölkerungszahlen für die $n = 10$ Jahre auch die beiden Regressions-(Ausgleichs-)-geraden $\hat{y}$ und $\hat{y}^W$ dargestellt.

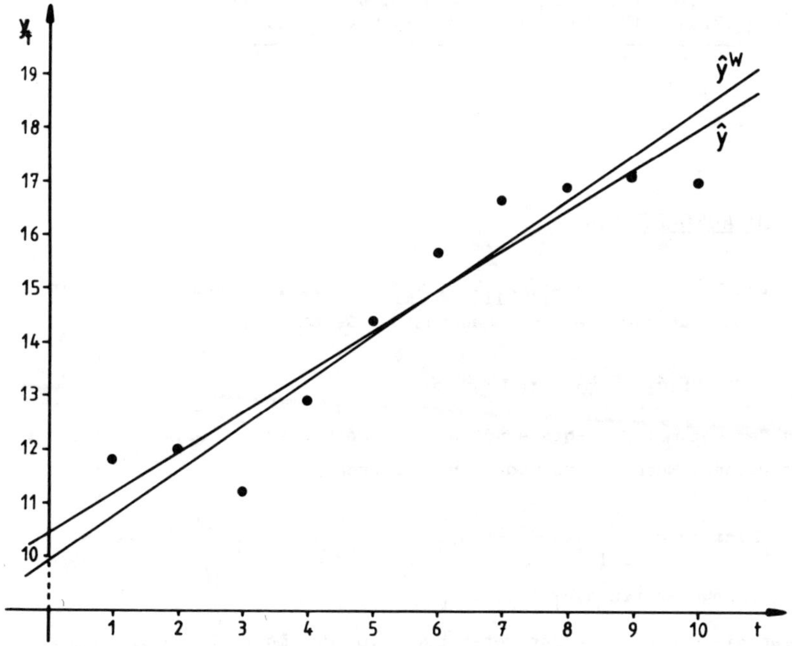

Abb. L8.3.1: Bevölkerungszahlen y_t sowie Regressionsgeraden $\hat{y} = 10.44565 + 0.7533\,t$ (KQ-Methode) und $\hat{y}^W = 9.9482 + 0.8436\,t$ (Wald-Methode)

In der Tab. C8.3.2 sind die Bevölkerungszahlen y_t, die Approximationen $\hat{y}_t$ und $\hat{y}_t^W$ mittels der Regressionsgeraden aus Teil (a) und (b), sowie die jeweiligen Residuen $y_t - \hat{y}_t$ und $y_t - \hat{y}_t^W$ zusammengestellt.

Tab. C8.3.2: Beobachtungen y_t, Approximationen $\hat{y}_t$ und $\hat{y}_t^W$, Residuen $y_t - \hat{y}_t$ und $y_t - \hat{y}_t^W$ durch die Regressionsgeraden nach der Kleinste-Quadrate-Methode und nach dem Waldschen Verfahren für die Bevölkerungszahlen in den Jahren 1935 (t=1), 1940 (t=2),...,1980 (t=10)

Jahr	t	y_t	$\hat{y}_t$	$\hat{y}_t^W$	$y_t - \hat{y}_t$	$y_t - \hat{y}_t^W$
1935	1	11.772	11.19895	10.7918	0.57305	0.9802
1940	2	12.059	11.95225	11.6354	0.10675	0.4236
1945	3	11.200	12.70555	12.4790	-1.50555	-1.2790
1950	4	12.926	13.45885	13.3226	-0.53285	-0.3966
1955	5	14.442	14.21215	14.1662	0.22985	0.2758
1960	6	15.694	14.96545	15.0098	0.72855	0.6842
1965	7	16.661	15.71875	15.8534	0.94225	0.8076
1970	8	16.914	16.47205	16.6970	0.44195	0.2170
1975	9	17.176	17.22535	17.5406	-0.04935	-0.3646
1980	10	17.044	17.97865	18.3842	-0.93465	-1.3402

LÖSUNG ZU AUFGABE 8.4

Aufgrund von Beobachtungen $y_i, x_{1i},\ldots,x_{ki}$ an $i=1,\ldots,n$ Untersuchungseinheiten soll ein funktionaler Zusammenhang der Gestalt

$$\hat{y} = a + b_1x_1 + b_2x_2 + \ldots + b_kx_k$$

zwischen dem Merkmal Y (Regressand) und den Merkmalen $X_1,\ldots,X_k$ (Regressoren) bestimmt werden. Nach der Methode der kleinsten Quadrate:

$$\text{Minimiere } \sum_{i=1}^{n} (y_i - a - b_1x_{1i} - b_2x_{2i} - \ldots - b_kx_{ki})^2 \text{ bzgl. der}$$

Unbekannten $a, b_1, b_2, \ldots, b_k$,

erhält man die unbekannten Parameter $b_1,\ldots,b_k$ der multiplen Regressionsfunktion aus dem sogenannten Normalengleichungssystem:

$$\begin{array}{lllll} b_1 SQ_{X_1} & + b_2 SP_{X_1X_2} & + \dots + b_k SP_{X_1X_k} & = SP_{X_1Y} & \\ b_1 SP_{X_1X_2} & + b_2 SQ_{X_2} & + \dots + b_k SP_{X_2X_k} & = SP_{X_2Y} & \\ \vdots & \vdots & \vdots & \vdots & \\ b_1 SP_{X_1X_k} & + b_2 SP_{X_2X_k} & + \dots + b_k SQ_{X_k} & = SP_{X_kY} & , \end{array}$$

wobei für $j,j'=1,\dots,k$

$$SQ_{X_j} = \sum_{i=1}^{n} (x_{ji} - \bar{x}_j)^2 \quad , \quad \text{mit } \bar{x}_j = \frac{1}{n} \sum_{i=1}^{n} x_{ji}$$

$$SP_{X_jX_{j'}} = \sum_{i=1}^{n} (x_{ji} - \bar{x}_j)(x_{j'i} - \bar{x}_{j'}) \quad \text{und}$$

$$SP_{X_jY} = \sum_{i=1}^{n} (x_{ji} - \bar{x}_j)(y_i - \bar{y}) \quad , \quad \text{mit } \bar{y} = \frac{1}{n} \sum_{i=1}^{n} y_i \quad .$$

Das Absolutglied a der multiplen Regressionsgleichung ist dann bestimmt durch

$$a = \bar{y} - b_1\bar{x}_1 - \dots - b_k\bar{x}_k \quad .$$

Das multiple Bestimmtheitsmaß, vgl. auch Aufgabe 8.1,

$$B_{Y,(X_1,\dots,X_k)} = 1 - \frac{\sum_{i=1}^{n} (y_i - \hat{y}_i)^2}{\sum_{i=1}^{n} (y_i - \bar{y})^2}$$

mit $\quad \hat{y}_i = a + b_1x_{1i} + \dots + b_kx_{ki} \quad$ für $i=1,\dots,n$

gibt an, welcher Anteil der Varianz des Merkmals Y durch die Regessoren X_1, $X_2,\dots,X_k$ erklärt werden kann. $B_{Y,(X_1,\dots,X_k)}$ ist gerade das Quadrat des sogenannten multiplen Korrelationskoeffizienten zwischen Y und $X_1,\dots,X_k$, vgl. auch Aufgabe 7.10, wenn die Parameter a und $b_1,\dots,b_k$ wie oben nach der Methode der kleinsten Quadrate bestimmt werden.

Es wird angenommen, daß die verkaufte Stückzahl eines Produktes (Y) von den Ausgaben für Zeitungswerbung (X_1) und für Plakatwerbung (X_2) abhängt. Aufgrund von $n = 8$ Beobachtungen soll die multiple lineare Regressionsfunktion

$$\hat{y} = a + b_1x_1 + b_2x_2$$

bestimmt werden. Mit den bereits in Tab. L7.10.1 zusammengestellten Werten, sowie den Mittelwerten, vgl. Aufgabe 7.10,

$\bar{y} = 15$,

$\bar{x}_1 = 11.5$,

$\bar{x}_2 = 9$

erhält man

$$SQ_{X_1} = \sum_{i=1}^{8} (x_{1i} - \bar{x}_1)^2 = \sum_{i=1}^{8} x_{1i}^2 - 8\bar{x}_1^2 = 1328 - 1058$$
$$= 270 \quad ,$$

$$SQ_{X_2} = \sum_{i=1}^{8} (x_{2i} - \bar{x}_2)^2 = \sum_{i=1}^{8} x_{2i} - 8\bar{x}_2^2 = 868 - 648$$
$$= 220 \quad ,$$

$$SP_{X_1X_2} = \sum_{i=1}^{8} (x_{1i} - \bar{x}_1)(x_{2i} - \bar{x}_2) = \sum_{i=1}^{8} x_{1i}x_{2i} - 8\bar{x}_1\bar{x}_2 = 1064 - 828$$
$$= 236 \quad ,$$

$$SP_{X_1Y} = \sum_{i=1}^{8} (x_{1i} - \bar{x}_1)(y_i - \bar{y}) = \sum_{i=1}^{8} x_{1i}y_i - 8\bar{x}_1\bar{y} = 1693 - 1380$$
$$= 313 \quad ,$$

$$SP_{X_2Y} = \sum_{i=1}^{8} (x_{2i} - \bar{x}_2)(y_i - \bar{y}) = \sum_{i=1}^{8} x_{2i}y_i - 8\bar{x}_2\bar{y} = 1368 - 1080$$
$$= 288 \quad ,$$

so daß nachfolgendes Normalengleichungssystem zu lösen ist:

$$270\, b_1 + 236\, b_2 = 313$$
$$236\, b_1 + 220\, b_2 = 288 \quad .$$

Als Lösung erhält man

$b_1 = 0.241$,

$b_2 = 1.051$,

und somit ist

$$a = \bar{y} - b_1\bar{x}_1 - b_2\bar{x}_2 = 15 - 0.241 \cdot 11.5 - 1.051 \cdot 9$$
$$= 2.7695 \quad ,$$

woraus sich die multiple Regressionsgleichung bestimmt zu

$$\hat{y} = 2.7695 + 0.241\, x_1 + 1.051\, x_2 \quad .$$

Da in Aufgabe 7.10 bereits die multiple Korrelation $r_{Y,(X_1,X_2)}$ berechnet wurde, läßt sich das multiple Bestimmtheitsmaß $B_{Y,(X_1,X_2)}$ dieser Regession sehr einfach berechnen:

$$B_{Y,(X_1,X_2)} = r^2_{Y,(X_1,X_2)} = 0.9721^2$$
$$= 0.9450 \quad ,$$

da hier a, b_1 und b_2 nach der Methode der kleinsten Quadrate bestimmt wurden. Bei den Ausgaben $x_1 = 8$ Mio. DM für Zeitschriften- und $x_2 = 12$ Mio. DM für Plakatwerbung prognostizieren wir

$$\hat{y} = \hat{y}(8;12) = 2.7695 + 0.241 \cdot 8 + 1.051 \cdot 12$$
$$= 17.3095 \quad ,$$

also ca. 17 Mio. verkaufte Stücke.

LÖSUNG ZU AUFGABE 8.5

Kann man aufgrund von n Beobachtungspaaren annehmen, daß zwischen zwei Merkmalen X und Y ein quadratischer Zusammenhang besteht, so soll natürlich eine Regressionsfunktion der Gestalt

$$\hat{y} = a + b_1 x + b_2 x^2$$

bestimmt werden. Durch einfache Umbenennung, man setze

$$x_1 = x \quad , \quad x_2 = x^2 \quad ,$$

läßt sich die Gewinnung einer quadratischen Regressionsfunktion auf die Bestimmung einer multiplen Regressionsgleichung, vgl. Aufgabe 8.4, zurückführen.

In Tab. L8.5.1 sind noch einmal, vgl. Tab. L7.2.1, für i=1,...,10=n Versuchsfelder der Ernteertrag y_i und der Schädlingsbekämpfungsmitteleinsatz $x_{1i} = x_i$ zusammengestellt. Außerdem sind dort neben einigen Hilfswerten die Werte $x_{2i} = x_i^2$ der neuen Variablen $x_2 = x^2$ für i=1,...,10 angegeben.
Zur Bestimmung der multiplen Regressionsgleichung (vgl. Aufgabe 8.4)

$$\hat{y} = a + b_1 x_1 + b_2 x_2$$

nach der Kleinste-Quadrate-Methode müssen zunächst die Normalengleichungen aufgestellt werden. Mit

$$\bar{y} = \frac{1}{10} \sum_{i=1}^{10} y_i = \frac{1}{10} \cdot 34.5 = 3.45 \quad ,$$

Tab. C8.5.1: Ernteertrag y_i, Schädlingsbekämpfungsmitteleinsatz $x_i = x_{1i}$, sowie $x_{2i} = x_i^2 = x_{1i}^2$ und einige Hilfsgrößen, i=1,...,10

i	$x_{1i}(=x_i)$	$x_{2i}(=x_i^2)$	y_i	x_{1i}^2	x_{2i}^2	$x_{1i}x_{2i}$	$x_{1i}y_i$	$x_{2i}y_i$
1	1.3	1.69	4.8	1.69	2.8561	2.197	6.24	8.112
2	0.3	0.09	3.4	0.09	0.0081	0.027	1.02	0.306
3	2.5	6.25	2.6	6.25	39.0625	15.625	6.50	16.250
4	2.1	4.41	4.0	4.41	19.4481	9.261	8.40	17.640
5	2.3	5.29	3.5	5.29	27.9841	12.167	8.05	18.515
6	0.2	0.04	2.9	0.04	0.0016	0.008	0.58	0.116
7	1.8	3.24	4.6	3.24	10.4976	5.832	8.28	14.904
8	0.6	0.36	4.2	0.36	0.1296	0.216	2.52	1.512
9	2.6	6.76	2.1	6.76	45.6976	17.576	5.46	14.196
10	0	0	2.4	0	0	0	0	0
$\sum$	13.7	28.13	34.5	28.13	145.6853	62.909	47.05	91.551

$$\bar{x}_1 = \frac{1}{10}\sum_{i=1}^{10} x_{1i} = \frac{1}{10}\cdot 13.7 = 1.37\ ,$$

$$\bar{x}_2 = \frac{1}{10}\sum_{i=1}^{10} x_{2i} = \frac{1}{10}\cdot 28.13 = 2.813$$

und

$$SQ_{X_1} = \sum_{i=1}^{10}(x_{1i}-\bar{x}_1)^2 = \sum_{i=1}^{10} x_{1i}^2 - 10\bar{x}_1^2 = 28.13 - 18.769 = 9.361\ ,$$

$$SQ_{X_2} = \sum_{i=1}^{10}(x_{2i}-\bar{x}_2)^2 = \sum_{i=1}^{10} x_{2i}^2 - 10\bar{x}_2^2 = 145.6853 - 79.1297 = 66.5556\ ,$$

$$SP_{X_1X_2} = \sum_{i=1}^{10}(x_{1i}-\bar{x}_1)(x_{2i}-\bar{x}_2) = \sum_{i=1}^{10} x_{1i}x_{2i} - 10\bar{x}_1\bar{x}_2 = 62.909 - 38.5381 = 24.3709\ ,$$

$$SP_{X_1Y} = \sum_{i=1}^{10}(x_{1i}-\bar{x}_1)(y_i-\bar{y}) = \sum_{i=1}^{10} x_{1i}y_i - 10\bar{x}_1\bar{y} = 47.05 - 47.265 = 0.215\ ,$$

$$SP_{X_2Y} = \sum_{i=1}^{10}(x_{2i}-\bar{x}_2)(y_i-\bar{y}) = \sum_{i=1}^{10} x_{2i}y_i - 10\bar{x}_2\bar{y} = 91.551 - 97.0485 = -5.4975$$

lauten diese

$$\begin{aligned} 9.361\, b_1 + 24.3709\, b_2 &= 0.215 \\ 24.3709\, b_1 + 66.5556\, b_2 &= -5.4975 \quad . \end{aligned}$$

Als Lösung dieses Gleichungsystems erhält man

$$\begin{aligned} b_1 &= 5.0981 \quad , \\ b_2 &= -1.9494 \end{aligned}$$

und mit

$$\begin{aligned} a &= \bar{y} - b_1\bar{x}_1 - b_2\bar{x}_2 = 3.45 - 5.0981 \cdot 1.37 + 1.9494 \cdot 2.813 \\ &= 1.9493 \end{aligned}$$

berechnet sich die multiple Regressionsgleichung zu

$$\hat{y} = 1.9493 + 5.0981\, x_1 - 1.9494\, x_2 \quad .$$

Da wir eine quadratische Regressionsfunktion in der ursprünglichen Variablen x wollen, setzen wir hier wieder für x_2 die Größe x^2 ein und erhalten als Regressionsfunktion

$$\hat{y} = 1.9493 + 5.0981\, x - 1.9494\, x^2$$

für den Ernteertrag Y in quadratischer Abhängigkeit vom Schädlingsbekämpfungsmitteleinsatz X.

In Tab. L8.5.2 sind die Ernteerträge y_i, die Approximationen mittels der quadratischen Regressionsfunktion $\hat{y}_i = 1.9493 + 5.0981\, x_i - 1.9494\, x_i^2$, sowie die Residuen $y_i - \hat{y}_i$ für i=1,...,10 zusammengestellt.
In Abb. L8.5.1 sind die Ausgangsdaten zusammen mit der nach der Kleinste-Quadrate-Methode bestimmten Regressionsfunktion $\hat{y}$ graphisch dargestellt.

Mit den Größen aus der Tab. L8.5.2 berechnet sich das Bestimmtheitsmaß der quadratischen Regressionsfunktion zu

$$\begin{aligned} B_{Y,(X_1,X_2)} = B_{Y,(X,X^2)} &= 1 - \frac{\sum_{i=1}^{10} (y_i - \hat{y}_i)^2}{\sum_{i=1}^{10} (y_i - \bar{y})^2} \\ &= 1 - \frac{(-0.4823)^2 + (0.0967)^2 + \ldots + (0.4507)^2}{\sum_{i=1}^{10} y_i^2 - 10\bar{y}^2} \\ &= 1 - \frac{0.5362}{126.99 - 10 \cdot 3.45^2} = 1 - \frac{0.5362}{7.965} = 1 - 0.0673 = 0.9327 \quad , \end{aligned}$$

Tab. C8.5.2: Ernteerträge y_i, Approximationen $\hat{y}_i$ und Residuen $y_i - \hat{y}_i$ für $i=1,\dots,10$

i	y_i	$\hat{y}_i$	$y_i - \hat{y}_i$
1	4.8	5.2823	-0.4823
2	3.4	3.3033	0.0967
3	2.6	2.5108	0.0892
4	4.0	4.0585	-0.0585
5	3.5	3.3626	0.1374
6	2.9	2.8909	0.0091
7	4.6	4.8098	-0.2098
8	4.2	4.3064	-0.1064
9	2.1	2.0264	0.0736
10	2.4	1.9493	0.4507

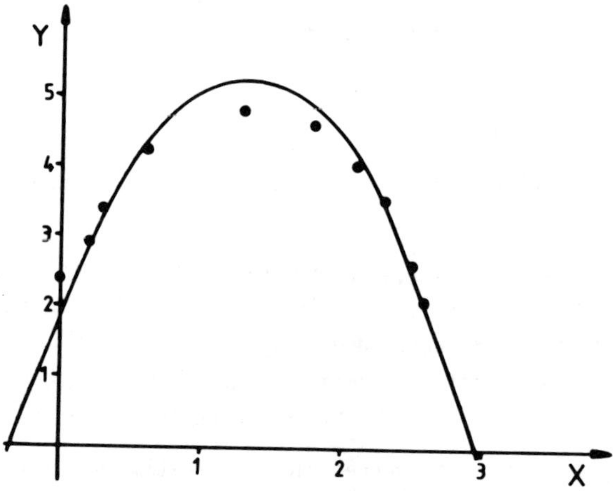

Abb. C8.5.1: Schädlingsbekämpfungsmitteleinsatz x_i, Ernteertrag y_i, sowie die quadratische Regressionsfunktion
$\hat{y} = 1.9493 + 5.0981\,x - 1.9494\,x^2$

d.h. durch den quadratischen Ansatz für das Schädlingsbekämpfungsmittel werden etwa 93 % der Variation des Ernteertrags erklärt.

Kapitel 9: Zeitreihenanalyse

AUFGABE 9.1

Ein Sportverein erzielt seine Einnahmen vornehmlich aus Mitgliedsbeiträgen, die zu Beginn jeden Jahres gezahlt werden müssen, und durch ein regelmässig im III. Tertial durchgeführtes Sportlerfest. Die Entwicklung des Kassenbestandes dieses Vereins in den Jahren 1981 - 84 wird in Tab. 9.1 aufgezeigt.

Tab. 9.1: Kassenbestände (in DM) eines Sportvereins in den Jahren 1981 - 84

Jahr	1981			1982			1983			1984		
Tertial	I	II	III	I	II	III	I	II	III	I	II	III
Bestand	7100	5230	5760	6410	5020	5520	6800	4960	5220	6200	4420	5120

(a) Zeichnen Sie die Zeitreihe in ein Koordinatensystem ein.

(b) Bestimmen Sie

(i) nach der Methode der kleinsten Quadrate eine Regressionsgerade;

(ii) die Reihe der gleitenden Durchschnitte der Ordnung 3;

(iii) die empirische Autokorrelation der Zeitreihe

und stellen Sie die gewonnenen Ergebnisse graphisch dar.

(c) Bestimmen Sie Näherungen bzw. Prognosen für die Kassenbestände mittels harmonischer Analyse.

AUFGABE 9.2

Im statistischen Jahrbuch von Neanderland wird das Bruttosozialprodukt des Landes in den Jahren 1980 - 83 nach Quartalen, wie in Tab. 9.2 angegeben, ausgewiesen.

Tab. 9.2: Bruttosozialprodukt (in Mrd. WE) von Neanderland

Quartal \ Jahr	1980	1981	1982	1983
I	6.4	14.3	21.0	29.9
II	13.6	23.8	30.1	23.3
III	17.4	27.6	33.4	36.7
IV	25.4	34.8	41.0	42.2

(a) Ermitteln Sie für die gegebene Zeitreihe die Reihe der gleitenden Durchschnitte der Ordnung 4.
(b) Berechnen Sie die saisonbereinigte Zeitreihe.
(c) Bestimmen Sie die glatte und die saisonale Komponente der Zeitreihe nach dem Berliner Verfahren.
(d) Stellen Sie die Ergebnisse graphisch dar.

AUFGABE 9.3

Das Amt für Statistik einer deutschen Grossstadt veröffentlichte 1985 nachfolgende Tab. 9.3 über die Preisentwicklung bei Schweinefleisch in den Jahren 1970 bis 1984.

Tab. 9.3: Durchschnittliche Schweinefleischpreise (DM/kg) in den Jahren 1970 - 1984

Jahr	1970	1971	1972	1973	1974	1975	1976	1977
Preis	8.15	8.00	8.30	9.80	10.55	11.00	11.05	11.05

Jahr	1978	1979	1980	1981	1982	1983	1984
Preis	10.95	11.05	11.25	11.65	12.85	13.20	13.05

(a) Berechnen Sie die Reihe der ersten Differenzen zu dieser Zeitreihe.
(b) Erstellen Sie für die Reihe der ersten Differenzen ein Korrelogramm.

AUFGABE 9.4

(a) Bestimmen Sie zur Zeitreihe $y_1, \ldots, y_{16}$ des Bruttosozialproduktes aus Aufgabe 9.2
   (i) die Reihe der ersten Differenzen und das zugehörige Korrelogramm;
   (ii) die Reihe der ersten saisonalen Differenzen mit Periode $P = 4$ und das zugehörige Korrelogramm;
   (iii) die Reihe der ersten und ersten saisonalen Differenzen mit $P = 4$ und das zugehörige Korrelogramm.
(b) Interpretieren und vergleichen Sie die drei Korrelogramme aus Teil (a).
(c) Bestimmen Sie Näherungen der Werte $y_7, \ldots, y_{16}$ der Zeitreihe vermittels der Annahme eines autoregressiven Prozesses 1. Ordnung für die mittelwertbereinigte Reihe zur Reihe aus Aufgabenteil (a,iii) und prognostizieren Sie die Werte $y_{17}, \ldots, y_{20}$, d.h. das Bruttosozialprodukt in Neanderland in den vier Quartalen des Jahres 1984.

LÖSUNG ZU AUFGABE 9.1

→(a) In Abb. £9.1.1 sind sowohl der Verlauf der Kassenbestände des Sportvereins in den Jahren 1981 bis 1984 (in Tertialen) als auch die im Aufgabenteil (b) berechnete Regressionsgerade und die Reihe der gleitenden Durchschnitte graphisch dargestellt.

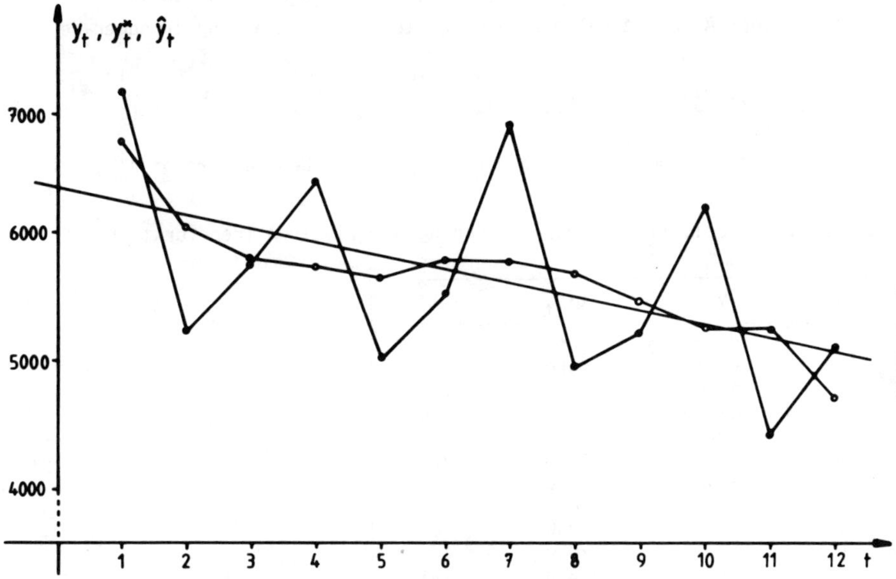

Abb. £9.1.1: Zeitreihe der Kassenbestände am Tertialende von 1981-1984 (Punkte) sowie gleitende Durchschnitte y_t^* (Kreise) und Trendgerade $\hat{y}_t$

→ (b,i) Eine erste Möglichkeit zur Ermittlung eines linearen Trends ergibt sich in der Bestimmung einer Regressionsgeraden. Hier soll eine Gerade

$$\hat{y}_t = a + bt \quad , \quad t=1,\ldots,n \ ,$$

ermittelt werden (vgl. Aufgabe 8.1). Nach der Methode der kleinsten Quadrate ist dabei der Steigungsparameter bestimmt durch

$$b = \left(\sum_{t=1}^{n} (t-\bar{t})(y_t-\bar{y})\right) \Big/ \left(\sum_{t=1}^{n} (t-\bar{t})^2\right)$$

bzw. für das Absolutglied a erhält man

$$a = \bar{y} - b\bar{t}$$

mit

$$\bar{y} = \frac{1}{n} \sum_{t=1}^{n} y_t \quad , \quad \bar{t} = \frac{1}{n} \sum_{t=1}^{n} t \quad .$$

Werden die Tertiale, an deren Ende jeweils der Kassenbestand y_t festgehalten wurde, von t=1,...,12 durchnummeriert, so erhält man mit den in Tab. L9.1.1 in einer Arbeitstabelle zusammengestellten Werten eine Trendgerade der Form

$$\hat{y}_t = 6347.57535 - 107.8321t \quad ,$$

die in Abb. L9.1.1 auch graphisch dargestellt ist. Denn es ergibt sich mit

Tab. L9.1.1: Arbeitstabelle zur Berechnung der linearen Trendfunktion

t	y_t	$t \cdot y_t$	t^2
1	7100	7100	1
2	5230	10460	4
3	5760	17280	9
4	6410	25640	16
5	5020	25100	25
6	5520	33120	36
7	6800	47600	49
8	4960	39680	64
9	5220	46980	81
10	6200	62000	100
11	4420	48620	121
12	5120	61440	144
$\sum$ 78	67760	425020	650

$$\bar{y} = \frac{1}{12} \sum_{t=1}^{12} y_t = \frac{1}{12} \cdot 67760 = 5646.6667 \qquad \text{und}$$

$$\bar{t} = \frac{1}{12} \sum_{t=1}^{12} t = \frac{1}{12} \cdot 78 = 6.5$$

für b ein Wert von

$$b = \frac{\sum_{t=1}^{12} (t - \bar{t})(y_t - \bar{y})}{\sum_{t=1}^{12} (t - \bar{t})^2} = \frac{\sum_{t=1}^{12} ty_t - 12\bar{t}\bar{y}}{\sum_{t=1}^{12} t^2 - 12\bar{t}^2} = \frac{425020 - 440440.0026}{650 - 507}$$

$$= \frac{-15420.0026}{143}$$

$$= -107.8321$$

bzw. für

$$a = \bar{y} - b\bar{t} = 5646.6667 + 107.8321 \cdot 6.5$$

$$= 6347.57535 \quad .$$

→(b,ii) Betrachtet man ein additives Zeitreihenmodell

$$y_t = G_t + S_t + R_t \quad , \qquad t=1,\dots,n,$$

für die Beobachtungswerte $y_1,\dots,y_n$, wobei G_t die glatte Komponente, S_t die saisonale Komponente und R_t die irreguläre Komponente bezeichnet, so gibt es verschiedene Verfahren zur Glättung einer Zeitreihe. Ein einfaches Glättungsverfahren ist die Methode der gleitenden Durchschnitte gerader bzw. ungerader Ordnung. Unter einem gleitenden Durchschnitt der ungeraden Ordnung (2k+1) zum Beobachtungswert y_t, der auch in dieser Aufgabe berechnet werden soll, versteht man das arithmetische Mittel

$$y_t^* = \frac{1}{2k+1} \sum_{j=-k}^{k} y_{t+j} \qquad \text{für} \quad t=k+1,k+2,\dots,n-k \quad .$$

Somit erhält man also für eine Zeitreihe $y_1,\dots,y_n$ der Länge n eine Reihe der gleitenden Durchschnitte (ungerader Ordnung) $y_{k+1}^*,\dots,y_{n-k}^*$ der Länge n-2k. Um dennoch auch für die letzten t=n-k+1,...,n Zeitpunkte Werte für die geglättete Zeitreihe zu erhalten, kann man bei einer Reihe gleitender Durchschnitte ungerader Ordnung zu nachfolgend beschriebener Methode greifen. Man bestimmt dabei $y_{n-k+1}^*,\dots,y_n^*$ durch

$$y_{n-k+r}^* = \sum_{j=-k}^{k} \left(\frac{1}{2k+1} + \frac{12rj}{2k(2k+1)(2k+2)} \right) y_{n-k+j} \qquad \text{für} \quad r=1,\dots,k \quad .$$

Entsprechend erhält man natürlich auch die ersten Werte $y_1^*,\dots,y_k^*$ der Reihe der gleitenden Durchschnitte ungerader Ordnung, indem man obiges Mittelungsverfahren auf die ersten Werte der Ursprungszeitreihe anwendet, wobei die Gewichtungsfaktoren spiegelverkehrt eingesetzt werden müssen.

Mit 2k+1 = 3, d.h. k = 1 berechnet sich die Reihe der gleitenden Durchschnitte der Ordnung 3 der Kassenbestände des Sportvereins also durch

$$y_t^* = \frac{1}{3}(y_{t-1} + y_t + y_{t+1}) \quad , \quad t=2,3,\dots,11 \quad ,$$

und man erhält

$$y_2^* = \frac{1}{3}(y_1 + y_2 + y_3) = \frac{1}{3}(7100 + 5230 + 5760) = 6030 \quad ,$$

$$y_3^* = \frac{1}{3}(y_2 + y_3 + y_4) = \frac{1}{3}(5230 + 5760 + 6410) = 5800 \quad ,$$

$$y_4^* = 5730 \quad , \quad y_5^* = 5650 \quad , \quad y_6^* = 5780 \quad , \quad y_7^* = 5760 \quad ,$$

$$y_8^* = 5660 \quad , \quad y_9^* = 5460 \quad , \quad y_{10}^* = 5280 \quad , \quad y_{11}^* = 5246.67 \quad .$$

Die Randwerte y_{12}^* und y_1^* sollen nun noch nach dem oben beschriebenen Verfahren festgelegt werden. Dabei ergibt sich mit $r = k = 1$ für

$$y_{12}^* = \sum_{j=-1}^{1} \left(\frac{1}{3} + \frac{12j}{2\cdot 3\cdot 4}\right) y_{11+j} = (\frac{1}{3} - \frac{12}{24})y_{10} + \frac{1}{3}y_{11} + (\frac{1}{3} + \frac{12}{24})y_{12}$$

$$= -\frac{1}{6}y_{10} + \frac{1}{3}y_{11} + \frac{5}{6}y_{12} = -\frac{1}{6}\cdot 6200 + \frac{1}{3}\cdot 4420 + \frac{5}{6}\cdot 5120$$

$$= 4706.67$$

bzw. für

$$y_1^* = \frac{5}{6}y_1 + \frac{1}{3}y_2 - \frac{1}{6}y_3 = \frac{5}{6}\cdot 7100 + \frac{1}{3}\cdot 5230 - \frac{1}{6}\cdot 5760$$

$$= 6700 \quad .$$

In Abb. L9.1.1 ist auch die Reihe der gleitenden Durchschnitte y_t^*, $t=1,\dots,12$, für die Zeitreihe der Kassenbestände graphisch repräsentiert.

→(b,iii) Das Korrelogramm dient der Darstellung zeitlicher Abhängigkeiten in den Beobachtungspunkten $y_1,\dots,y_n$. Als Maß für den Zusammenhang zwischen y_t und y_{t+k} für $t=1,\dots,n-k$ wird dabei die empirische Autokorrelation zum lag k (zur Zeitverschiebung k) herangezogen. Diese ist für $k=0,1,\dots,n-1$ gegeben durch

$$r(k) = \frac{\sum_{t=1}^{n-k} (y_t - \bar{y})(y_{t+k} - \bar{y})}{\sum_{t=1}^{n} (y_t - \bar{y})^2} = \frac{c(k)}{c(o)} \qquad \text{mit} \qquad \bar{y} = \frac{1}{n}\sum_{t=1}^{n} y_t$$

wobei

$$c(k) = \frac{1}{n}\sum_{t=1}^{n-k} (y_t - \bar{y})(y_{t+k} - \bar{y})$$

auch empirische Autokovarianz zum lag k genannt wird. Natürlich ist

$$c(o) = \frac{1}{n} \sum_{t=1}^{n} (y_t - \bar{y})^2$$

gerade die Varianz der Zeitreihendaten (mit dem Faktor $\frac{1}{n}$ anstelle von $\frac{1}{n-1}$). Der Graph der Funktion r(k) heißt dann Korrelogramm der Zeitreihe $y_1,\dots,y_n$.

Für die Kassenbestände des Sportvereins in den n = 12 Tertialen berechnet man zunächst den mittleren Bestand, vgl. Tab. L9.1.1,

$$\bar{y} = \frac{1}{12} \sum_{t=1}^{12} y_t = \frac{1}{12} \cdot 67760 = 5646.6667$$

und damit die in Tab. L9.1.2 angegebenen Hilfsgrößen.

Tab. L9.1.2: Kassenbestände y_t sowie Hilfsgrößen $y_t - \bar{y} = y_t - 5646.6667$ und $(y_t - \bar{y})^2 = (y_t - 5646.6667)^2$ für t=1,...,12

t	y_t	$y_t - \bar{y}$	$(y_t - \bar{y})^2$
1	7100	1453.3333	2112177.681
2	5230	-416.6667	173611.139
3	5760	113.3333	12844.437
4	6410	763.3333	582677.727
5	5020	-626.6667	392711.153
6	5520	-126.6667	16044.453
7	6800	1153.3333	1330177.701
8	4960	-686.6667	471511.157
9	5220	-426.6667	182044.473
10	6200	553.3333	306177.741
11	4420	-1226.6667	1504711.193
12	5120	-526.6667	277377.813
$\sum$	67760	0	7362066.668

Mit den Werten aus Tab. L9.1.2 ist also

$$c(o) = \frac{1}{12} \sum_{t=1}^{12} (y_t - \bar{y})^2 = \frac{1}{12} \cdot 7362066.668$$

$$= 613505.556$$

und die empirischen Autokovarianzen und Autokorrelationen zum lag k ergeben sich gemäß Tab. L9.1.3. Hier ergibt sich zum Beispiel

$$c(3) = \frac{1}{12} \sum_{t=1}^{9} (y_t - \bar{y})(y_{t+3} - \bar{y}) = \frac{1}{12} \cdot 4426066.666$$

$$= 368838.889$$

und somit

$$r(3) = \frac{c(3)}{c(o)} = \frac{368838.889}{613505.556}$$

$$= 0.6012 \quad .$$

Tab. C9.1.3: Empirische Autokovarianzen c(k) und Autokorrelationen zum lag k, k=0,1,...,11, für die Zeitreihe der Kassenbestände eines Sportvereins

k	c(k)	r(k) = c(k)/c(0)
0	613505.556	1
1	-156592.590	-0.2552
2	-133076.854	-0.2169
3	368838.889	0.6012
4	-175603.703	-0.2862
5	-155579.632	-0.2536
6	264311.111	0.4308
7	-113648.145	-0.1852
8	-115974.075	-0.1890
9	104633.334	0.1705
10	-130275.924	-0.2123
11	-63785.188	-0.1040

In den empirischen Autokorrelationen r(k) bzw. im zugehörigen Korrelogramm, vgl. Abb. C9.1.2, wird die saisonale Jahresschwankung gut sichtbar. Bei den Zeitverschiebungen k = 3, k = 6 und k = 9 sind 'extreme' Spitzen (Peaks) im Korrelogramm zu erkennen. Der Peak für k = 3 besagt ja gerade, daß die Korrelation der Werte mit Abstand von drei Tertialen (= 1 Jahr) sehr hoch ist. Die Peaks bei k = 6 und k = 9 (Zeitverschiebung von 2 bzw. 3 Jahren) lassen sich direkt durch die Jahresschwingungen erklären, da diese Zeitverschiebungen ganzzahlige Vielfache von der Zeitverschiebung von einem Jahr sind.

→(c) Wird eine (trendbereinigte) Zeitreihe $y_1,\dots,y_n$ im wesentlichen durch eine saisonale Schwankung mit Periodenlänge P beeinflußt, so lassen sich mittels harmonischer Analyse eine Näherung der Reihe sowie Prognosen für zukünftige Werte $y_{n+1}, y_{n+2},\dots$ bestimmen. Besonders einfach gestaltet sich die harmonische Analyse dann, wenn die Periode $P_1 = P$ und die sogenannten Harmonischen oder Oberschwingungen $P_j = P/j$ für $j=2,\dots,k$ mit $k \leq P/2$ ganzzahlige Teiler der Anzahl n von Beobachtungen sind, d.h. wenn n/P_j für $j=1,\dots,k$ ganze Zahlen sind. In diesem Fall ergibt sich als Näherung bzw. Prognose für den Wert y_t gerade

$$\hat{y}_t = a + \sum_{j=1}^{k} (b_j \cos(\lambda_j t) + c_j \sin(\lambda_j t)) \quad ,$$

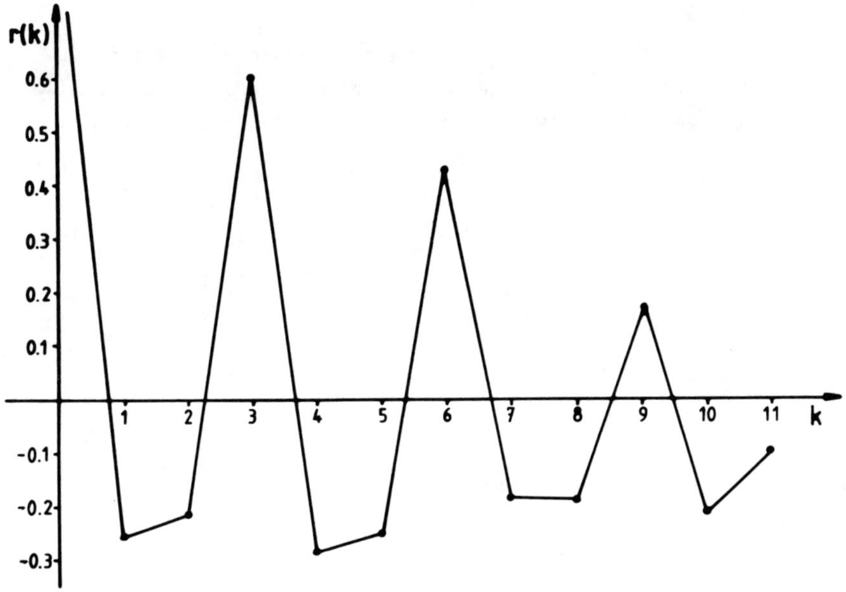

Abb. £9.1.2: Korrelogramm zur Zeitreihe der Kassenbestände eines Sportvereins

wobei $\lambda_j = 2\pi/P_j$ die zu P_j gehörige Frequenz des Sinus- bzw. Cosinusterms ist und

$$a = \bar{y} = \frac{1}{n} \sum_{t=1}^{n} y_t \quad ,$$

$$b_j = \begin{cases} \frac{2}{n} \sum_{t=1}^{n} y_t \cos(\lambda_j t) & , \quad \text{falls} \quad P_j > 2 \\ \frac{1}{n} \sum_{t=1}^{n} (-1)^t y_t & , \quad \text{falls} \quad P_j = 2 \end{cases} \quad ,$$

$$c_j = \begin{cases} \frac{2}{n} \sum_{t=1}^{n} y_t \sin(\lambda_j t) & , \quad \text{falls} \quad P_j > 2 \\ 0 & , \quad \text{falls} \quad P_j = 2 \end{cases} \quad ,$$

d.h. y_t wird also durch ein Absolutglied zuzüglich einer Linearkombination von Sinus- und Cosinustermen zu den Frequenzen $\lambda_1, \ldots, \lambda_k$ genähert bzw. prognostiziert.

Die vorliegende Zeitreihe $y_1, \ldots, y_{12}$ weist eine Jahresschwingung auf, so daß wir $P_1 = P = 3$ erhalten, da Tertialwerte beobachtet werden. Nun ist $P/2 = 1.5$, so daß keine Oberschwingungen zu berücksichtigen sind, und $P_1 = 3$ ist ganzzahliger Teiler von $n = 12$, d.h.

$$\begin{aligned}\hat{y}_t &= a + b_1\cos(\lambda_1 t) + c_1\sin(\lambda_1 t)\\ &= a + b_1\cos(\tfrac{2\pi}{3}t) + c_1\sin(\tfrac{2\pi}{3}t)\end{aligned}$$

mit

$$\begin{aligned}a &= \frac{1}{12}\sum_{t=1}^{12} y_t = \frac{1}{12}(7100 + 5230 + \ldots + 5120) = \frac{1}{12}\cdot 67760\\ &= 5646.667\end{aligned}$$

und (wegen $P_1 = 3 > 2$)

$$b_1 = \frac{2}{12}\sum_{t=1}^{12} y_t\cos(\tfrac{2\pi}{3}t) \quad , \quad c_1 = \frac{2}{12}\sum_{t=1}^{12} y_t\sin(\tfrac{2\pi}{3}t)$$

Es ergibt sich also

$$\cos(\tfrac{2\pi}{3}t) = \begin{cases} -0.5 & \text{für} \quad t=1,2,4,5,7,8,10,11\\ 1 & \text{für} \quad t=3,6,9,12\end{cases}$$

und

$$\sin(\tfrac{2\pi}{3}t) = \begin{cases} -0.866 & \text{für} \quad t=2,5,8,11\\ 0.866 & \text{für} \quad t=1,4,7,10\\ 0 & \text{für} \quad t=3,6,9,12\end{cases} ,$$

so daß wir

$$\begin{aligned}b_1 &= \frac{2}{12}[-0.5(y_1+y_2+y_4+y_5+y_7+y_8+y_{10}+y_{11}) + 1(y_3+y_6+y_9+y_{12})]\\ &= \frac{1}{6}(-0.5\cdot 46140 + 1\cdot 21620) = \frac{1}{6}(-23070 + 21620) = \frac{1}{6}(-1450)\\ &= -241.667\end{aligned}$$

und

$$\begin{aligned}c_1 &= \frac{2}{12}[-0.866(y_2+y_5+y_8+y_{11}) + 0.866(y_1+y_4+y_7+y_{10}) + 0(y_3+y_6+y_9+y_{12})]\\ &= \frac{1}{6}(-0.866\cdot 19630 + 0.866\cdot 26510 + 0\cdot 21620)\\ &= \frac{1}{6}(-16999.58 + 22957.66 + 0) = \frac{1}{6}\,5958.08 = 993.013\end{aligned}$$

erhalten.

Die Näherungen für $y_1,\dots,y_{12}$ mittels harmonischer Analyse sind somit

$$\begin{aligned}\hat{y}_1 &= 5646.667 - 241.667\cdot\cos(\tfrac{2\pi}{3}\cdot 1) + 993.013\cdot\sin(\tfrac{2\pi}{3}\cdot 1)\\ &= 5646.667 - 241.667\cdot(-0.5) + 993.013\cdot 0.886\\ &= 6647.310 \quad ,\end{aligned}$$

$$\hat{y}_2 = 4907.551 \;,\quad \hat{y}_3 = 5405.000 \;,\quad \hat{y}_4 = 6647.310 \;,$$

$$\hat{y}_5 = 4907.551 \;,\quad \hat{y}_6 = 5405.000 \;,\quad \hat{y}_7 = 6647.310 \;,$$

$$\hat{y}_8 = 4907.551 \;,\quad \hat{y}_9 = 5405.000 \;,\quad \hat{y}_{10} = 6647.310 \;,$$

$$\hat{y}_{11} = 4907.551 \;,\quad \hat{y}_{12} = 5405.000 \;.$$

Die Prognosen der Kassenbestände für kommende Jahre sind im ersten Tertial stets

$$\hat{y}_{13} = \hat{y}_{16} = \dots = 6647.310 \quad ,$$

im zweiten Tertial

$$\hat{y}_{14} = \hat{y}_{17} = \dots = 4907.551$$

und im dritten Tertial

$$\hat{y}_{15} = \hat{y}_{18} = \dots = 5405.000 \quad .$$

LÖSUNG ZU AUFGABE 9.2

→(a) Soll die Glättung einer Zeitreihe y_t, $t=1,\dots,n$, mit Hilfe gleitender Durchschnitte (vgl. auch Aufgabe 9.1.b) der geraden Ordnung 2k erfolgen, so ist für jeden Wert y_t der Durchschnittswert

$$y_t^* = \frac{1}{2k}\left(\frac{1}{2}y_{t-k} + \sum_{j=-(k-1)}^{k-1} y_{t+j} + \frac{1}{2}y_{t+k}\right)$$

mit $t=k+1,\dots,n-k$ zu berechnen.

Ein gleitender Durchschnitt der Ordnung 4, d.h. es gilt $k=2$, für das Bruttosozialprodukt y_t, wobei die betrachteten Quartale von $t=1,\dots,16$ durchnummeriert sind, ergibt sich durch

$$y_t^* = \frac{1}{4}\left(\frac{1}{2}y_{t-2} + y_{t-1} + y_t + y_{t+1} + \frac{1}{2}y_{t+2}\right) \quad .$$

Allerdings bleibt zu beachten, daß wir die gleitenden Durchschnitte y_t^* nur für die Quartale $t=3,\ldots,14$ berechnen können, d.h. die Randwerte können damit nicht bestimmt werden. Für $t=3$ ergibt sich nun etwa

$$y_3^* = \frac{1}{4}\left(\frac{1}{2}y_1 + y_2 + y_3 + y_4 + \frac{1}{2}y_5\right) = \frac{1}{4}(3.2 + 13.6 + 17.4 + 25.4 + 7.15)$$

$$= \frac{1}{4}\cdot 66.75$$

$$= 16.6875 \quad .$$

Des Weiteren sind

$$y_4^* = 18.9500 \;,\quad y_5^* = 21.5000 \;,\quad y_6^* = 23.9500 \;,\quad y_7^* = 25.9625 \;,$$

$$y_8^* = 27.5875 \;,\quad y_9^* = 29.1000 \;,\quad y_{10}^* = 30.6000 \;,\quad y_{11}^* = 32.4875 \;,$$

$$y_{12}^* = 32.7500 \;.\quad y_{13}^* = 32.3125 \;,\quad y_{14}^* = 32.8750 \quad .$$

→(b) Zur Berechnung der saisonbereinigten Zeitreihe betrachtet man zunächst die Differenz

$$d_t = y_t - y_t^* \quad ,$$

wobei y_t^* die durch gleitende Durchschnitte der Ordnung P bestimmte, geglätteten Werte der Zeitreihe y_t bezeichnet. Liegt weiterhin eine Zeitreihe mit konstanter Saisonfigur der Periode P vor, so ist bekannt, daß die Größen $d_j, d_{j+P}, d_{j+2P},\ldots$ für $j=1,\ldots,P$ jeweils um einen festen Wert schwanken, der näherungsweise durch das arithmetische Mittel dieser Größen, das mit $\bar{d}_j$, $j=1,\ldots,P$, bezeichnet werden soll, gegeben ist. Bildet man nun die normierte Größe

$$\hat{s}_j = \bar{d}_j - \frac{1}{P}\sum_{i=1}^{P} \bar{d}_i \quad ,$$

so kann durch $\hat{s}_j = \hat{s}_{j+P} = \hat{s}_{j+2P} = \ldots$, $j=1,\ldots,P$, die Saisonkomponente einer Zeitreihe (vgl. Aufgabe 9.1.b) bestimmt werden. Die Differenzen $y_1 - \hat{s}_1,\ldots,y_n - \hat{s}_n$ bilden dann eine saisonbereinigte Zeitreihe.

Im Aufgabenteil (a) wurden bereits die gleitenden Durchschnitte der Ordnung 4 y_t^*, $t=3,\ldots,14$, für die Bruttosozialprodukte y_t berechnet. Aufgrund der Zeitreihe können wir weiterhin , vgl. Abb. L9.2.2, von einer vierperiodigen Saisonfigur ausgehen. In Tab. L9.2.1 sind die zur Bestimmung der saisonbereinigten Zeitreihe benötigten Werte $d_t = y_t - y_t^*$, t=3,...,14, $\bar{d}_j$ und $\hat{s}_j$, j=1,...,4, zusammengestellt.

Tab. L9.2.1: Arbeitstabelle zur Berechnung der saisonbereinigten Zeitreihe

	d_t				$\bar{d}_j$	$\hat{s}_j$
	1980	1981	1982	1983		
I	-	-7.2000	-8.1000	-2.4125	-5.9042	-5.6740
II	-	-0.1500	-0.5000	-9.5750	-3.4083	-3.1781
III	0.7125	1.6375	0.9125	-	1.0875	1.3177
IV	6.4500	7.2125	8.2500	-	7.3042	7.5344

Dabei ergibt sich $\bar{d}_j$ als arithmetisches Mittel der Differenzenwerte d_t, die für jeweils ein Quartal vorliegen. Für $\bar{d}_1$ erhält man zum Beispiel

$$\bar{d}_1 = \frac{1}{3}(d_5 + d_9 + d_{13}) = \frac{1}{3}(-7.2000 - 8.1000 - 2.4125) = \frac{1}{3}(-17.7125)$$

$$= -5.9042 \quad .$$

Der Durchschnittwert der $\bar{d}_j$ - Werte für j=1,2,3,4 liegt also bei

$$\frac{1}{4}\sum_{j=1}^{4}\bar{d}_j = \frac{1}{4}(-5.9042 - 3.4083 + 1.0875 + 7.3042) = \frac{1}{4}(-0.9208)$$

$$= -0.2302 \quad ,$$

d.h. die Saisonkomponente $\hat{s}_j$ wird bestimmt durch

$$\hat{s}_j = \bar{d}_j + 0.2302 \quad .$$

Da

$$\hat{s}_1 = \hat{s}_5 = \hat{s}_9 = \hat{s}_{13} = \bar{d}_1 + 0.2302 = -5.9042 + 0.2302 = -5.6740 \quad ,$$

$$\hat{s}_2 = \hat{s}_6 = \hat{s}_{10} = \hat{s}_{14} = -3.1781 \quad ,$$

$$\hat{s}_3 = \hat{s}_7 = \hat{s}_{11} = \hat{s}_{15} = 1.3177 \quad ,$$

$$\hat{s}_4 = \hat{s}_8 = \hat{s}_{12} = \hat{s}_{16} = 7.5344$$

kann nun die saisonbereinigte Zeitreihe $y_t - \hat{s}_t$, t=1,...,16, für das Bruttosozialprodukt in Neanderland angegeben werden, vgl. Tab. L9.2.2 im Aufgabenteil (c). Für das 4. Quartal im Jahr 1981 zum Beispiel erhält man dabei als saisonbereinigten Wert des Bruttosozialprodukts

$$y_8 - \hat{s}_8 = 34.8 - 7.5344 = 27.2656$$

→(c) Das Berliner Verfahren ist eine Methode zur Ermittlung von saisonaler und glatter Komponente einer Zeitreihe (vgl. Aufgabe 9.1.b). Ist die Periode P der Zeitreihe bekannt, d.h. kennt man die Schwingungslänge der Saisonkomponente, so ergibt sich eine sehr einfache Version des Verfahrens, wenn diese eine gerade Zahl ist. Liegt z.B. eine Jahresschwingung vor, so ergibt sich die Periodenlänge bei Monatswerten zu $P = 12$ (12 Monate = 1 Jahr) und bei Quartalswerten zu $P = 4$ (4 Quartale = 1 Jahr), ist also jeweils eine gerade Zahl.

Setzt man nun das Berliner Verfahren so an, daß zur Bestimmung der glatten Komponente $y_1^*,\dots,y_n^*$ der Zeitreihe $y_1,\dots,y_n$ jeweils $m = P + 1$ Werte herangezogen werden, so ergibt sich die saisonale Komponente gerade als Differenz von Zeitreihe und glatter Komponente, sie ist also $y_1 - y_1^*,\dots,y_n - y_n^*$.

Die glatte Komponente $y_1^*,\dots,y_n^*$ ergibt sich bei Periodenlänge P gerade wie folgt. Für $t=1,\dots,P/2$ ist

$$y_t^* = \frac{1}{2P}\left((3 + P - 2t)y_1 + 2\sum_{k=2}^{P} y_k - (1 + P - 2t)y_{P+1}\right) ,$$

für $t=P/2 + 1,\dots,n - P/2$ ist

$$y_t^* = \frac{1}{2P}\left(y_{t-P/2} + 2\sum_{k=-(P/2-1)}^{P/2-1} y_{t+k} + y_{t+P/2}\right)$$

und für $t=n - P/2 + 1,\dots,n$ ist

$$y_t^* = \frac{1}{2P}\left(-(1 + P - 2(n-t+1))y_{n-p} + 2\sum_{k=n-p+1}^{n-1} y_k + (3 + P - 2(n-t+1))y_n\right).$$

Im Zentralbereich $t = P/2 + 1,\dots,n - P/2$ stimmt die glatte Komponente also gerade mit den gleitenden Durchschnitten der Ordnung P überein.

In dieser Aufgabe ist, da Quartalsdaten zur Verfügung stehen, mit $P = 4$ zu arbeiten, so daß sich in den Randbereichen

$$y_1^* = \frac{1}{8}((3+4-2)y_1 + 2y_2 + 2y_3 + 2y_4 - (1+4+-2)y_5)$$

$$= \frac{1}{8}(5y_1 + 2y_2 + 2y_3 + 2y_4 - 3y_5)$$

$$= \frac{1}{8}(5\cdot 6.4 + 2\cdot 13.6 + 2\cdot 17.4 + 2\cdot 25.4 - 3\cdot 14.3)$$

$$= \frac{1}{8}\, 101.9$$

$$= 12.7375 \quad ,$$

$$y_2^* = \frac{1}{8}((3+4-4)y_1 + 2y_2 + 2y_3 + 2y_4 - (1+4-4)y_5)$$

$$= \frac{1}{8}(3y_1 + 2y_2 + 2y_3 + 2y_4 - y_5) = \frac{1}{8} \cdot 117.7$$

$$= 14.7125 \quad ,$$

$$y_{15}^* = \frac{1}{8}(-(1+4-4)y_{12} + 2y_{13} + 2y_{14} + 2y_{15} + (3+4-4)y_{16})$$

$$= \frac{1}{8}(-1y_{12} + 2y_{13} + 2y_{14} + 2y_{15} + 3y_{16}) = \frac{1}{8} \cdot 265.4$$

$$= 33.1750$$

und

$$y_{16}^* = \frac{1}{8}(-(1+4-2)y_{12} + 2y_{13} + 2y_{14} + 2y_{15} + (3+4-2)y_{16})$$

$$= \frac{1}{8}(-3y_{12} + 2y_{13} + 2y_{14} + 2y_{15} + 5y_{16}) = \frac{1}{8} \cdot 267.8$$

$$= 33.4750$$

ergibt. Im Zentralbereich $(t=3,\ldots,14)$ stimmt die glatte Komponente y_t^* mit den gleitenden Durchschnitten der Ordnung 4 überein, die bereits im Aufgabenteil (a) berechnet wurden.

In **Tab. L9.2.2** sind die ursprüngliche Zeitreihe $y_1,\ldots,y_{16}$, die glatten Komponenten $y_1^*,\ldots,y_{16}^*$, die saisonalen Komponenten $y_1-y_1^*,\ldots,y_{16}-y_{16}^*$ und auch die saisonbereinigte Zeitreihe $y_1-\hat{s}_1,\ldots,y_{16}-\hat{s}_{16}$ aus Aufgabenteil (b) zusammengestellt.

→(d) In **Abb. L9.2.2** sind die Ausgangsreihe $y_1,\ldots,y_{16}$ und die bereinigten Zeitreihen $y_1^*,\ldots,y_{16}^*$ (vgl. Aufgabenteil (a) und (c)) und $y_1-\hat{s}_1,\ldots,y_{16}-\hat{s}_{16}$ (vgl. Aufgabenteil (c)) graphisch als Polygonzüge dargestellt, vgl. auch Tab. L9.2.2. In **Abb. L9.2.1** ist zuvor die saisonale Komponente $y_1-y_1^*,\ldots,$ $y_{16}-y_{16}^*$ nach dem Berliner Verfahren (vgl. Aufgabenteil (c)) als Polygonzug graphisch veranschaulicht.

Tab. L9.2.2: Zeitreihe $y_1,\dots,y_{16}$, glatte Komponente $y_1^*,\dots,y_{16}^*$ ($y_3^*,\dots,y_{14}^*$ entspricht den gleitenden Durchschnitten der Ordnung 4 aus Aufgabenteil (a)), saisonale Komponente $y_1-y_1^*,\dots,y_{16}-y_{16}^*$ und saisonbereinigte Zeitreihe $y_1-\hat{s}_1,\dots,y_{16}-\hat{s}_{16}$ aus Teil (b)

t	y_t	y_t^*	$y_t - y_t^*$	$y_t - \hat{s}_t$
1	6.4	12.7375	-6.3375	12.0740
2	13.6	14.7125	-1.1125	16.7781
3	17.4	16.6875	0.7125	16.0823
4	25.4	18.9500	6.4500	17.8656
5	14.3	21.5000	-7.2000	19.9740
6	23.8	23.9500	-0.1500	26.9781
7	27.6	25.9625	1.6375	26.2823
8	34.8	27.5875	7.2125	27.2656
9	21.0	29.1000	-8.1000	26.6740
10	30.1	30.6000	-0.5000	33.2781
11	33.4	32.4875	0.9125	32.0823
12	41.0	32.7500	8.2500	33.4656
13	29.9	32.3125	-2.4125	35.5740
14	23.3	32.8750	-9.5750	26.4781
15	36.7	33.1750	3.5250	35.3823
16	42.2	33.4750	8.7250	34.6656

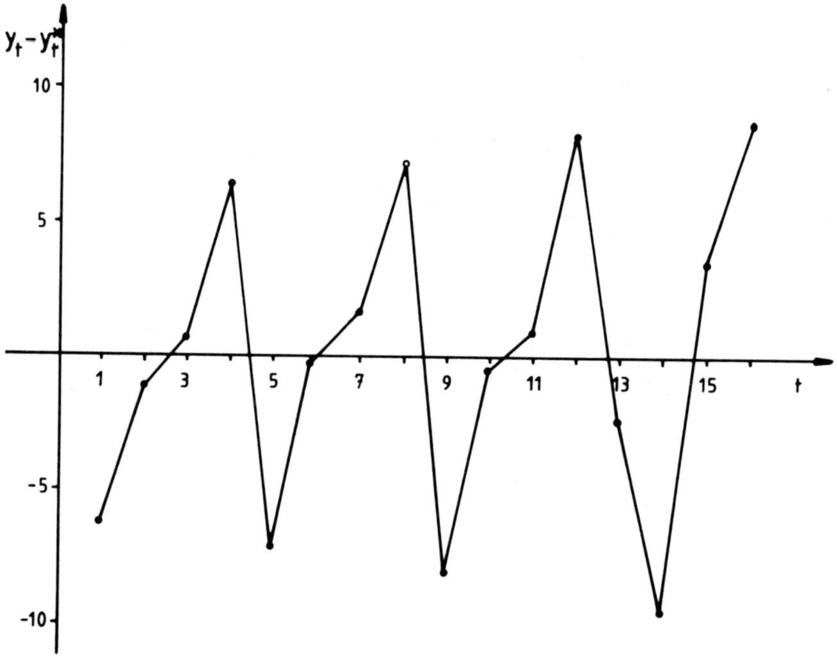

Abb. L9.2.1: Saisonale Komponente $y_1-y_1^*,\dots,y_{16}-y_{16}^*$ der Zeitreihe des Bruttosozialprodukts nach dem Berliner Verfahren

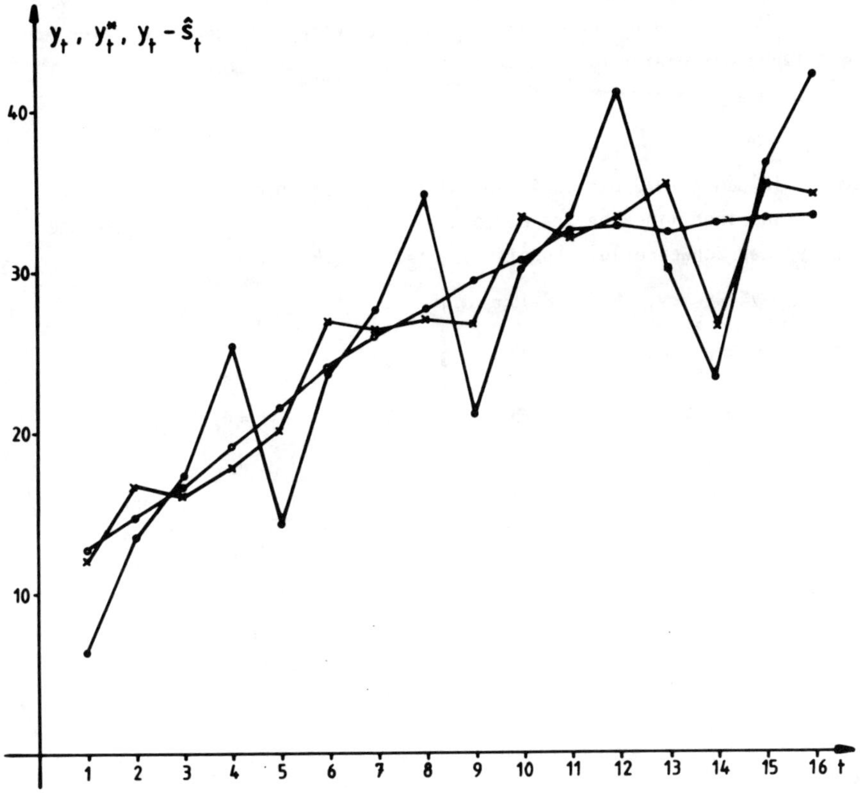

Abb. £9.2.2: Zeitreihe $y_1,\ldots,y_{16}$ (Punkte) der Bruttosozialprodukte am Quartalsende von 1980-83 sowie gleitende Durchschnitte $y_3^*,\ldots,y_{14}^*$, geglättete Reihe $y_1^*,\ldots,y_{16}^*$ (Kreise) nach dem Berliner Verfahren und saisonbereinigte Zeitreihe $y_1-\hat{s}_1,\ldots,y_{16}-\hat{s}_{16}$ (Kreuze)

LÖSUNG ZU AUFGABE 9.3

→(a) Mit Hilfe der Differenzenmethode läßt sich der Trend einer Zeitreihe $y_1, \ldots, y_n$ eliminieren. Liegt ein linearer Trend vor, so geschieht dies über die Bildung der ersten Differenzen (vgl. auch Aufgabe 9.4)

$$y_t^* = y_t - y_{t-1} \quad , \qquad t=2,\ldots,n \quad .$$

Werden die Jahre 1970 bis 1984 von t=1,...,15 durchnummeriert und unterstellt man einen linearen Trend, so ergibt sich als neue trendbereinigte Reihe y_t^* der Schweinefleischpreise y_t, t=2,...,15 gerade

$$y_2^* = y_2 - y_1 = 8.00 - 8.15 = -0.15 \quad ,$$

$$y_3^* = y_3 - y_2 = 8.30 - 8.00 = 0.30 \quad ,$$

$$y_4^* = 1.50 \quad , \quad y_5^* = 0.75 \quad , \quad y_6^* - 0.45 \quad , \quad y_7^* = 0.05 \quad ,$$

$$y_8^* = 0 \quad , \quad y_9^* = -0.10 \quad , \quad y_{10}^* = 0.10 \quad , \quad y_{11}^* = 0.20 \quad ,$$

$$y_{12}^* = 0.40 \quad , \quad y_{13}^* = 1.20 \quad , \quad y_{14}^* = 0.35 \quad , \quad y_{15}^* = -0.15 \quad .$$

Die Zeitreihe der Schweinefleischpreise für die Jahre 1970-84 sowie die soeben gebildete Reihe der ersten Differenzen sind in Abb. L9.3.1 bzw. Abb. L9.3.2 graphisch dargestellt.

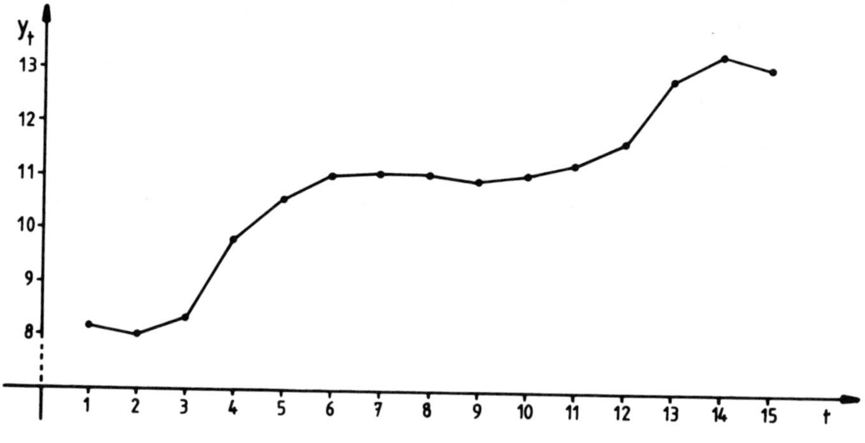

Abb. L9.3.1: Schweinefleischpreise $y_1,\ldots,y_{15}$ für die Jahre 1970 bis 1984

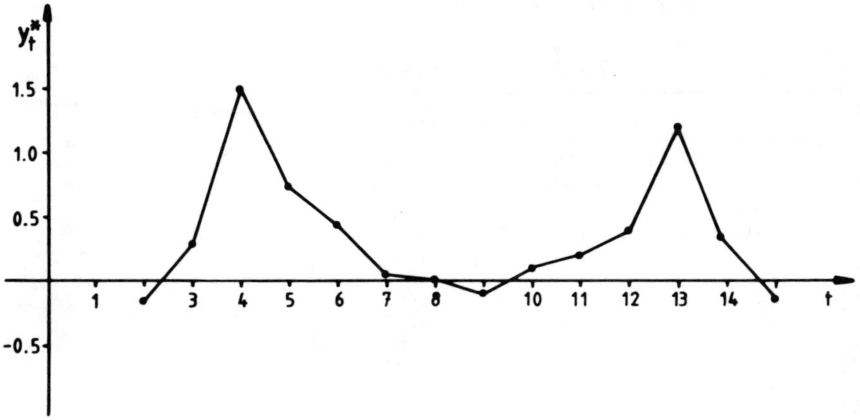

Abb. L9.3.2: Zeitreihe der ersten Differenzen $y_2^*,\ldots,y_{15}^*$ zur Reihe der Schweinefleischpreise von 1970-84

→(b) Für die Reihe der ersten Differenzen zur Zeitreihe der Schweinefleischpreise (vgl. Aufgabenteil (a)) soll nun ein Korrelogramm (vgl. Aufgabe 9.1.b) erstellt werden. Um eine einfachere Schreibweise zu erhalten, werden zunächst die trendbereinigten Werte y_t^*, t=2,...,15, in

$$\tilde{y}_t = y_{t+1}^* \quad , \quad t=1,\ldots,14 \quad ,$$

umdefiniert. In Tab. L9.3.1 sind neben der Reihe $y_1,\ldots,y_{14}$ einige, die nachfolgenden Berechnungen vereinfachende Hilfsgrößen zusammengestellt. Dabei ist

$$\bar{\tilde{y}} = \frac{1}{14}\sum_{t=1}^{14} \tilde{y}_t = \frac{1}{14}\cdot 4.9$$

$$= 0.35 \quad .$$

Mit den Werten aus Tab. L9.3.1 ist also

$$c(0) = \frac{1}{14}\sum_{t=1}^{14} (\tilde{y}_t - \bar{\tilde{y}})^2 = \frac{1}{14}\cdot 3.2200$$

$$= 0.2300$$

und die empirischen Autokorrelationen r(k) berechnen sich somit durch

Tab. L9.3.1: Zeitreihe der ersten Differenzen $\tilde{y}_t$ sowie $\tilde{y}_t - \bar{\tilde{y}} = \tilde{y}_t - 0.35$ und $(\tilde{y}_t - \bar{\tilde{y}})^2 = (\tilde{y}_t - 0.35)^2$ für t=1,...,14

t	$\tilde{y}_t$	$\tilde{y}_t - \bar{\tilde{y}}$	$(\tilde{y}_t - \bar{\tilde{y}})^2$
1	-0.15	-0.50	0.2500
2	0.30	-0.05	0.0025
3	1.50	1.15	1.3225
4	0.75	0.40	0.1600
5	0.45	0.10	0.0100
6	0.05	-0.30	0.0900
7	0	-0.35	0.1225
8	-0.10	-0.45	0.2025
9	0.10	-0.25	0.0625
10	0.20	-0.15	0.0225
11	0.40	0.05	0.0025
12	1.20	0.85	0.7225
13	0.35	0	0
14	-0.15	-0.50	0.2500
$\sum$	4.90	0	3.2200

$$r(k) = \frac{c(k)}{c(o)} = \frac{\sum_{t=1}^{14-k} (\tilde{y}_t - \bar{\tilde{y}})(\tilde{y}_{t+k} - \bar{\tilde{y}})}{3.2200} \quad , \quad k=0,1,\ldots,13 \quad .$$

Dabei ist natürlich

$$r(0) = \frac{c(0)}{c(0)} = 1 \quad .$$

Tab. L9.3.2 liefert nun die 14-fachen empirischen Autokovarianzen 14•c(k) und die sich daraus ergebenden Autokorrelationen r(k) = c(k)/c(0) für k=0,...,13. Für c(1) ergibt sich zum Beispiel, vgl. Tab. L9.3.1,

$$\begin{aligned} c(1) &= \frac{1}{14} \sum_{t=1}^{13} (\tilde{y}_t - \bar{\tilde{y}})(\tilde{y}_{t+1} - \bar{\tilde{y}}) \\ &= \frac{1}{14}[(-0.50)\cdot(-0.05) + (-0.05)\cdot 1.15 + \ldots + 0.85\cdot 0 + 0\cdot(-0.50)] \\ &= \frac{1}{14}\cdot 0.8850 \\ &= 0.0632 \quad , \end{aligned}$$

d.h. als Autokorrelation zum lag 1 erhält man

$$\begin{aligned} r(1) &= \frac{c(1)}{c(0)} = \frac{0.0632}{0.2300} \\ &= 0.2748 \quad . \end{aligned}$$

Tab. C9.3.2: 14-fache Autokovarianzen 14•c(k) und Autokorrelationen r(k), k=0,1,...,13 für die Reihe der ersten Differenzen zur Zeitreihe der Schweinefleischpreise

k	14•c(k)	r(k)
0	3.2200	1
1	0.8850	0.2748
2	-0.9100	-0.2826
3	-0.8675	-0.2694
4	-0.9225	-0.2865
5	-0.6525	-0.2026
6	-0.1750	-0.0543
7	0.3450	0.1071
8	0.6800	0.2112
9	1.0000	0.3106
10	-0.2675	-0.0831
11	-1.0000	-0.3106
12	0.0250	0.0078
13	0.2500	0.0776

In Abb. C9.3.3 wird nun das entsprechende Korrelogramm graphisch veranschaulicht.

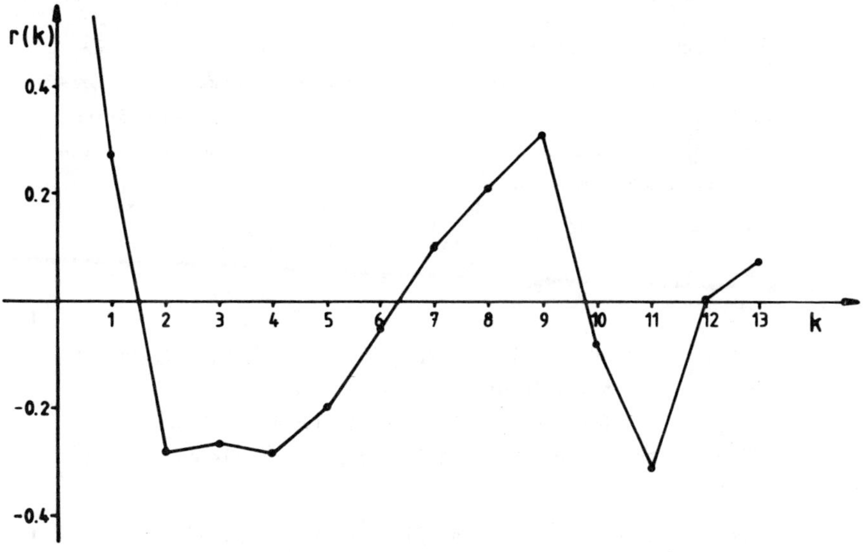

Abb. C9.3.3: Korrelogramm zur Reihe der ersten Differenzen zur Zeitreihe der Schweinefleischpreise in einer deutschen Großstadt

LÖSUNG ZU AUFGABE 9.4

→(a) Die Differenzenmethode dient zur Elimination des Trends oder der Saison einer Zeitreihe. Die Elimination eines linearen Trends erfolgt durch die Bildung der Reihe der ersten Differenzen $y_2^*,\ldots,y_n^*$ zu einer Zeitreihe $y_1,\ldots,y_n$:

$$y_t^* = \nabla y_t = y_t - y_{t-1} \qquad \text{für} \quad t=2,\ldots,n \quad ;$$

die Elimination eines polynomialen Trends der Ordnung d erfolgt durch die Bestimmung der Reihe der d-ten Differenzen

$$y_t^* = \nabla^d y_t = \nabla^{d-1}(\nabla y_t) \qquad \text{für} \quad t=d+1,\ldots,n \quad .$$

Somit ergibt sich die Reihe der zweiten Differenzen zur Zeitreihe $y_1,\ldots,y_n$ etwa zu

$$y_t^* = \nabla^2 y_t = \nabla^1(\nabla y_t) = \nabla(\nabla y_t) = \nabla(y_t - y_{t-1}) = (y_t - y_{t-1}) - (y_{t-1} - y_{t-2})$$
$$= y_t - 2y_{t-1} + y_{t-2} \quad .$$

Möchte man eine Saison der Periodenlänge P eliminieren, so bildet man zur Zeitreihe $y_1,\ldots,y_n$ die Reihe der saisonalen Differenzen

$$y_t^* = y_t - y_{t-P} \qquad \text{für} \quad t=P+1,\ldots,n \quad .$$

Eine Kombination der Ausschaltung von Trend und Saison erhält man, wenn man zur Reihe der saisonalen Differenzen die d-ten Differenzen bzw. umgekehrt zur Reihe der d-ten Differenzen die saisonalen Differenzen bestimmt. Die Ausschaltung eines linearen Trends (d = 1) und einer Saison mit Periodenlänge P liefert somit zum Beispiel die Reihe

$$y_t^* = (y_t - y_{t-P}) - (y_{t-1} - y_{t-P-1}) = (y_t - y_{t-1}) - (y_{t-P} - y_{t-P-1})$$
$$= y_t - y_{t-1} - y_{t-P} + y_{t-P-1} \qquad \text{für} \quad t=P+2,\ldots,n \quad .$$

Somit ist im Teil (i) die Reihe $y_t^* = y_t - y_{t-1}$ für t=2,...,16, in (ii) die Reihe $\tilde{y}_t = y_t - y_{t-4}$ für t=5,...,16 und in (iii) die Reihe $\tilde{y}_t^* = y_t - y_{t-1} - y_{t-4} + y_{t-5}$ für t=6,...,16 zu ermitteln. Diese Reihe sowie die ursprüngliche Zeitreihe des Bruttosozialprodukts sind in Tabl. L9.4.1 zusammengestellt.

Um die Korrelogramme zu den Reihen unter (i) - (iii) bestimmen zu können, benötigen wir die empirischen Autokorrelationen r(k) zum lag k (vgl. Aufgabe 9.1) jeder Reihe. Für die Reihe der ersten Differenzen $y_2^*,\ldots,y_{16}^*$ ergibt sich für k=1,...,15

Tab. C9.4.1: Erste Differenzen ($y_t^* = y_t - y_{t-1}$), erste saisonale Differenzen mit Periodenlänge 4 ($\tilde{y}_t = y_t - y_{t-4}$) und erste sowie erste saisonale Differenzen mit Periodenlänge 4 ($\tilde{y}_t^* = y_t - y_{t-1} - y_{t-4} + y_{t-5}$) zur Zeitreihe $y_1, \ldots, y_{16}$ des Bruttosozialprodukts in Neanderland

t	y_t	y_t^*	$\tilde{y}_t$	$\tilde{y}_t^*$
1	6.4			
2	13.6	7.2		
3	17.4	3.8		
4	25.4	8.0		
5	14.3	-11.1	7.9	
6	23.8	9.5	10.2	2.3
7	27.6	3.8	10.2	0.0
8	34.8	7.2	9.4	-0.8
9	21.0	-13.8	6.7	-2.7
10	30.1	9.1	6.3	-0.4
11	33.4	3.3	5.8	-0.5
12	41.0	7.6	6.2	0.4
13	29.9	-11.1	8.9	2.7
14	23.3	-6.6	-6.8	-15.7
15	36.7	13.4	3.3	10.1
16	42.2	5.5	1.2	-2.1

$$r(k) = \frac{\sum_{t=2}^{16-k} (y_t^* - \bar{y}^*)(y_{t+k} - \bar{y}^*)}{\sum_{t=2}^{16} (y_t^* - \bar{y}^*)^2} = \frac{c(k)}{c(0)} \qquad \text{mit}$$

$$\bar{y}^* = \frac{1}{15} \sum_{t=2}^{16} y_t^* = \frac{1}{15} \cdot 35.8 = 2.387 \quad ,$$

für die Reihe der ersten saisonalen Differenzen $\tilde{y}_5, \ldots, \tilde{y}_{16}$ ergibt sich für $k=1, \ldots, 11$

$$r(k) = \frac{\sum_{t=5}^{16-k} (\tilde{y}_t - \bar{\tilde{y}})(\tilde{y}_{t+k} - \bar{\tilde{y}})}{\sum_{t=5}^{16} (\tilde{y}_t - \bar{\tilde{y}})^2} = \frac{c(k)}{c(0)} \qquad \text{mit}$$

$$\bar{\tilde{y}} = \frac{1}{12} \sum_{t=5}^{16} \tilde{y}_t = \frac{1}{12} \cdot 69.3 = 5.775$$

und schließlich erhalten wir für die Reihe der kombinierten Differenzen $\tilde{y}_6^*, \ldots, \tilde{y}_{16}^*$

$$r(k) = \frac{\sum_{t=6}^{16-k} (\tilde{y}_t^* - \bar{\tilde{y}}^*)(\tilde{y}_{t+k}^* - \bar{\tilde{y}}^*)}{\sum_{t=6}^{16} (\tilde{y}_t^* - \bar{\tilde{y}}^*)^2} = \frac{c(k)}{c(0)} \quad \text{mit}$$

$$\bar{\tilde{y}}^* = \frac{1}{11} \sum_{t=6}^{16} \tilde{y}_t^* = \frac{1}{11} \cdot (-6.7) = -0.609$$

für k=1,...,10.

In der Tab. L9.4.2 sind einige Hilfsgrößen zur Berechnung der empirischen Autokovarianzen c(k) und empirischen Autokorrelationen r(k), die in Tab. L9.4.3 angegeben sind, für die Reihen zusammengestellt. In den Abb. L9.4.1 - L9.4.3 sind die Korrelogramme der Reihen dargestellt.

Tab. L9.4.2: Hilfsgrößen $y_t^*-\bar{y}^*$, $(y_t^*-\bar{y}^*)^2$, $\tilde{y}_t-\bar{\tilde{y}}$, $(\tilde{y}_t-\bar{\tilde{y}})^2$, $\tilde{y}_t^*-\bar{\tilde{y}}^*$ und $(\tilde{y}_t^*-\bar{\tilde{y}}^*)^2$ zur Berechnung von empirischen Autokovarianzen und empirischen Autokorrelationen der drei Reihen aus (i) - (iii)

t	$y_t^* - \bar{y}^*$	$(y_t^* - \bar{y}^*)^2$	$\tilde{y}_t - \bar{\tilde{y}}$	$(\tilde{y}_t - \bar{\tilde{y}})^2$	$\tilde{y}_t^* - \bar{\tilde{y}}^*$	$(\tilde{y}_t^* - \bar{\tilde{y}}^*)^2$
2	4.813	23.165				
3	1.413	1.997				
4	5.613	31.506				
5	-13.487	181.899	2.125	4.516		
6	7.113	50.595	4.425	19.581	2.909	8.462
7	1.413	1.997	4.425	19.581	0.609	0.371
8	4.813	23.165	3.625	13.141	-0.191	0.036
9	-16.187	262.019	0.925	0.856	-2.091	4.372
10	6.713	45.064	0.525	0.276	0.209	0.044
11	0.913	0.834	0.025	0.001	0.109	0.012
12	5.213	27.175	0.425	0.181	1.009	1.018
13	-13.487	181.899	3.125	9.766	3.309	10.949
14	-8.987	80.766	-12.575	158.131	-15.091	227.738
15	11.013	121.286	-2.475	6.126	10.709	114.683
16	3.113	9.691	-4.575	20.931	-1.491	2.223
$\sum$	0	1043.058	0	253.087	0	369.908

→(b) Im Korrelogramm aus Abb. L9.4.1 ist ein starker Peak für k = 4 zu sehen, der die Jahresschwingung deutlich macht. Bei Bildung saisonaler Differenzen mit P = 4 verschwindet dieser Peak, vgl. Abb. L9.4.2, da durch die Differenzenbildung ja gerade die Jahressaison eliminiert wird. Im Korrelogramm aus Abb. L9.4.3 sind schließlich alle Autokorrelationen sehr klein, abgesehen von der zum lag 1. Dies besagt, daß die Werte der Reihe der ersten und ersten saisonalen Differenzen quasi durch den jeweiligen Vorgänger erklärt werden.

Tab. C9.4.3: Empirische Autokoarianzen c(k) und Autokorrelationen r(k) zu den Reihen aus (i) - (iii)

Reihe	$y_2^*,\dots,y_{16}^*$		$\tilde{y}_5,\dots,\tilde{y}_{16}$		$\tilde{y}_6^*,\dots,\tilde{y}_{16}^*$	
k	c(k)	r(k)	c(k)	r(k)	c(k)	r(k)
0	69.537	1	21.091	1	33.628	1
1	-21.968	-0.316	4.447	0.211	-20.220	-0.601
2	-9.530	-0.137	6.351	0.301	3.744	0.111
3	-25.387	-0.365	0.048	0.002	-0.288	-0.009
4	35.997	0.518	0.019	0.001	-0.903	-0.027
5	0.227	0.003	0.116	0.005	3.085	0.092
6	-10.463	-0.150	-2.876	-0.136	-1.352	-0.040
7	-15.975	-0.230	-4.510	-0.214	0.137	0.004
8	14.092	0.203	-6.378	-0.302	-3.372	-0.100
9	9.333	0.134	-4.827	-0.229	2.749	0.082
10	-11.387	-0.164	-2.125	-0.101	-0.394	-0.012
11	-3.852	-0.055	-0.810	-0.038		
12	-0.681	-0.010				
13	3.827	0.055				
14	0.999	0.014				

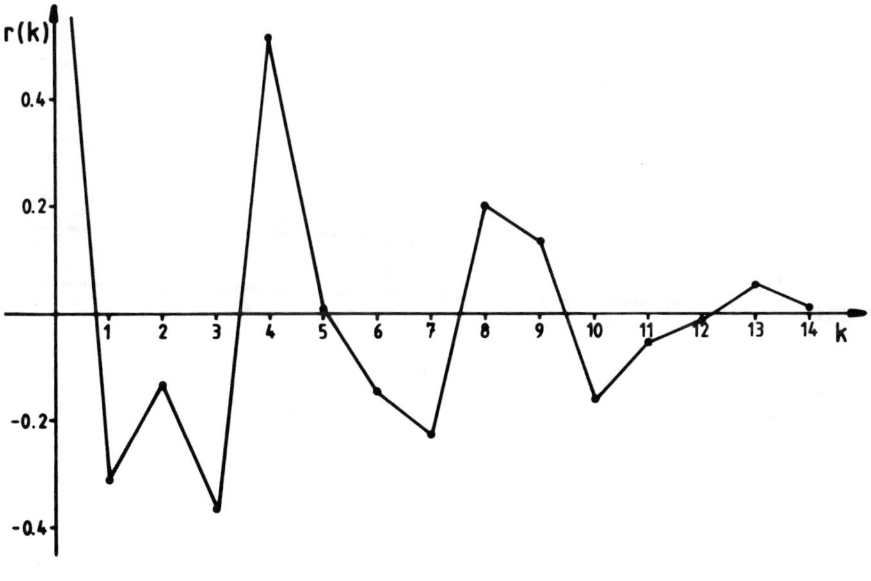

Abb. C9.4.1: Korrelogramm zur Reihe der ersten Differenzen $y_2^*,\dots,y_{16}^*$

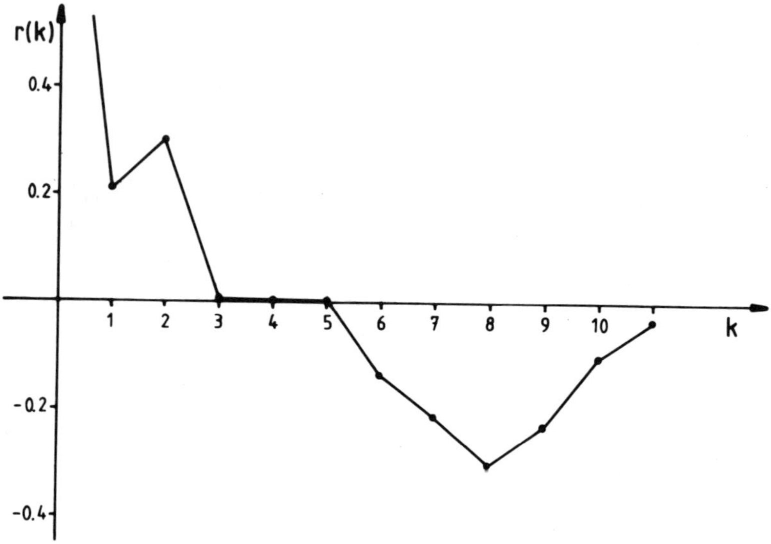

Abb. C9.4.2: Korrelogramm zur Reihe der ersten saisonalen Differenzen $\tilde{y}_5, \dots, \tilde{y}_{16}$ mit Periodenlänge P = 4

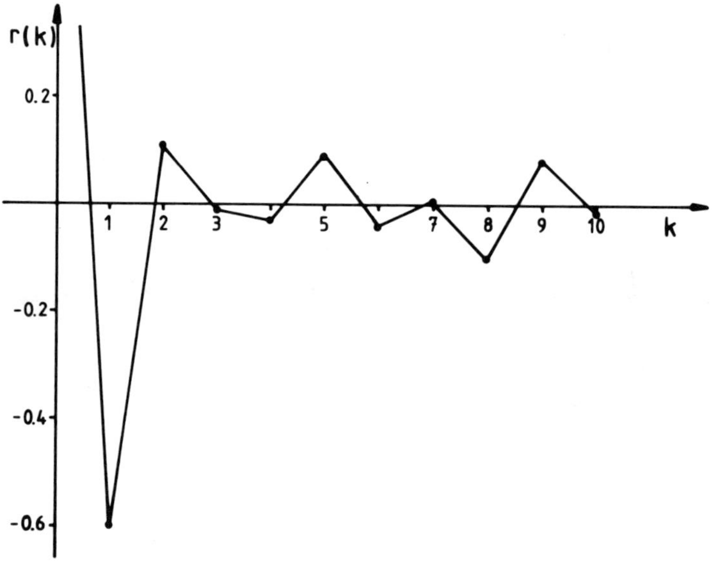

Abb. C9.4.3: Korrelogramm zur Reihe der ersten und ersten saisonalen Differenzen $\tilde{y}_6^*, \dots, \tilde{y}_{16}^*$

→(c) Eine Zeitreihe $y_1,\dots,y_n$ mit Mittelwert $\bar{y}=0$, deren Werte y_t näherungsweise durch p Vorgänger $y_{t-p},\dots,y_{t-1}$ erklärt werden, nennt man einen (empirischen) autoregressiven Prozeß der Ordnung p oder kurz AR(p)-Prozeß. Er läßt sich darstellen als

$$y_t = \Phi_1 y_{t-1} + \Phi_2 y_{t-2} + \dots + \Phi_p y_{t-p} \qquad \text{für} \quad t=p+1,\dots,n \quad ,$$

also als Linearkombination der p vorhergehenden Werte. Die Größen $\Phi_1,\dots,\Phi_p$ lassen sich hierbei aus den empirischen Yule-Walker-Gleichungen

$$r(0) = 1 \;, \quad r(k) = \sum_{j=1}^{p} \Phi_j r(k-j) \qquad \text{für} \quad k=1,2,3,\dots,n-1$$

bestimmen, wenn man diese für $k=1,\dots,p$ löst. Mit $r(0)=1$ und $r(k)=r(-k)$ ergeben sich $\Phi_1,\dots,\Phi_p$ also als Lösung des Gleichungssystems

$$\begin{aligned}
r(1) &= \Phi_1 + \Phi_2 r(1) + \Phi_3 r(2) + \dots + \Phi_p r(p-1) \\
r(2) &= \Phi_1 r(1) + \Phi_2 + \Phi_3 r(1) + \dots + \Phi_p r(p-2) \\
r(3) &= \Phi_1 r(2) + \Phi_2 r(1) + \Phi_3 + \dots + \Phi_p r(p-3) \\
&\vdots \\
r(p) &= \Phi_1 r(p-1) + \Phi_2 r(p-2) + \Phi_3 r(p-3) + \dots + \Phi_p \quad .
\end{aligned}$$

Für einen AR(1)-Prozeß $y_t = \Phi_1 y_{t-1}$ erhält man somit zum Beispiel

$$r(0) = 1 \;, \quad r(k) = \Phi_1 r(k-1) \qquad \text{für} \quad k=1,2,3,\dots,n-1$$

und wegen

$$\Phi_1 = r(1)$$

ergibt sich

$$r(k) = \Phi_1^k \qquad \text{für} \quad k=1,\dots,n-1 \quad .$$

Für einen AR(2)-Prozeß $y_t = \Phi_1 y_{t-1} + \Phi_2 y_{t-2}$ ist

$$r(0) = 1 \;, \quad r(k) = \Phi_1 r(k-1) + \Phi_2 r(k-2) \qquad \text{für} \quad k=1,2,3,\dots,n-1$$

und aus

$$\begin{aligned}
r(1) &= \Phi_1 + \Phi_2 r(1) \\
r(2) &= \Phi_1 r(1) + \Phi_2
\end{aligned}$$

ergibt sich

$$\Phi_1 = \frac{r(1)\cdot(1-r(2))}{1-r^2(1)} \;, \qquad \Phi_2 = \frac{r(2)-r^2(1)}{1-r^2(1)} \quad .$$

Als Näherung der mittelwertbereinigten Reihe $\tilde{y}_6^* - \bar{\tilde{y}}^*, \ldots, \tilde{y}_{16}^* - \bar{\tilde{y}}^*$ zur Reihe der ersten und ersten saisonalen Differenzen aus Tab. L9.4.2 durch einen AR(1)-Prozeß ergibt sich mit $r(1) = -0.601$

$$\tilde{y}_t^* - \bar{\tilde{y}}^* \simeq \Phi_1(\tilde{y}_{t-1}^* - \bar{\tilde{y}}^*) = -0.601(\tilde{y}_{t-1}^* - \bar{\tilde{y}}^*)$$

bzw.

$$\tilde{y}_t^* \simeq -0.601\tilde{y}_{t-1}^* + 1.601\bar{\tilde{y}}^* = \hat{\tilde{y}}_t^*$$

für $t=7,\ldots,16$.

Mit Hilfe der Annahme eines AR(1)-Prozesses kann also eine Näherung $\hat{\tilde{y}}_t^*$ an die $\tilde{y}_t^*$ für $t=6,\ldots,16$ bestimmt werden. Zudem können Werte $\tilde{y}_t^*$ für $t > 16$ prognostiziert werden:

$$\hat{\tilde{y}}_{17}^* = -0.601\tilde{y}_{16}^* + 1.601\bar{\tilde{y}}^* \quad ,$$

$$\hat{\tilde{y}}_t^* = -0.601\hat{\tilde{y}}_{t-1}^* + 1.601\bar{\tilde{y}}^* \qquad \text{für} \quad t=18,19,20,\ldots \quad .$$

Da nun gilt $\tilde{y}_t^* = y_t - y_{t-1} - y_{t-4} + y_{t-5}$, ist $y_t = \tilde{y}_t^* + y_{t-1} + y_{t-4} - y_{t-5}$, so daß sich als Näherung der Zeitreihe des Bruttosozialprodukts in Neanderland vermittels des AR(1)-Prozesses

$$\hat{y}_t = \hat{\tilde{y}}_t^* + y_{t-1} + y_{t-4} - y_{t-5} \qquad \text{für} \quad t=7,8,9,\ldots$$

ergibt. Mit Hilfe dieser Methode lassen sich somit zukünftige Werte $y_{17}, y_{18}, \ldots$ des Bruttosozialprodukts prognostizieren, wenn man für noch nicht beobachtete Werte auf der rechten Seite der Gleichung die entsprechenden Schätzungen einsetzt.

In Tab. L9.4.4 sind neben den Reihen $y_1, \ldots, y_{16}$ des Bruttosozialprodukts und $\tilde{y}_6^*, \ldots, \tilde{y}_{16}^*$ die jeweiligen Näherungen $\hat{y}_t$ bzw. $\hat{\tilde{y}}_t^*$ für $t=7,\ldots,16$ bei Verwendung des AR(1)-Prozesses mit Parameter $\Phi_1 = -0.601$ angegeben. Außerdem enthält die Tabelle die Prognosen $\hat{y}_{17}, \ldots, \hat{y}_{20}$ und $\hat{\tilde{y}}_{17}^*, \ldots, \hat{\tilde{y}}_{20}^*$ für die nächsten vier Quartale. Das Bruttosozialprodukt im 2. Quartal des Jahres 1984 ($t = 18$) wird also z.B. mit

$$\begin{aligned}\hat{y}_{18} &= \hat{\tilde{y}}_{18}^* + y_{17} + y_{14} - y_{13} = \hat{\tilde{y}}_{18}^* + \hat{y}_{17} + y_{14} - y_{13} \\ &= -1.1476 + 31.3871 + 23.3 - 36.7 \\ &= 23.6395\end{aligned}$$

prognostiziert.

In der Abb. L9.4.4 sind die ursprüngliche Zeitreihe zum Bruttosozialprodukt $y_1, \ldots, y_{16}$ sowie die Näherung und Prognose $\hat{y}_7, \ldots, \hat{y}_{20}$ graphisch veranschaulicht.

Tab. L9.4.4: Zeitreihe des Bruttosozialprodukts $y_1,\dots,y_{16}$ in Neanderland, gemäß (a,iii) bereinigte Reihe $\tilde{y}_6^*,\dots,\tilde{y}_{16}^*$, Näherungen bzw. Prognosen $\hat{y}_7,\dots,\hat{y}_{20}$ und $\hat{\tilde{y}}_7^*,\dots,\hat{\tilde{y}}_{20}^*$ der Reihe bei Annahme eines AR(1)-Prozesses mit $\Phi_1 = -0.601$ für die mittelwertbereinigte Reihe $\tilde{y}_6^* - \bar{\tilde{y}}^*,\dots,\tilde{y}_{16}^* - \bar{\tilde{y}}^*$ aus Tab. L9.4.2 ($\bar{\tilde{y}}^* = -0.609$)

	y_t	$\hat{y}_t$	$\tilde{y}_t^*$	$\hat{\tilde{y}}_t^*$
1	6.4			
2	13.6			
3	17.4			
4	25.4			
5	14.3			
6	23.8		2.3	
7	27.6	25.2427	0.0	-2.3573
8	34.8	34.6250	-0.8	-0.9750
9	21.0	23.2058	-2.7	-0.4942
10	30.1	31.1477	-0.4	0.6477
11	33.4	33.1654	-0.5	-0.7346
12	41.0	39.9255	0.4	-0.6745
13	29.9	25.9846	2.7	-1.2154
14	23.3	36.4023	-15.7	-2.5977
15	36.7	35.0607	10.1	8.4607
16	42.2	37.2549	-2.1	-7.0451
17		31.3871		0.2871
18		23.6395		-1.1476
19		36.7542		-0.2853
20		41.4507		-0.8035

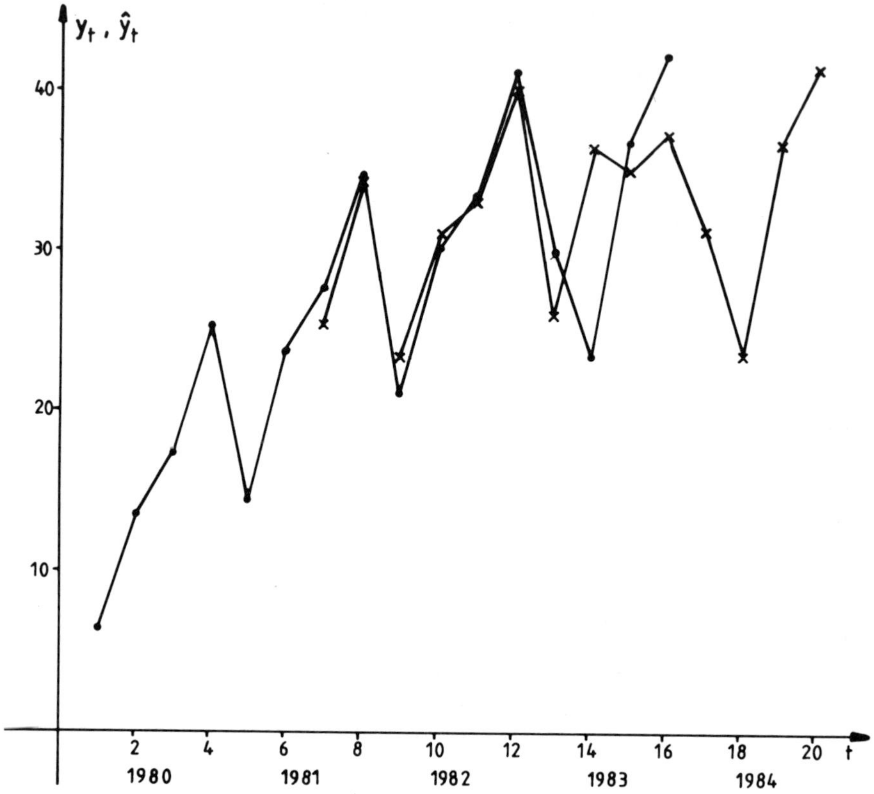

Abb. £9.4.4: Zeitreihe $y_1, \ldots, y_{16}$ des Bruttosozialprodukts in Neanderland (Punkte) und Näherung bzw. Prognose $\hat{y}_7, \ldots, \hat{y}_{20}$ (Kreuze) jeweils zu Polygonzügen verbunden

Kapitel 10: „Neuere“ explorative und robuste Methoden

AUFGABE 10.1

In der Wetterstation einer deutschen Grossstadt sind in 24 aufeinanderfolgenden Jahren die nachfolgend aufgeführten Jahresdurchschnittstemperaturen (in °C) ermittelt worden:

9.7 ,	10.2 ,	10.8 ,	10.4 ,	11.5 ,	10.2 ,
11.2 ,	9.6 ,	10.4 ,	10.3 ,	12.4 ,	10.4 ,
9.5 ,	9.4 ,	9.6 ,	10.7 ,	10.9 ,	10.7 ,
10.5 ,	8.9 ,	11.0 ,	9.5 ,	9.3 ,	11.1 .

(a) Berechnen Sie für die obige Beobachtungsreihe
- Median m,
- hinges (h), eighths (e), sixteenths (d), thirty-seconds (c), sixty-fourths (b),
- midsummaries,
- h-spread, e-spread, d-spread, c-spread, b-spread.

(b) Erstellen Sie ein geeignetes stem-and-leaves-Diagramm.

AUFGABE 10.2

Bei der Untersuchung des Gesundheitszustandes von n = 40 Mitarbeitern einer Firma ermittelte der Betriebsarzt die in Tab. 10.2 angegebenen Blutdruckwerte.

(a) Sind die Daten linksschief, rechtsschief oder symmetrisch verteilt? Treffen Sie eine Entscheidung anhand
(i) des stem-and-leaves-Diagrammes,
(ii) des Box-Plots,
(iii) der midsummaries.

Tab. 10.2: Blutdruckwerte von n = 40 Mitarbeitern einer Firma

Person i	1	2	3	4	5	6	7	8	9	10
Blutdruck x_i	139	173	185	146	157	202	204	163	180	197
Person i	11	12	13	14	15	16	17	18	19	20
Blutdruck x_i	180	207	200	198	138	177	196	203	111	164
Person i	21	22	23	24	25	26	27	28	29	30
Blutdruck x_i	184	195	208	191	152	144	170	208	162	199
Person i	31	32	33	34	35	36	37	38	39	40
Blutdruck x_i	103	129	213	140	201	174	193	211	205	154

(b) Führen Sie eine Transformation der Blutdruckwerte x_i in der Art durch, dass eine neue Reihe von Werten y_i mit $y_i = x_i^4$, $i=1,\ldots,40$, entsteht. Berechnen Sie hier die midsummaries. Was lässt sich nun über die Schiefe der Verteilung aussagen?

AUFGABE 10.3

Bei einem Automobilclub lassen an einem Morgen 6 Fahrzeughalter ihren PKW auf den CO - Gehalt im Schadstoffausstoss untersuchen. Dabei ergaben sich die in Tab. 10.3 angegebenen Schadstoffwerte.

Tab. 10.3: CO - Gehalt (in %) der Abgase bei 6 PKW

PKW i	1	2	3	4	5	6
CO - Gehalt x_i	3.4	3.0	3.8	2.9	3.6	3.1

(a) Untersuchen Sie die Reaktion des arithmetischen Mittels und des Medians der obigen Beobachtungsreihe auf die Hinzunahme eines weiteren Beobachtungswertes x mit Hilfe der Sensitivitätskurve.

(b) Kurz vor der Mittagspause trifft ein weiterer PKW zur Abgasuntersuchung ein. Der Median der neuen Beobachtungsreihe $x_1,\ldots,x_7$ liegt anschliessend bei 3.4, das arithmetische Mittel beträgt 3.5. Wie hoch war der CO - Gehalt bei dem neu hinzugekommenen PKW?

AUFGABE 10.4

In den Monaten Januar bis Dezember wurden in einer Region die in Tab. 10.4 angegebenen Niederschlagsmengen gemessen.

Tab. 10.4: Niederschlagsmengen (in mm) von Januar bis Dezember

Monat i	1	2	3	4	5	6	7	8	9	10	11	12
Niederschlagsmenge x_i	120	63	20	41	168	51	72	20	197	63	57	46

(a) Berechnen Sie den Quartilsabstand, den h - spread (hinge - Abstand), die Standardabweichung, die "Standardabweichung" unter Verwendung des Medians anstelle des arithmetischen Mittels, die mittleren absoluten Abweichungen vom Median und vom arithmetischen Mittel, sowie die Mediane der mittleren absoluten Abweichungen vom Median und vom arithmetischen Mittel.

(b) Berechnen Sie die Streuungsmasse aus (a), wenn im September (i=9) statt 197 mm eine Niederschlagsmenge von 497 gemessen wird.

AUFGABE 10.5

In einem Betrieb werden auf einer Produktionsanlage Schrauben mit einem Solldurchmesser von 20 mm gefertigt. An einer Stichprobe von n = 8 Schrauben wurden dann die nachfolgend angegebenen Durchmesser (in mm) gemessen:

20.1 ; 20.1 ; 19.9 ; 20.0 ; 19.9 ; 23.6 ; 20.0 ; 20.1 .

Bestimmen Sie für die Daten die folgenden Lokationsmasse

(a) den Median;
(b) das 0.2 - getrimmte Mittel;
(c) das 0.2 - winsorisierte Mittel;
(d) den Trimean;
(e) das Gastwirth - Mittel;
(f) das Wilcoxon - Mittel (Wilcoxon R - Schätzer für die Lokation).

AUFGABE 10.6

Berechnen und zeichnen Sie für die Daten aus Aufgabe 10.1 die empirische Dichte mit Hilfe des

(a) Rechteckskern
(b) Dreieckskern.

Verwenden Sie dabei die Klassenbreite $b = 1$ und die äquidistanten Punkte $z_j = 8.5 + j \cdot 0.75$, $j=1,\ldots,5$.

AUFGABE 10.7

Berechnen Sie für die Bruttosozialprodukte in den $n = 16$ Quartalen aus Aufgabe 9.2 die gleitenden Mediane der Ordnung 42 und stellen Sie diese zusammen mit den Ursprungsdaten graphisch dar.

AUFGABE 10.8

Führen Sie eine resistant - line - regression zur Bestimmung einer Regressionsgeraden für die Beobachtungswerte aus Aufgabe 8.1 durch und stellen Sie das Ergebnis graphisch dar.

AUFGABE 10.9

In Tab. 10.9 sind die Bruttolohnsummen X, sowie die entsprechenden Nettolohnsummen Y (in Milliarden DM), die in der Bundesrepublik Deutschland in den Jahren 1975 - 1984 erzielt wurden, zusammengestellt.

Tab. 10.9: Brutto (x_i) - und Nettolohnsummen (y_i), i=1,...,10, in Milliarden DM für die Jahre 1975 - 1984

Jahr	i	x_i	y_i
1975	1	485.7	355.2
1976	2	518.0	369.5
1977	3	555.7	392.1
1978	4	591.7	421.8
1979	5	636.2	455.4
1980	6	687.8	484.9
1981	7	717.1	503.9
1982	8	732.2	508.3
1983	9	743.7	511.7
1984	10	764.2	519.1

(a) Führen Sie zur Bestimmung einer Regrssionsgeraden eine resistant - line - regression durch.

(b) Wiederholen Sie die resistant - line - regression für die zuvor linearisierten Beobachtungspunkte (x_i,y_i), i=1,...,10, und vergleichen Sie das so gewonnene Ergebnis mit dem unter (a) anhand einer graphischen Darstellung und der jeweiligen Bestimmtheitsmasse.

LÖSUNG ZU AUFGABE 10.1

→(a) In der explorativen Datenanalyse (EDA) werden Lage- und Streuungsmaße über den sogenannten Tiefe - Index definiert. Ist $x_{(1)},\dots,x_{(n)}$ die der Größe nach geordnete Beobachtungsreihe der Daten $x_1,\dots,x_n$, so ist die Tiefe T von $x_{(1)}$ und $x_{(n)}$ gegeben durch T = 1, die von $x_{(2)}$ und $x_{(n-1)}$ durch T = 2 usw. bis schließlich, falls n gerade ist, die Beobachtungswerte $x_{(n/2)}$ und $x_{((n+2)/2)}$ die Tiefe T = n/2 oder falls n ungerade ist, der Beobachtungswert $x_{((n+1)/2)}$ die Tiefe T = (n+1)/2 zugesprochen bekommt. Die geordnete Beobachtungsreihe $x_{(1)},\dots,x_{(n)}$ wird dann mit dem Tiefe - Index geschrieben als

$$x_{1,L},\dots,x_{n/2,L},x_{n/2,U},\dots,x_{1,U} \quad , \quad \text{falls n gerade}$$

bzw.

$$x_{1,L},\dots,x_{(n-1)/2,L},x_{(n+1)/2},x_{(n-1)/2,U},\dots,x_{1,U} \quad ,\text{falls n ungerade,}$$

wobei der Index L für 'lower' (unterhalb) und der Index U für 'upper' (oberhalb) steht.

Der Median m einer Beobachtungsreihe ist dann mittels der Tiefe

$$T(m) = (n+1)/2$$

definiert als

$$m = \begin{cases} x_{T(m)} = x_{(n+1)/2} & , \text{ falls n ungerade (T(m) eine ganze Zahl)} \\ \frac{1}{2}(x_{T(m)-0.5,L} + x_{T(m)-0.5,U}) & , \text{ falls n gerade (T(m) keine ganze Zahl)} \end{cases}$$

Entsprechend werden die hinges, die in etwa den Quartilen (vgl. Aufgabe 3.11, 3.12) gleichkommen, über die hinge - Tiefe

$$T(h) = ([T(m)] + 1)/2$$

definiert, wobei [T(m)] für die größte ganze Zahl, die kleiner oder gleich T(m) ist, steht. Der untere hinge h_L ist dann gegeben durch

$$h_L = \begin{cases} x_{T(h),L} & , \text{ falls T(h) eine ganze Zahl} \\ \frac{1}{2}(x_{T(h)-0.5,L} + x_{T(h)+0.5,L}) & , \text{ sonst} \end{cases}$$

und der obere hinge durch

$$h_U = \begin{cases} x_{T(h),U} & \text{, falls } T(h) \text{ eine ganze Zahl} \\ \frac{1}{2}\left(x_{T(h)-0.5,U} + x_{T(h)+0.5,U}\right) & \text{, sonst} \end{cases} .$$

Alle weiteren Lagemaße wie e (eighths) , d (sixteenths), c (thirty-seconds) usw. lassen sich analog über die jeweiligen Tiefen

$$T(e) = ([T(h)] + 1)/2 \quad ,$$
$$T(d) = ([T(e)] + 1)/2 \quad ,$$
$$T(c) = ([T(d)] + 1)/2 \quad \text{usw.}$$

berechnen. Das Ende dieser Kette bilden schließlich die Extremwerte $x_{1/L}$ und $x_{1/U}$ mit der Tiefe $T = 1$.

Die midsummaries, die Informationen über die Schiefe der Verteilung einer Beobachtungsreihe liefern, sind der Median m, der midhinge $(h_L + h_U)/2$, der mideighth $(e_L + e_U)/2$, der midsixteenth $(d_L + d_U)/2$ usw. Nehmen die midsummaries in der beschriebenen Reihenfolge fallende Werte an, so ist die Verteilung linksschief, sind sie steigend, so ist die Verteilung rechtsschief, und falls sie konstant sind, so ist die Verteilung symmetrisch.

Als Streuungsmaße werden in der EDA entsprechend der sogenannte h-spread $h_U - h_L$, der e-spread $e_U - e_L$, der d-spread $d_U - d_L$ usw. verwandt.

Für die $n = 24$ Jahresdurchschnittstemperaturen sind in Tab. C10.1.1 die geordneten Beobachtungswerte $x_{(1)},\ldots,x_{(24)}$ mit ihren jeweiligen Tiefenindizes zusammengestellt. Da $n = 24$ eine gerade Zahl ist, haben dabei die Merkmalswerte $x_{(n/2)} = x_{(12)}$ und $x_{((n+2)/2)} = x_{(13)}$ die Tiefe $T = 12$ erhalten.

Der Median m liegt, da $n = 24$ eine gerade Zahl und

$$T(m) = (n+1)/2 = 25/2$$
$$= 12.5$$

keine ganze Zahl ist bei

$$m = \frac{1}{2}\left(x_{T(m)-0.5,L} + x_{T(m)-0.5,U}\right) = \frac{1}{2}\left(x_{12,L} + x_{12,U}\right) = \frac{1}{2}\,(10.4 + 10.4)$$
$$= 10.4 \quad .$$

Weiterhin beträgt die Tiefe der hinges

$$T(h) = ([T(m)] + 1)/2 = ([12.5] + 1)/2 = (12 + 1)/2$$
$$= 6.5 \quad ,$$

d.h. da T(h) keine ganze Zahl ist, erhält man als unteren hinge

$$h_L = \frac{1}{2}\left(x_{T(h)-0.5,L} + x_{T(h)+0.5,L}\right) = \frac{1}{2}\left(x_{6,L} + x_{7,L}\right)$$

Tab. C10.1.1: Geordnete Durchschnittstemperaturen in n = 24 Jahren sowie deren Tiefenindizes

i	$x_{(i)}$	T	
1	8.9	1	$x_{1,L}$
2	9.3	2	$x_{2,L}$
3	9.4	3	$x_{3,L}$
4	9.5	4	$x_{4,L}$
5	9.5	5	$x_{5,L}$
6	9.6	6	$x_{6,L}$
7	9.6	7	$x_{7,L}$
8	9.7	8	$x_{8,L}$
9	10.2	9	$x_{9,L}$
10	10.2	10	$x_{10,L}$
11	10.3	11	$x_{11,L}$
12	10.4	12	$x_{12,L}$
13	10.4	12	$x_{12,U}$
14	10.4	11	$x_{11,U}$
15	10.5	10	$x_{10,U}$
16	10.7	9	$x_{9,U}$
17	10.7	8	$x_{8,U}$
18	10.8	7	$x_{7,U}$
19	10.9	6	$x_{6,U}$
20	11.0	5	$x_{5,U}$
21	11.1	4	$x_{4,U}$
22	11.2	3	$x_{3,U}$
23	11.5	2	$x_{2,U}$
24	12.4	1	$x_{1,U}$

$$= \frac{1}{2}\,(9.6 + 9.6)$$

$$= 9.6$$

bzw. als oberen hinge

$$h_U = \frac{1}{2}\,(x_{T(h)-0.5,U} + x_{T(h)+0.5,U}) = \frac{1}{2}\,(x_{6,U} + x_{7,U})$$

$$= \frac{1}{2}\,(10.9 + 10.8)$$

$$= 10.85 \quad .$$

Analog ergibt sich dann für die eighths e mit dem Tiefe-Index

$$T(e) = ([T(h)] + 1)/2 = ([6.5] + 1)/2 = (6 + 1)/2$$

$= 3.5$

gerade

$$e_L = \frac{1}{2}(x_{T(e)-0.5,L} + x_{T(e)+0.5,L}) = \frac{1}{2}(x_{3,L} + x_{4,L}) = \frac{1}{2}(9.4 + 9.5)$$
$$= 9.45$$

und

$$e_U = \frac{1}{2}(x_{T(e)-0.5,U} + x_{T(e)+0.5,U}) = \frac{1}{2}(x_{3,U} + x_{4,U}) = \frac{1}{2}(11.2 + 11.1)$$
$$= 11.15$$

bzw. für die sixteenths d mit

$$T(d) = ([T(e)] + 1)/2 = ([3.5] + 1)/2 = (3+1)/2$$
$$= 2$$

(T(d) ist also eine ganze Zahl)

$$d_L = x_{T(d),L} = x_{2,L}$$
$$= 9.3$$

und

$$d_U = x_{T(d),U} = x_{2,U}$$
$$= 11.5 \quad .$$

Für die thirty - seconds c liegt der Tiefe-Index bei

$$T(c) = ([T(d)] + 1)/2 = ([2] + 1)/2 = (2+1)/2$$
$$= 1.5$$

und somit ist

$$c_L = \frac{1}{2}(x_{T(c)-0.5,L} + x_{T(c)+0.5,L}) = \frac{1}{2}(x_{1,L} + x_{2,L}) = \frac{1}{2}(8.9 + 9.3)$$
$$= 9.1$$

und

$$c_U = \frac{1}{2}(x_{T(c)-0.5,U} + x_{T(c)+0.5,U}) = \frac{1}{2}(x_{1,U} + x_{2,U}) = \frac{1}{2}(12.4 + 11.5)$$
$$= 11.95 \quad .$$

Den Abschluß bilden die beiden Extremwerte $x_{1,L}$ und $x_{1,U}$, denn für die sixty - fourths b ergibt sich eine Tiefe von

$$T(b) = ([T(c)] + 1)/2 = ([1.5] + 1)/2 = (1+1)/2$$
$$= 1 \quad ,$$

d.h.

$$b_L = x_{T(b),L} = x_{1,L}$$

$= 8.9$

und

$b_U = x_{T(b),U} = x_{1,U}$
$= 12.4$.

Die midsummaries sind nun

- Median $m = 10.4$,
- midhinge $(h_L + h_U)/2 = (9.6 + 10.85)/2 = 10.225$,
- mideighth $(e_L + e_U)/2 = (9.45 + 11.15) = 10.300$,
- midsixteen $(d_L + d_U)/2 = (9.30 + 11.50) = 10.400$,
- midthirtysecond $(c_L + c_U)/2 = (9.10 + 11.95)/2 = 10.525$,
- midextreme (midsixtyfourty) $(b_L + b_U)/2 = (8.90 + 12.40)/2 = 10.650$

und die verschiedenen Streuungsmaße berechnen sich zu

- h - spread $(h_U - h_L) = 10.85 - 9.60 = 1.25$,
- e - spread $(e_U - e_L) = 11.15 - 9.45 = 1.70$,
- d - spread $(d_U - d_L) = 11.50 - 9.30 = 2.20$,
- c - spread $(c_U - c_L) = 11.95 - 9.10 = 2.85$,
- b - spread $(b_U - b_L) = 12.40 - 8.90 = 3.50$.

→(b) Das stem - and - leaves (Stamm - und - Blätter) - Diagramm dient der graphischen Darstellung von Beobachtungswerten $x_1,...,x_n$. Dazu werden zunächst die jeweils festzulegenden ersten Ziffern der Beobachtungen als 'Stamm' untereinander aufgeschrieben. Neben diesen Zahlen wird ein senkrechter Strich gezogen und rechts von diesem werden dann die der Größe nach geordneten nächsten Ziffern der Beobachtungswerte als 'Blätter' eingetragen. Alle weiteren Ziffern gehen in das stem - and - leaves - Diagramm nicht ein.

Werden bei den durchschnittlichen Jahrestemperaturwerten als erste Ziffern die vollen °C festgelegt, so ergibt sich das in Abb. £10.1.1 dargestellte stem - and - leaves - Diagramm.

LÖSUNG ZU AUFGABE 10.2

→(a,i) In Tab. £10.2.1 sind die beobachteten Blutdruckwerte nach ihrer Größe geordnet zusammengestellt. Außerdem werden dort auch bereits die in den Aufgabenteilen (ii) und (iii) benötigten Tiefen T der Beobachtungswerte

8	9
9	3 4 5 5 6 6 7
10	2 2 3 4 4 4 5 7 7 8 9
11	0 1 2 5
12	4

Abb. C10.1.1: Stem - and - leaves - Diagramm für die Durchschnittstemperaturen in n = 24 Jahren

(vgl. Aufgabe 10.1) sowie die transformierten Werte $x_{(i)}^4$ für i=1,...,40 angegeben.

Tab. C10.2.1: Der Größe nach geordnete Blutdruckwerte $x_{(i)}$ für 40 Mitarbeiter einer Firma, die entsprechenden Tiefe - Indizes sowie die transformierten Werte $y_{(i)} = x_{(i)}^4$

i	$x_{(i)}$	T		$y_{(i)} = x_{(i)}^4$	
1	103	1	$x_{1,L}$	112550881	$y_{1,L}$
2	111	2	$x_{2,L}$	151807041	$y_{2,L}$
3	129	3	$x_{3,L}$	276922881	$y_{3,L}$
4	138	4	$x_{4,L}$	362673936	$y_{4,L}$
5	139	5	$x_{5,L}$	373301041	$y_{5,L}$
6	140	6	$x_{6,L}$	384160000	$y_{6,L}$
7	144	7	$x_{7,L}$	429981696	$y_{7,L}$
8	146	8	$x_{8,L}$	454371856	$y_{8,L}$
9	152	9	$x_{9,L}$	533794816	$y_{9,L}$
10	154	10	$x_{10,L}$	562448656	$y_{10,L}$
11	157	11	$x_{11,L}$	607573201	$y_{11,L}$
12	162	12	$x_{12,L}$	688747536	$y_{12,L}$
13	163	13	$x_{13,L}$	705911761	$y_{13,L}$
14	164	14	$x_{14,L}$	723394816	$y_{14,L}$
15	170	15	$x_{15,L}$	835210000	$y_{15,L}$

Fortsetzung von Tab. £10.2.1:

i	$x_{(i)}$	T		$y_{(i)} = x^4_{(i)}$	
16	173	16	$x_{16,L}$	895745041	$y_{16,L}$
17	174	17	$x_{17,L}$	916636176	$y_{17,L}$
18	177	18	$x_{18,L}$	981506241	$y_{18,L}$
19	180	19	$x_{19,L}$	1049760000	$y_{19,L}$
20	180	20	$x_{20,L}$	1049760000	$y_{20,L}$
21	184	20	$x_{20,U}$	1146228736	$y_{20,U}$
22	185	19	$x_{19,U}$	1171350625	$y_{19,U}$
23	191	18	$x_{18,U}$	1330863361	$y_{18,U}$
24	193	17	$x_{17,U}$	1387488001	$y_{17,U}$
25	195	16	$x_{16,U}$	1445900625	$y_{16,U}$
26	196	15	$x_{15,U}$	1475789056	$y_{15,U}$
27	197	14	$x_{14,U}$	1506138481	$y_{14,U}$
28	198	13	$x_{13,U}$	1536953616	$y_{13,U}$
29	199	12	$x_{12,U}$	1568239201	$y_{12,U}$
30	200	11	$x_{11,U}$	1600000000	$y_{11,U}$
31	201	10	$x_{10,U}$	1632240801	$y_{10,U}$
32	202	9	$x_{9,U}$	1664966416	$y_{9,U}$
33	203	8	$x_{8,U}$	1698181681	$y_{8,U}$
34	204	7	$x_{7,U}$	1731891456	$y_{7,U}$
35	205	6	$x_{6,U}$	1766100625	$y_{6,U}$
36	207	5	$x_{5,U}$	1836036801	$y_{5,U}$
37	208	4	$x_{4,U}$	1871773696	$y_{4,U}$
38	208	3	$x_{3,U}$	1871773696	$y_{3,U}$
39	211	2	$x_{2,U}$	1982119441	$y_{2,U}$
40	213	1	$x_{1,U}$	2058346161	$y_{1,U}$

Für das stem - and - leaves - Diagramm (vgl. auch Aufgabe 10.1.(b)) sollen für den 'Stamm' die ersten beiden Ziffern gewählt werden, d.h. der Stamm (stem) des Diagramms wird aus den Ziffern 10 bis 21 gebildet. Nach dem Notieren der geordneten Endziffern (als Blätter) ergibt sich das in Abb. £10.2.1 dargestellte stem - and - leaves - Diagramm, das auf eine linksschiefe Verteilung der Daten hindeutet.

→(a,ii) Der Box-Plot stellt eine weitere Repräsentationsmöglichkeit für Beobachtungswerte $x_1,...,x_n$ dar. Dabei werden zunächst oberhalb einer Zahlengeraden die hinges (vgl. Aufgabe 10.1.(a)) h_L und h_U als Strecken

10	3								
11	1								
12	9								
13	8	9							
14	0	4	6						
15	2	4	7						
16	2	3	4						
17	0	3	4	7					
18	0	0	4	5					
19	1	3	5	6	7	8	9		
20	0	1	2	3	4	5	7	8	8
21	1	3							

Abb. C10.2.1: Stem - and - leaves - Diagramm für 40 Blutdruckwerte

senkrecht zur Zahlengeraden abgetragen. Werden nun die oberen und die unteren Endpunkte dieser Striche miteinander verbunden, so entsteht ein rechteckiger Kasten (box). In diesen Kasten, der 50% der Beobachtungswerte enthält, wird dann der Median als vertikaler Strich eingezeichnet. Im nächsten Schritt werden der sogenannte inner und outer fence festgelegt. Die Grenzen des inner fence liegen dabei an den Stellen

$$I_L = h_L - 1.5(\text{h-spread}) \quad ,$$

$$I_U = h_U + 1.5(\text{h-spread}) \quad ,$$

die des outer fence bei

$$O_L = h_L - 3(\text{h-spread}) \quad ,$$

$$O_L = h_L + 3(\text{h-spread})$$

mit dem hinge-Abstand $\text{h-spread} = h_U - h_L$.

Anschließend werden extreme Ausreißer, das sind Beobachtungswerte, die außerhalb des outer fence liegen, als Kreise auf der Zahlengeraden eingezeichnet. Alle anderen Ausreißer, d.h. Werte, die innerhalb des outer fence aber außerhalb des inner fence liegen, durch Kreuze gekennzeichnet. Zum Schluß werden innerhalb des inner fence diejenigen Beobachtungswerte bestimmt, welche die kleinste Abweichung von der oberen bzw. unteren Grenze des inner fence besitzen. Diese Punkte, die durch gestrichelte Linien parallel zur Zahlengeraden mit der box verbunden werden, heißen auch adjacent values.

In Tab. L10.2.1 sind außer den Beobachtungswerten bereits die zur Berechnung des Medians und der hinges benötigten Tiefe-Indizes (vgl. Aufgabe 10.1.(a)) für die $n = 40$ Blutdruckwerte zusammengestellt. Da $n = 40$ eine gerade Zahl ist, liegt der Median m mit dem Tiefe-Index

$$T(m) = (n+1)/2 = 41/2 = 20.5 \quad ,$$

der keine ganze Zahl ist, bei

$$m = \frac{1}{2}(x_{T(m)-0.5,L} + x_{T(m)-0.5,U}) = \frac{1}{2}(x_{20,L} + x_{20,U}) = \frac{1}{2}(180 + 184) = 182 \quad .$$

Für die hinges h_L und h_U (vgl. Aufgabe 10.1.(a)) ergibt sich mit dem Tiefe-Index

$$T(h) = ([T(m)] + 1)/2 = ([20.5] + 1)/2 = (20 + 1)/2 = 10.5$$

(dabei steht $[T(m)]$ für die größte ganze Zahl, die kleiner oder gleich $T(m)$ ist) gerade

$$h_L = \frac{1}{2}(x_{T(h) - 0.5,L} + x_{T(h) + 0.5,L}) = \frac{1}{2}(x_{10,L} + x_{11,L}) = \frac{1}{2}(154 + 157) = 155.5$$

und

$$h_U = \frac{1}{2}(x_{T(h) - 0.5,U} + x_{T(h) + 0.5,U}) = \frac{1}{2}(x_{10,U} + x_{11,U}) = \frac{1}{2}(200 + 201) = 200.5 \quad .$$

Der hinge-Abstand beträgt somit

$$h\text{-spread} = h_U - h_L = 200.5 - 155.5 = 45 \quad ,$$

d.h. für die Grenzen des inner fence bzw. des outer fence erhält man

$$I_L = h_L - 1.5(h\text{-spread}) = 155.5 - 1.5 \cdot 45$$

$$= 88 \quad ,$$

$$I_U = h_U + 1.5(h\text{-spread}) = 200.5 + 1.5 \cdot 45$$

$$= 268$$

bzw.

$$O_L = h_L - 3(h\text{-spread}) = 155.5 - 3 \cdot 45$$

$$= 20.5 \quad ,$$

$$O_U = h_U + 3(h\text{-spread}) = 200.5 + 3 \cdot 45$$

$$= 335.5 \quad .$$

Da keine Beobachtungswerte außerhalb des outer fence liegen, d.h. kleiner als O_L oder größer als O_U sind und außerdem auch keine Blutdruckwerte vorliegen, die innerhalb des outer fence , aber außerhalb des inner fence, d.h. zwischen O_L und I_L oder zwischen I_U und O_U liegen, müssen zur Erstellung eines Box-Plots nur noch die adjacent values bestimmt werden. Die Beobachtungswerte, die innerhalb des inner fence am dichtesten an den Grenzen I_L und I_U liegen, sind gerade die Extremwerte

$$x_{(1)} = 103 \quad \text{und} \quad x_{(40)} = 213 \quad .$$

Mit den obigen Anweisungen und den soeben durchgeführten Berechnungen läßt sich nun ein Box - Plot zeichnen, vgl. Abb. C 10.2.2.

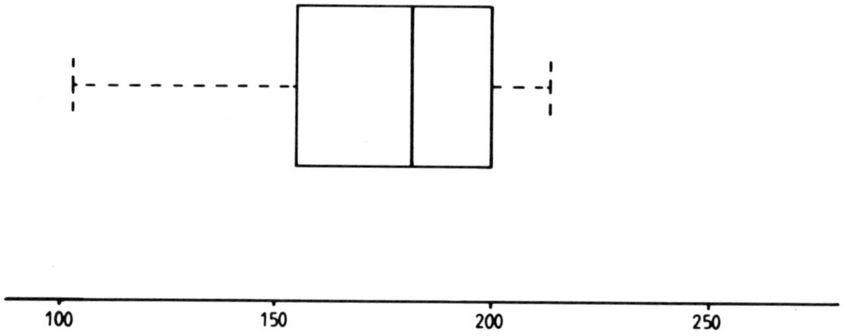

Abb. C10.2.2: Box - Plot für n = 40 Blutdruckwerte

Aus dem Box - Plot lassen sich nun Aussagen über die Struktur der Blutdruckwerte ablesen. Durch das starke Übergewicht der box nach rechts, ist z.B. die Verteilung als linksschief einzuordnen.

→(a,iii) Die midsummaries einer Beobachtungsreihe $x_1,\ldots,x_n$ (vgl. Aufgabe 10.1) sind der Median m, der midhinge $(h_L + h_U)/2$, der mideighth $(e_L + e_U)/2$, der midsixteenth $(d_L + d_U)/2$ usw. bis hin zum midextreme $(x_{1,L} + x_{1,U})/2$.

Der Median m und der untere bzw. obere hinge wurden bereits im Aufgabenteil (a,ii) berechnet:

$$m = 182 \quad ,$$
$$h_L = 155.5 \quad ,$$
$$h_U = 200.5 \quad .$$

Mit den Werten aus Tab. L10.2.1 und T(h) = 10.5, vgl. Aufgabenteil (a,ii), liegt der Tiefe - Index für die eighths bei

$$T(e) = ([T(h)] + 1)/2 = ([10.5] + 1)/2 = (10 + 1)/2 = 5.5 \quad .$$

Da T(e) keine ganze Zahl ist (vgl. Aufgabe 10.1.(a)), erhält man für die eighths e

$$e_L = \frac{1}{2}(x_{T(e)-0.5,L} + x_{T(e)+0.5,L}) = \frac{1}{2}(x_{5,L} + x_{6,L}) = \frac{1}{2}(139 + 140) = 139.5$$

und

$$e_U = \frac{1}{2}(x_{T(e)-0.5,U} + x_{T(e)+0.5,U}) = \frac{1}{2}(x_{5,U} + x_{6,U}) = \frac{1}{2}(207 + 205) = 206 \quad .$$

Analog berechnen sich die sixteenths d mit

$$T(d) = ([T(e)] + 1)/2 = ([5.5] + 1)/2 = (5 + 1)/2 = 3$$

zu

$$d_L = x_{T(d),L} = x_{3,L} = 129$$

und

$$d_U = x_{T(d),U} = x_{3,U} = 208 \quad ,$$

die thirtyseconds c mit

$$T(c) = ([T(d)] + 1)/2 = (3 + 1)/2 = 2$$

zu

$$c_L = x_{T(c),L} = x_{2,L}$$

$$= 111$$

und

$$c_U = x_{T(c),U} = x_{2,U}$$
$$= 211$$

und zu guter letzt bleiben nur noch die Extremwerte

$$b_L = x_{1,L}$$
$$= 103$$

und

$$b_U = x_{1,U}$$
$$= 213 \quad .$$

Zusammenfassend sind die midsummaries also

- Median $m = 182$,
- midhinge $(h_L + h_U)/2 = (155.5 + 200.5)/2 = 178$,
- mideighth $(e_L + e_U)/2 = (139.5 + 206)/2 = 172.75$,
- midsixteenth $(d_L + d_U)/2 = (129 + 208)/2 = 168.50$,
- midthirtysecond $(c_L + c_U)/2 = (111 + 211)/2 = 161$,
- midextreme $(b_L + b_U)/2 = (103 + 213)/2 = 158$.

Die midsummaries bestätigen das bereits in den Aufgabenteilen (i) und (ii) gewonnene Ergebnis, daß die Häufigkeitsverteilung der Blutdruckwerte linksschief ist, denn die Folge der midsummaries angefangen mit dem Median bis hin zum midextreme ist fallend.

→(b) In der explorativen Datenanalyse werden häufig Datentransformationen vorgenommen, um gegebene Beobachtungswerte übersichtlicher darzustellen. Liegen positive Beobachtungen $x_1,\dots,x_n$ vor, so bietet der Übergang zu $x_1^p,\dots,x_n^p$, wobei der Exponent p auch 'power' genannt wird, eine mögliche Klasse von Transformationen. Sie enthält etwa für $p = 0.5$ die Wurzeltransformation, d.h. x_i geht über in $\sqrt{x_i}$. Für $p = 0$ wird dabei die Transformation auf $\ln x_i$ festgesetzt. Sollen Beobachtungen symmetrisiert werden, so kann dies mit Hilfe der soeben beschriebenen Transformationen erfolgen. Dabei muß für eine Häufigkeitsverteilung, die rechtsschief ist, ein $p < 1$ und für eine Verteilung, die linksschief ist, ein $p > 1$ gewählt werden. Mit Hilfe der midsummaries läßt sich im Anschluß an die Datentransformation überprüfen, ob eine Symmetrisierung der Beobachtungswerte erzielt worden ist, vgl. Aufgabenteil (a,iii). Liegen auch negative Beobachtungswerte vor, so kann man durch Addition einer geeigneten Konstanten zunächst alle Werte ins positive verschieben.

Für die Blutdruckwerte x_i, für die im Aufgabenteil (a) eine linksschiefe Verteilung festgestellt worden war, soll nun mit der Transformation x_i^p mit $p = 4$ überprüft werden, ob zumindest annähernd Symmetrie erreicht wird. Da die x_i, $i=1,\dots,40$, nur positive Werte annehmen, kann man gleich zu den der Größe nach geordneten Werten $y_{(i)} = x_{(i)}^4$ übergehen, denn durch die Transformation wird die Reihenfolge der neuen Reihe von Werten nicht verändert.

In Tab. L10.2.1 sind die transformierten Werte $y_{(i)} = x_{(i)}^4$ für $i=1,\dots,40$ bereits zusammengestellt worden. Um zu überprüfen, in wieweit mit Hilfe dieser Transformation eine Symmetrisierung der Blutdruckwerte erzielt worden ist, sollen nun die midsummaries bestimmt werden. Da die Tiefe-Indizes T(m) für den Median, T(h) für hinges, T(e) für die eighths usw. auch nach der Transformation erhalten bleiben, d.h. sie sind mit denen im Aufgabenteil (a) bereits berechneten identisch, und da außerdem $y_{j,L} = x_{j,L}^4$ bzw. $y_{j,U} = x_{j,U}^4$ für $j=1,\dots,20$ gilt, liegt der Median der transformierten Beobachtungsreihe mit $T(m) = 20.5$ bei

$$m = \frac{1}{2}\,(y_{T(m)-0.5,L} + y_{T(m)-0.5,U}) = \frac{1}{2}\,(y_{20,L} + y_{20,U})$$
$$= \frac{1}{2}\,(1049760000 + 1146228736)$$
$$= 1097994368 \quad .$$

Analog ergibt sich für die hinges mit $T(h) = 10.5$

$$h_L = \frac{1}{2}\,(y_{10,L} + y_{11,L}) = \frac{1}{2}\,(562448656 + 607573201)$$
$$= 585010928.5 \quad ,$$
$$h_U = \frac{1}{2}\,(y_{10,U} + y_{11,U}) = \frac{1}{2}\,(1632240801 + 1600000000)$$
$$= 1616120400 \quad ;$$

für die eighths mit $T(e) = 5.5$

$$e_L = \frac{1}{2}\,(y_{5,L} + y_{6,L}) = \frac{1}{2}\,(373301041 + 384160000)$$
$$= 378730520.5 \quad ,$$
$$e_U = \frac{1}{2}\,(y_{5,U} + y_{6,U}) = \frac{1}{2}\,(1836036801 + 1766100625)$$
$$= 1801068713 \quad ;$$

für die sixteenths mit $T(d) = 3$

$$d_L = y_{3,L}$$
$$= 276922881 \quad ,$$
$$d_U = y_{3,U}$$

$= 1871773696$;

für die thirtyseconds mit $T(c) = 2$

$$c_L = y_{2,L} = 151807041 \quad ,$$

$$c_U = y_{2,U} = 1982119441$$

und schließlich für die sixtyfourths, die Extremwerte mit $T(b) = 1$

$$b_L = y_{1,L} = 112550881 \quad ,$$

$$b_U = y_{1,U} = 2058346161 \quad .$$

Da die midsummaries

- Median $m = 1097994368$,
- midhinge $(h_L + h_U)/2 = (585010928.5 + 1616120400.5)/2 = 110056565$,
- mideighth $(e_L + e_U)/2 = (378730520.5 + 1801068713)/2 = 1089899616.75$,
- midsixteenth $(d_L + d_U)/2 = (276922881 + 1871773696)/2 = 1074348288.50$,
- midthirtysecond $(c_L + c_U)/2 = (151807041 + 1982119441)/2 = 1066963241$,
- midextreme $(b_L + b_U)/2 = (112550881 + 2058346161)/2 = 1085448521$

einen annähernd konstanten Verlauf aufzeigen, läßt sich also sagen, daß die Transformation der Blutdruckwerte x_i in x_i^4, $i=1,\dots,40$, eine praktisch symmetrische Verteilung geliefert hat.

LÖSUNG ZU AUFGABE 10.3

→(a) Beschreibt $T_n = T_n(x_1,\dots,x_n)$ allgemein ein Lokationsmaß für die Beobachtungswerte $x_1,\dots,x_n$, so heißt die Funktion

$$SC(x,x_1,\dots,x_{n-1},T_n) = n[T_n(x_1,\dots,x_{n-1},x) - T_{n-1}(x_1,\dots,x_{n-1})]$$

Sensitivitätskurve.

Mit

$$T_n^A(x_1,\dots,x_n) = \bar{x}_n = \frac{1}{n}\sum_{i=1}^{n} x_i$$

bzw.

$$T_n^M(x_1,\dots,x_n) = m_n = \begin{cases} x_{((n+1)/2)} & \text{, falls n ungerade} \\ \frac{1}{2}\,(x_{(n/2)} + x_{((n+1)/2)}) & \text{, falls n gerade} \end{cases}$$

gibt die Sensitivitätskurve $SC^A(x_1,\dots,x_{n-1},T_n^A)$ bzw. $SC^M(x_1,\dots,x_{n-1},T_n^M)$ gerade die Reaktion des arithmitischen Mittels bzw. des Medians auf die Hinzunahme eines weiteren Beobachtungswertes wieder. Für die vorliegenden $n-1=6$ CO-Gehalt-Werte ergibt sich als arithmetisches Mittel

$$T_6^A(x_1,\dots,x_6) = \bar{x}_6 = \frac{1}{6}\sum_{i=1}^{6} x_i = \frac{1}{6}\cdot 19.8$$
$$= 3.3 \quad ;$$

kommt ein weiterer Beobachtungswert x hinzu, so verändert sich das Mittel in der Art, daß

$$T_7^A(x_1,\dots,x_6,x) = \bar{x}_7 = \frac{1}{7}\,(\sum_{i=1}^{6} x_i + x) = \frac{1}{7}\cdot 19.8 + \frac{1}{7}x$$

gilt. Die Sensitivitätskurve für das arithmetische Mittel berechnet sich in diesem Fall also zu

$$\begin{aligned} SC^A(x,x_1,\dots,x_6,\bar{x}_7) &= 7\cdot[T_7^A(x_1,\dots,x_6,x) - T_6^A(x_1,\dots,x_6)] \\ &= 7\cdot(\tfrac{1}{7}\cdot 19.8 + \tfrac{1}{7}x - 3.3) \\ &= x + 19.8 - 7\cdot 3.3 \\ &= x - 3.3 \quad . \end{aligned}$$

Betrachtet man dagegen mit $x_{(1)} = 2.9$, $x_{(2)} = 3.0$, $x_{(3)} = 3.1$, $x_{(4)} = 3.4$, $x_{(5)} = 3.6$, $x_{(6)} = 3.8$ den Median der CO-Gehalt-Werte

$$T_6^M(x_1,\dots,x_6) = m_6 = \frac{1}{2}\,(x_{(6/2)} + x_{(8/2)}) = \frac{1}{2}\,(x_{(3)} + x_{(4)}) = \frac{1}{2}\,(3.1+3.4)$$
$$= 3.25 \quad ,$$

so verändert dieser sich bei Hinzunahme eines weiteren Beobachtungswertes zu

$$T_7^A(x_1,\dots,x_6,x) = m_7 = \begin{cases} 3.1 & & x \le 3.1 \\ x & \text{, falls} & 3.1 < x < 3.4 \\ 3.4 & & x \ge 3.4 \end{cases} \quad .$$

Für den Median lautet die Sensitivitätskurve also

$$SC^M(x,x_1,\dots,x_6,m_7) = 7[T_7^M(x_1,\dots,x_6,x) - T_6^M(x_1,\dots,x_6)]$$

$$= \begin{cases} -1.05 & x \leq 3.1 \\ 7(x-3.25) \quad , \text{ falls} & 3.1 < x < 3.4 \\ 1.05 & x \geq 3.4 \end{cases} .$$

Die Graphen der beiden Funktionen $SC^A(x, x_1, \ldots, x_6, \bar{x}_7)$ und $SC^M(x, x_1, \ldots, x_6, m_7)$ sind in Abb. C10.3.1 und Abb. C10.3.2 dargestellt. Es ist dabei zu erkennen, daß das arithmetische Mittel sich durch Hinzunahme eines weiteren Wertes beliebig verändern läßt, während der Median stets im Intervall [3.1 , 3.4] liegt.

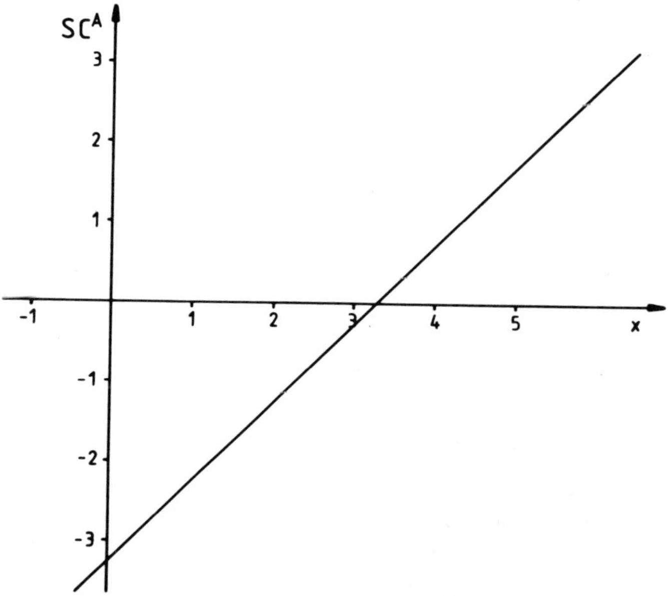

Abb. C10.3.1: Sensitivitätskurve $SC^A(x, x_1, \ldots, x_6, \bar{x}_7)$ für das arithmetische Mittel

→(b) Mit dem Median $m_7 = T_7^M(x_1, \ldots, x_6, x) = 3.4$ läßt sich über den neu hinzugekommenen CO-Gehalt-Wert x nur sagen (vgl. Aufgabenteil (a)), daß

$$x > 3.4$$

gelten muß. Betrachtet man hingegen das neue arithmetische Mittel $\bar{x}_7 = T_7^A(x_1, \ldots, x_6, x) = 3.5$, so läßt sich der CO-Gehalt des 7. untersuchten PKW's direkt berechnen. Es ergibt sich (vgl. Aufgabenteil (a))

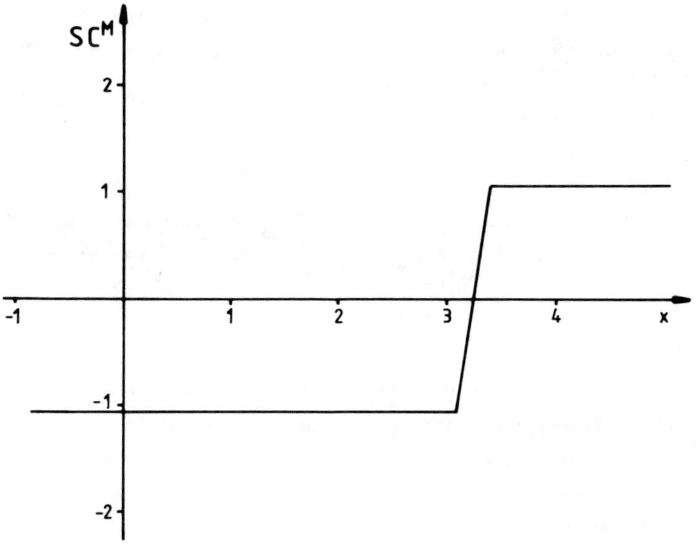

Abb. £10.3.2: Sensitivitätskurve $SC^M(x,x_1,\ldots,x_6,m_7)$ für den Median

$$\bar{x}_7 = \frac{1}{7}\,(19.8 + x) = 3.5$$

$$\Leftrightarrow \qquad 19.8 + x = 24.5$$

$$\Leftrightarrow \qquad x = 4.7 \quad ,$$

d.h. $x_7 = 4.7$ %.

LÖSUNG ZU AUFGABE 10.4

→(a) Der Quartilsabstand (vgl. auch Aufgabe 4.1)

$$\tilde{q} = \tilde{x}_{0.75} - \tilde{x}_{0.25}$$

der auch häufig als IQR (inter quartile range) bezeichnet wird, und der ihm in der EDA entsprechende hinge - Abstand

$$\text{h-spread} = h_U - h_L$$

zählen zu den robusten Steuungsmaßen, d.h. ihr Wert wird von Ausreißern in einer Beobachtungsreihe $x_1, \ldots, x_n$ gar nicht oder nur wenig beeinflußt, und haben den Vorteil einer einfachen Berechenbarkeit.
In die Varianz s^2 bzw. die Standardabweichung

$$s = \sqrt{\frac{1}{n-1} \sum_{i=1}^{n} (x_i - \bar{x})^2}$$

gehen die Abweichungen der Beobachtungswerte $x_1, \ldots, x_n$ von ihrem arithmetischen Mittel

$$\bar{x} = \frac{1}{n} \sum_{i=1}^{n} x_i$$

quadratisch bzw. unter der Wurzel quadratisch ein, so daß die Standardabweichung als Streuungsmaß extrem anfällig gegen Ausreißer in den Beobachtungen ist. Ersetzt man in der Formel für die Standardabweichung $\bar{x}$ durch sein robustes Gegenstück, den Median $m = \tilde{x}_{0.5}$ der Beobachtungsreihe $x_1, \ldots, x_n$, so ergibt sich das Streuungsmaß

$$s_m = \sqrt{\frac{1}{n-1} \sum_{i=1}^{n} (x_i - m)^2} \quad ,$$

das zwar nicht robust ist, da wiederum quadratische Abweichungen eingehen; jedoch ist der Bezugspunkt m unempfindlich gegenüber Ausreißern im Gegensatz zum Bezugspunkt $\bar{x}$.
Die mittlere absolute Abweichung vom Median

$$d = \frac{1}{n} \sum_{i=1}^{n} |x_i - m|$$

und die mittlere absolute Abweichung vom arithmetischen Mittel

$$d_{\bar{x}} = \frac{1}{n} \sum_{i=1}^{n} |x_i - \bar{x}|$$

sind in dem Sinne weniger anfällig für Ausreißer in den Daten als s_m und s, daß hier lediglich absolute und nicht quadratische Abweichungen vom Median bzw. arithmetischen Mittel eingehen.
Eine weitere Robustifizierung wird dadurch erreicht, daß man nicht mittlere absolute Abweichungen sondern vielmehr den Median von mittleren absoluten Abweichungen als Streuungsmaß verwendet. Der Median der mittleren absoluten Abweichungen vom Median

$$\text{MAD} = \tilde{y}_{0.5} \quad ,$$

wobei $\tilde{y}_{0.5}$ den Median der transformierten Beobachtungsreihe

$$y_i = |x_i - m| \quad \text{für } i=1,\dots,n$$

bezeichnet, ist hier wiederum noch robuster als der Median der mittleren absoluten Abweichungen vom arithmetischen Mittel

$$MAD_{\bar{x}} = \tilde{Y}^{\bar{x}}_{0.5} \quad ,$$

wobei $\tilde{y}^{\bar{x}}_{0.5}$ der Median der transformierten Beobachtungsreihe

$$y^{\bar{x}}_i = |x_i - \bar{x}| \quad \text{für } i=1,\dots,n$$

ist, da der Bezugspunkt m im Gegensatz zu $\bar{x}$ robust gegenüber Ausreißern ist.

Um nun die verschiedenen Streuungsmaße für die Niederschlagsmengen x_i in den Monaten Januar bis Dezember (i=1,...,12) berechnen zu können, benötigen wir zunächst, vgl. Tab. £10.4.1, die Lagemaße $\bar{x}$, m, $\tilde{x}_{0.25}$, $\tilde{x}_{0.75}$, h_L und h_U. Es ergibt sich

$$\bar{x} = \frac{1}{12} \sum_{i=1}^{12} x_i = \frac{1}{12} \cdot 918$$
$$= 76.5$$

und mit n = 12 bzw. $T(m) = \frac{n+1}{2} = 6.5$ erhalten wir

$$m = \frac{1}{2}(x_{6,L} + x_{6,U}) = \frac{1}{2}(x_{(6)} + x_{(7)}) = \tilde{x}_{0.5} = \frac{1}{6}(57 + 63)$$
$$= 60 \quad .$$

Mit $n = 12$ ist weiter $n \cdot 0.25 = 12 \cdot 0.25 = 3$ und $n \cdot 0.75 = 12 \cdot 0.75 = 9$, so daß sich unteres und oberes Quartil zu

$$\tilde{x}_{0.25} = \frac{1}{2}(x_{(3)} + x_{(4)}) = \frac{1}{2}(41 + 46)$$
$$= 43.5$$

und

$$\tilde{x}_{0.75} = \frac{1}{2}(x_{(9)} + x_{(10)}) = \frac{1}{2}(72 + 120)$$
$$= 96$$

ergeben.
Mit der Mediantiefe T(m) = 6.5 ergibt sich als hinge - Tiefe der Wert T(h) = ([6.5] + 1)/2 = (6+1)/2 = 3.5, so daß sich schließlich die hinges zu

$$h_L = \frac{1}{2}(x_{3,L} + x_{4,L}) = \frac{1}{2}(41 + 46)$$

$$= 43.5$$

und

$$h_U = \frac{1}{2}(x_{3,U} + x_{4,U}) = \frac{1}{2}(120 + 72)$$
$$= 96$$

berechnen. In diesem Beispiel mit $n = 12$ stimmen also hinges und Quartile überein.

In der Tab. L10.4.1 sind neben den Niederschlagsmengen x_i, den geordneten Niederschlagsmengen $x_{(i)}$ und den zugehörigen Tiefenindizes T auch die Größen $x_i - \bar{x}$, $x_i - m$, $y_i^{\bar{x}} = |x_i - \bar{x}|$, $y_{(i)}^{\bar{x}}$, $y_i = |x_i - m|$ und $y_{(i)}$ zusammengestellt, so daß diese Tabelle als Arbeitstabelle zur Bestimmung der Streuungsmaße verwandt werden kann.

Tab. L10.4.1: Niederschlagsmengen x_i, geordnete Niederschlagsmengen $x_{(i)}$ mit Tiefenindizes T, Abweichungen $x_i - \bar{x}$, $x_i - m$ vom arithmetischen Mittel bzw. Median, absolute Abweichungen $y_i^{\bar{x}} = |x_i - \bar{x}|$ und $y_i = |x_i - m|$ sowie geordnete absolute Abweichungen $y_{(i)}^{\bar{x}}$ und $y_{(i)}$ für i=1,...,12

i	x_i	$x_{(i)}$	T	$x_i - \bar{x}$	$x_i - m$	$y_i^{\bar{x}}$	y_i	$y_{(i)}^{\bar{x}}$	$y_{(i)}$
1	120	20	1	43.5	60	43.5	60	4.5	3
2	63	20	2	-13.5	3	13.5	3	13.5	3
3	20	41	3	-56.5	-40	56.5	40	13.5	3
4	41	46	4	-35.5	-19	35.5	19	19.5	9
5	168	51	5	91.5	108	91.5	108	25.5	12
6	51	57	6	-25.5	- 9	25.5	9	30.5	14
7	72	63	6	- 4.5	12	4.5	12	35.5	19
8	20	63	5	-56.5	-40	56.5	40	43.5	40
9	197	72	4	120.5	137	120.5	137	56.5	40
10	63	120	3	-13.5	3	13.5	3	56.5	60
11	57	168	2	-19.5	- 3	19.5	3	91.5	108
12	46	197	1	-30.5	-14	30.5	14	120.5	137

Der Quartils- bzw. hinge-Abstand ergibt sich nun zu

$$\tilde{q} = \tilde{x}_{0.75} - \tilde{x}_{0.25} = \text{h - spread} = h_U - h_L$$
$$= 96 - 43.5$$
$$= 52.5 \quad ,$$

die Standardabweichung zu

$$s = \sqrt{\frac{1}{11}\sum_{i=1}^{12}(x_i - \bar{x})^2} = \sqrt{\frac{1}{11}\left(\sum_{i=1}^{12} x_i^2 - 12\,\bar{x}^2\right)}$$

$$= \sqrt{\frac{1}{11}\,(105002 - 70227)} = \sqrt{\frac{1}{11}\cdot 34775}$$
$$= 56.226 \quad ,$$

die "Standardabweichung" unter Verwendung des Medians als Bezugspunkt zu

$$s_m = \sqrt{\frac{1}{11}\sum_{i=1}^{12} (x_i - m)^2} = \sqrt{\frac{1}{11}\cdot 38042}$$
$$= 58.808 \quad .$$

Weiterhin erhalten wir für die mittleren absoluten Abweichungen

$$d = \frac{1}{12}\sum_{i=1}^{12} |x_i - m| = \frac{1}{12}\sum_{i=1}^{12} y_i = \frac{1}{12}\cdot 448$$
$$= 37.333 \quad ,$$
$$d_{\bar{x}} = \frac{1}{12}\sum_{i=1}^{12} |x_i - \bar{x}| = \frac{1}{12}\sum_{i=1}^{12} y_i^{\bar{x}} = \frac{1}{12}\cdot 511$$
$$= 42.583 \quad ,$$

und für die Mediane der absoluten Abweichungen ergibt sich mit $n = 12$

$$MAD = \tilde{y}_{0.5} = \frac{1}{2}\,(y_{(6)} + y_{(7)}) = \frac{1}{2}\,(14 + 19)$$
$$= 16.5 \quad ,$$
$$MAD_{\bar{x}} = \tilde{y}^{\bar{x}}_{0.5} = \frac{1}{2}\,(y^{\bar{x}}_{(6)} + y^{\bar{x}}_{(7)}) = \frac{1}{2}\,(30.5 + 35.5)$$
$$= 33 \quad .$$

→(b) In diesem Aufgabenteil müssen dieselben Streuungsmaße bestimmt werden wie in (a). Dabei wird in den Daten der Wert $x_9 = 197$ ersetzt durch den "Ausreißer" $x_9 = 497$. Dazu erstellen wir zunächst unter Verwendung der Lagemaße

$$\bar{x} = \frac{1}{12}\sum_{i=1}^{12} x_i = \frac{1}{12}\cdot 1218$$
$$= 101.5$$

und

$$m = \frac{1}{2}\,(x_{6,L} + x_{6,U}) = \frac{1}{2}\,(x_{(6)} + x_{(7)}) = \tilde{x}_{0.5} = \frac{1}{6}\,(57 + 63)$$
$$= 60$$

die **Tab. L10.4.2.**

Wir erhalten dann die Quartile

$$\tilde{x}_{0.25} = \frac{1}{2}\,(x_{(3)} + x_{(4)}) = \frac{1}{2}\,(41 + 46)$$

$$= 43.5 \quad ,$$

$$\tilde{x}_{0.75} = \frac{1}{2}(x_{(9)} + x_{(10)}) = \frac{1}{2}(72 + 120)$$
$$= 96$$

sowie die hinges

$$h_L = \frac{1}{2}(x_{3,L} + x_{4,L}) = \frac{1}{2}(41 + 46)$$
$$= 43.5 \quad ,$$
$$h_U = \frac{1}{2}(x_{3,U} + x_{4,U}) = \frac{1}{2}(120 + 72)$$
$$= 96 \quad ,$$

die wie in (a) mit den Quartilen übereinstimmen.

Tab. L10.4.2: Niederschlagsmengen x_i mit $x_9 = 497$, geordnete Niederschlagsmengen $x_{(i)}$ mit Tiefenindizes T, Abweichungen $x_i - \bar{x}$ und $x_i - m$ vom arithmetischen Mittel bzw. Median, absolute Abweichungen $y_i^{\bar{x}} = |x_i - \bar{x}|$ und $y_i = |x_i - m|$ sowie geordnete absolute Abweichungen $y_{(i)}^{\bar{x}}$ und $y_{(i)}$ für i=1,...,12

i	x_i	$x_{(i)}$	T	$x_i - \bar{x}$	$x_i - m$	$y_i^{\bar{x}}$	y_i	$y_{(i)}^{\bar{x}}$	$y_{(i)}$
1	120	20	1	18.5	60	18.5	60	18.5	3
2	63	20	2	-38.5	3	38.5	3	29.5	3
3	20	41	3	-81.5	-40	81.5	40	38.5	3
4	41	46	4	-60.5	-19	60.5	19	38.5	9
5	168	51	5	66.5	108	66.5	108	44.5	12
6	51	57	6	-50.5	- 9	50.5	9	50.5	14
7	72	63	6	-29.5	12	29.5	12	55.5	19
8	20	63	5	-81.5	-40	81.5	40	60.5	40
9	497	72	4	395.5	437	395.5	437	66.5	40
10	63	120	3	-38.5	3	38.5	3	81.5	60
11	57	168	2	-44.5	- 3	44.5	3	81.5	108
12	46	497	1	-55.5	-14	55.5	14	395.5	437

Die verschiedenen Streuungsmaße ergeben sich nun wie folgt:

$$\tilde{q} = \tilde{x}_{0.75} - \tilde{x}_{0.25} = \text{h - spread} = h_U - h_L = 96 - 43.5$$
$$= 52.5 \quad ,$$

$$s = \sqrt{\frac{1}{11}\sum_{i=1}^{12}(x_i - \bar{x})^2} = \sqrt{\frac{1}{11}\left(\sum_{i=1}^{12} x_i^2 - 12 \cdot \bar{x}^2\right)}$$

$$= \sqrt{\frac{1}{11}(313202 - 123627)} = \sqrt{\frac{1}{11} \cdot 189575}$$

$= 131.279 \quad ,$

$$s_m = \sqrt{\frac{1}{11} \sum_{i=1}^{12} (x_i - m)^2} = \sqrt{\frac{1}{11} \cdot 210242}$$

$= 138.249 \quad ,$

$$d = \frac{1}{12} \sum_{i=1}^{12} |x_i - m| = \frac{1}{12} \sum_{i=1}^{12} y_i = \frac{1}{12} \cdot 748$$

$= 62.333 \quad ,$

$$d_{\bar{x}} = \frac{1}{12} \sum_{i=1}^{12} |x_i - \bar{x}| = \frac{1}{12} \sum_{i=1}^{12} y_i^{\bar{x}} = \frac{1}{12} \cdot 961$$

$= 80.083 \quad ,$

$$MAD = \tilde{y}_{0.5} = \frac{1}{2} (y_{(6)} + y_{(7)}) = \frac{1}{2} (14 + 19)$$

$= 16.5 \quad ,$

$$MAD_{\bar{x}} = \tilde{y}^{\bar{x}}_{0.5} = \frac{1}{2} (y^{\bar{x}}_{(6)} + y^{\bar{x}}_{(7)}) = \frac{1}{2} (50.5 + 55.5)$$

$= 53 \quad .$

Wie man sieht, bleiben nur $\tilde{q}$ bzw. h - spread und MAD trotz Ausreißer hier unverändert, während die anderen Maße die veränderte 'Streuung' der Meßwerte unterschiedlich erfassen.

LÖSUNG ZU AUFGABE 10.5

→(a) Sowohl der Median als auch eine Reihe anderer robuster Maße für die Lokation T_n lassen sich als Linearkombination der geordneten Beobachtungswerte $x_{(1)} \le x_{(2)} \le \ldots \le x_{(n)}$ darstellen:

$$T_n = \sum_{i=1}^{n} a_i \cdot x_{(i)} \qquad \text{mit } a_1, \ldots, a_n \text{ feste Gewichte.}$$

Für den Median liegen dabei die Gewichte bei

$$a_i = \begin{cases} 1 & \text{für } i = (n+1)/2 \\ 0 & \text{sonst} \end{cases} \quad , \text{ falls n ungerade}$$

bzw.

$$a_i = \begin{cases} 1/2 & \text{für } i = n/2 \, , \, (n+2)/2 \\ 0 & \text{sonst} \end{cases} \quad , \text{ falls n gerade}$$

Für die Schraubendurchmesserwerte ergibt sich als geordnete Meßreihe

$$y_{(1)} = 19.9,\ y_{(2)} = 19.9,\ y_{(3)} = 20.0,\ y_{(4)} = 20.0,$$
$$y_{(5)} = 20.1,\ y_{(6)} = 20.1,\ y_{(7)} = 20.1,\ y_{(8)} = 23.6,$$

so daß sich der Median mit $n = 8$ zu

$$\begin{aligned} T_8 = \tilde{x}_{0.5} &= \sum_{i=1}^{8} a_i \cdot x_{(i)} = \frac{1}{2}\left(x_{(8/2)} + x_{(10/2)}\right) = \frac{1}{2} x_{(4)} + \frac{1}{2} x_{(5)} \\ &= \frac{1}{2} \cdot 20 + \frac{1}{2} \cdot 20.1 \\ &= 20.05 \end{aligned}$$

berechnet.

→(b) Das α-getrimmte Mittel für α zwischen 0 und 0.5 ist gegeben durch

$$T_n = \sum_{i=1}^{n} a_i \cdot x_{(i)} \quad ,$$

wobei hier die Gewichte a_i wie folgt zu bestimmen sind:

$$a_i = \begin{cases} 0 & , \quad \text{falls } i \leq n_1 \text{ oder } i \geq n - n_1 + 1 \\ \dfrac{n_1 + 1 - \alpha \cdot n}{(1-2\alpha) \cdot n} & , \quad \text{falls } i = n_1 + 1 \text{ oder } i = n - n_1 \\ \dfrac{1}{(1-2\alpha) \cdot n} & , \quad \text{falls } n_1 + 1 < i < n - n_1 \end{cases}$$

mit $n_1 = [\alpha \cdot n]$; n_1 ist also die größte ganze Zahl, die kleiner oder gleich $\alpha \cdot n$ ist. Bei der Berechnung des α-getrimmten Mittels bleiben also die ersten n_1 und die letzten n_1 Beobachtungswerte der geordneten Beobachtungswerte $x_{(1)}, \ldots, x_{(n)}$ unberücksichtigt.

Mit $\alpha = 0.2$, $n = 8$, also $n_1 = [\alpha \cdot n] = [0.2 \cdot 8] = [1.6] = 1$ ist

$$a_1 = 0 \quad , \quad a_8 = 0 \quad ,$$
$$a_2 = \frac{1 + 1 - 0.2 \cdot 8}{(1 - 2 \cdot 0.2) \cdot 8} = \frac{0.4}{4.8} = 0.0833 = a_7 \quad ,$$
$$a_3 = \frac{1}{(1 - 2 \cdot 0.2) \cdot 8} = \frac{1}{4.8} = 0.2083 = a_4 = a_5 = a_6 \quad ,$$

d.h. das 0.2-getrimmte Mittel der Durchmesser der Schrauben liegt bei

$$\begin{aligned} T_8 = \sum_{i=1}^{8} a_i \cdot x_{(i)} &= 0 \cdot 19.9 + 0.0833 \cdot 19.9 + 0.2083 \cdot 20 + 0.2083 \cdot 20 \\ &\quad + 0.2083 \cdot 20.1 + 0.2083 \cdot 20.1 + 0.0833 \cdot 20.1 \\ &\quad + 0 \cdot 23.6 \\ &= 20.03766 \quad . \end{aligned}$$

→(c) Das α - winsorisierte Mittel für α zwischen 0 und 0.5

$$T_n = \sum_{i=1}^{n} a_i \cdot x_{(i)}$$

wiederum ist definiert über die Gewichte

$$a_i = \begin{cases} \frac{1}{n} \cdot \frac{x_{(n_1+1)}}{x_{(i)}} & , \text{ falls } \quad i \leq n_1 \\ \frac{1}{n} & , \text{ falls } n_1 + 1 \leq i \leq n - n_1 \\ \frac{1}{n} \cdot \frac{x_{(n-n_1)}}{x_{(i)}} & , \text{ falls } \quad i \geq n - n_1 + 1 \end{cases}$$

mit

$$n_1 = [\alpha \cdot n] \quad ,$$

d.h. hier werden die n_1 kleinsten Beobachtungen alle gleich $x_{(n_1+1)}$ und n_1 größten Beobachtungen gleich $x_{(n-n_1)}$ gesetzt.

Mit $\alpha = 0.2$, $n = 8$, also $n_1 = [\alpha \cdot n] = [0.2 \cdot 8] = [1.6] = 1$, ist

$$a_1 = \frac{1}{8} \cdot \frac{x_{(2)}}{x_{(1)}} \quad ,$$

$$a_2 = \frac{1}{8} = a_3 = a_4 = a_5 = a_6 = a_7 \quad ,$$

$$a_8 = \frac{1}{8} \cdot \frac{x_{(7)}}{x_{(8)}} \quad ,$$

und das 0.2 - winsorisierte Mittel für die Schraubendurchmesser erreicht einen Wert von

$$\begin{aligned} T_8 = \frac{1}{8} \sum_{i=1}^{8} a_i \cdot x_{(i)} &= \frac{1}{8} \cdot \frac{x_{(2)}}{x_{(1)}} \cdot x_{(1)} + \frac{1}{8} \cdot x_{(2)} + \frac{1}{8} \cdot x_{(3)} + \frac{1}{8} \cdot x_{(4)} \\ &\quad + \frac{1}{8} \cdot x_{(5)} + \frac{1}{8} \cdot x_{(6)} + \frac{1}{8} \cdot x_{(7)} + \frac{1}{8} \cdot \frac{x_{(7)}}{x_{(8)}} \cdot x_{(8)} \\ &= \frac{1}{8} \, (19.9 + 19.9 + 20.0 + 20.0 + 20.1 + 20.1 \\ &\quad + 20.1 + 20.1) \\ &= 20.025 \quad . \end{aligned}$$

→(d) Der Trimean, ein Spezialfall des α - Gastwirth - Cohen - Mittels mit $\alpha = 0.25$, ist definiert durch

$$T_n = \frac{1}{4}\left(x_{(n_1+1)} + x_{(n-n_1)}\right) + \frac{1}{2}\tilde{x}_{0.5} \quad ,$$

wobei $n_1 = [0.25 \cdot n]$.

Mit dem im Aufgabenteil (a) berechneten Median $\tilde{x}_{0.5} = 20.05$ und $n = 8$, d.h. $n_1 = [0.25 \cdot 8] = [2] = 2$, ergibt sich als Trimean der Schraubendurchmesser

$$\begin{aligned} T_8 &= \frac{1}{4}\left(x_{(2+1)} + x_{(8-2)}\right) + \frac{1}{2}\tilde{x}_{0.5} \\ &= \frac{1}{4}\left(x_{(3)} + x_{(6)}\right) + \frac{1}{2}x_{0.5} = \frac{1}{4}(20 + 20.1) + \frac{1}{2}20.05 \\ &= 20.05 \quad . \end{aligned}$$

→(e) Das Gastwirth - Mittel, das sich in ähnlicher Weise wie der Trimean nur mit einer anderen Gewichtung zusammensetzt, ist bestimmt durch

$$T_n = 0.3\left(x_{(n_1+1)} + x_{(n-n_1)}\right) + 0.4 \cdot \tilde{x}_{0.5} \qquad \text{mit } n_1 = \left[\frac{1}{3} \cdot n\right] \quad .$$

Da $n = 8$, $n_1 = [\frac{1}{3} \cdot 8] = [2.6667] = 2$ und $\tilde{x}_{0.5} = 20.05$ berechnet sich das Gastwirth - Mittel der Schraubendurchmesser ebenfalls zu

$$\begin{aligned} T_8 &= 0.3\left(x_{(3)} + x_{(6)}\right) + 0.4 \cdot \tilde{x}_{0.5} \\ &= 0.3\,(20 + 20.1) + 0.4 \cdot 20.05 \\ &= 20.05 \quad . \end{aligned}$$

→(f) Das Wilcoxon - Mittel ist gegeben als der Median $\tilde{y}_{0.5}$ der insgesamt n^2 gebildeten paarweisen Mittel $(x_i + x_j)/2$ für $i,j=1,\dots,n$ einer Beobachtungsreihe $x_1,\dots,x_n$.

In Tab. C10.5.1 sind die zur Berechnung des Medians $\tilde{y}_{0.5}$ benötigten Werte $(x_i + x_j)/2$ für $i,j=1,\dots,8$ der Schraubendurchmesser $x_1,\dots,x_8$ zusammengestellt.

Zur Berechnung des Medians $\tilde{y}_{0.5}$ der Werte $(x_i + x_j)/2$ für $i,j=1,\dots,8$ müssen diese zunächst der Größe nach geordnet werden:

$$y_{(1)} = \dots = y_{(4)} = 19.90 \quad ,$$

$$y_{(5)} = \dots = y_{(12)} = 19.95 \quad ,$$

Tab. C10.5.1: Arbeitstabelle zur Bestimmung des Wilcoxon - Mittels, d.h. Berechnung der Werte $(x_i + x_j)/2$

x_i \ x_j	19.9	19.9	20.0	20.0	20.1	20.1	20.1	23.6
19.9	19.90	19.90	19.95	19.95	20.00	20.00	20.00	21.75
19.9	19.90	19.90	19.95	19.95	20.00	20.00	20.00	21.75
20.0	19.95	19.95	20.00	20.00	20.05	20.05	20.05	21.80
20.0	19.95	19.95	20.00	20.00	20.05	20.05	20.05	21.80
20.1	20.00	20.00	20.05	20.05	20.10	20.10	20.10	21.85
20.1	20.00	20.00	20.05	20.05	20.10	20.10	20.10	21.85
20.1	20.00	20.00	20.05	20.05	20.10	20.10	20.10	21.85
23.6	21.75	21.75	21.80	21.80	21.85	21.85	21.85	23.60

$$y_{(13)} = \ldots = y_{(28)} = 20.00 \quad ,$$
$$y_{(29)} = \ldots = y_{(40)} = 20.05 \quad ,$$
$$y_{(41)} = \ldots = y_{(49)} = 20.10 \quad ,$$
$$y_{(50)} = \ldots = y_{(53)} = 21.75 \quad ,$$
$$y_{(54)} = \ldots = y_{(57)} = 21.80 \quad ,$$
$$y_{(58)} = \ldots = y_{(63)} = 21.85 \quad ,$$
$$y_{(64)} = 23.60 \quad .$$

Damit ergibt sich als Median $\tilde{y}_{0.5}$, d.h. als Wilcoxon - Mittel der Schraubendurchmesser

$$\tilde{y}_{0.5} = \frac{1}{2}\left(y_{(64/2)} + y_{(66/2)}\right) = \frac{1}{2}\left(y_{(32)} + y_{(33)}\right) = \frac{1}{2}(20.05 + 20.05)$$
$$= 20.05 \quad .$$

LÖSUNG ZU AUFGABE 10.6

Empirische Dichten wie das Histogramm (vgl. Aufgabe 2.2) dienen der graphischen Darstellung der Häufigkeitsverteilung von Beobachtungswerten $x_1,\ldots,x_n$. Dabei wird zunächst ein alle Beobachtungen überdeckender Bereich an äquidistanten Punkten z_j, $j=0,\ldots,q$, zerlegt und mit einer vorgegebenen Klassenbreite b werden die Klassen

$$K_j = [z_j - 0.5 \cdot b \, , z_j + 0.5 \cdot b] \quad , \quad j=0,\ldots,q \; ,$$

gebildet. Dabei ist darauf zu achten, daß im Intervall $[z_0 \, , z_0 + 0.5 \cdot b]$ bzw. im Intervall $[z_q - 0.5 \cdot b \, , z_q]$ jeweils mindestens ein Beobachtungswert liegt. Für die empirische Dichte an der Stelle z_j, die gegeben ist durch

$$f(z_j) = \frac{1}{b \cdot n} \sum_i W\left(\frac{z_j - x_i}{b}\right) \quad , \quad j=0,\ldots,q \; ,$$

werden alle Punkte x_i herangezogen, die im Intervall K_j liegen; hier bezeichnet W(u) eine Gewichtsfunktion, die auf verschiedene Art und Weise gewählt werden kann. Speziell heißt z.B. die Gewichtsfunktion

$$W^R(u) = \frac{1}{2}$$

Rechteckskern und die Funktion

$$W^D(u) = 1 - |u|$$

Dreieckskern. Graphisch werden die empirischen Dichten als Polygonzüge über alle Werte $f(z_j)$ in Abhängigkeit von z_j, $j=1,\ldots,q$, dargestellt.

Mit den vorgegebenen Punkten $z_j = 8.5 + j \cdot 0.75$, $j=0,\ldots,5$, d.h. es ist

$$z_0 = 8.5 \; , \; z_1 = 8.5 + 1 \cdot 0.75 = 9.25 , \; z_2 = 10.00 ,$$
$$z_3 = 10.75 , \; z_4 = 11.50 , \; z_5 = 12.25 \; ,$$

und der Klassenbreite $b = 1$ ergeben sich die Intervalle

$$\begin{aligned} K_0 &= [z_0 - 0.5 \cdot b \, , z_0 + 0.5 \cdot b] = [8.5 - 0.5 \, , 8.5 + 0.5] \\ &= [8 \, , 9] \; , \\ K_1 &= [\;9.25 - 0.5 \, , \; 9.25 + 0.5] = [\;8.75 \, , \; 9.75] \; , \\ K_2 &= [10.00 - 0.5 \, , 10.00 + 0.5] = [\;9.50 \, , 10.50] \; , \\ K_3 &= [10.75 - 0.5 \, , 10.75 + 0.5] = [10.25 \, , 11.25] \; , \\ K_4 &= [11.50 - 0.5 \, , 11.50 + 0.5] = [11.00 \, , 12.00] \; , \\ K_5 &= [12.25 - 0.5 \, , 12.25 + 0.5] = [11.75 \, , 12.75] \; . \end{aligned}$$

In die Berechnung der einzelnen Werte der empirischen Dichtefunktion $f(z_j)$ gehen nur Beobachtungen ein, die im Intervall K_j liegen. Mit Hilfe der in Tab. L10.1.1 zusammengestellten, der Größe nach geordneten Durchschnittstemperaturwerte läßt sich nun sehr schnell erkennen, welche Beobachtungswerte im Intervall K_j liegen. Somit ergeben sich als Werte der empirischen Dichte mit $n = 24$ gerade

$$f(z_0) = f(8.5) = \frac{1}{b \cdot n} \sum_i W \left(\frac{8.5 - x_i}{b} \right)$$

$$= \frac{1}{24} W(8.5 - 8.9) = \frac{1}{24} W(-0.4) \quad ,$$

$$f(z_1) = f(9.25) = \frac{1}{24} \Big(W(9.25 - 8.9) + W(9.25 - 9.3) + W(9.25 - 9.4)$$
$$+ W(9.25 - 9.5) + W(9.25 - 9.5) + W(9.25 - 9.6)$$
$$+ W(9.25 - 9.6) + W(9.25 - 9.7) \Big)$$

$$= \frac{1}{24} \Big(W(0.35) + W(-0.05) + W(-0.15) + W(-0.25) + W(-0.25)$$
$$+ W(-0.35) + W(-0.35) + W(-0.45) \Big) \quad ,$$

$$f(z_2) = f(10.00) = \frac{1}{24} \sum_i W(10.00 - x_i)$$

$$= \frac{1}{24} \Big(W(10.00 - 9.5) + W(10.00 - 9.5) + \ldots + W(10.00 - 10.5) \Big)$$

$$= \frac{1}{24} \Big(W(0.5) + W(0.5) + W(0.4) + W(0.4) + W(0.3) + W(-0.2)$$
$$+ W(-0.2) + W(-0.3) + W(-0.4) + W(-0.4) + W(-0.4)$$
$$+ W(-0.5) \Big) \quad ,$$

$$f(z_3) = f(10.75) = \frac{1}{24} \sum_i W(10.75 - x_i)$$

$$= \frac{1}{24} \Big(W(10.75 - 10.3) + W(10.75 - 10.4) + \ldots + W(10.75 - 11.2) \Big)$$

$$= \frac{1}{24} \Big(W(0.45) + W(0.35) + W(0.35) + W(0.35) + W(0.25) + W(0.05)$$
$$+ W(0.05) + W(-0.05) + W(-0.15) + W(-0.25) + W(-0.35)$$
$$+ W(-0.45) \Big) \quad ,$$

$$f(z_4) = f(11.50) = \frac{1}{24} \sum_i W(11.50 - x_i)$$

$$= \frac{1}{24} \Big(W(11.50 - 11.0) + W(11.50 - 11.1) + W(11.50 - 11.2)$$
$$+ W(11.50 - 11.5) \Big)$$

$$= \frac{1}{24} \Big(W(0.5) + W(0.4) + W(0.3) + W(0) \Big) \quad ,$$

$$f(z_5) = f(12.25) = \frac{1}{24} \sum_i W(12.25 - x_i)$$

$$= \frac{1}{24} \Big(W(12.25 - 12.4) \Big)$$

$$= \frac{1}{24} W(-0.15) \quad .$$

Bei Verwendung des Rechteckkerns $W^R(u) = \frac{1}{2}$ bzw. des Dreieckkerns $W^D(u) = 1 - |u|$ ergeben sich die in Tab. £10.6.1 zusammengestellten Werte $f^R(z_j)$ bzw. $f^D(z_j)$,

$i=0,\dots,5$, für die beiden empirischen Dichten der Durchschnittstemperaturen; so ist etwa für $z_4 = 11.50$ mit der bereits oben berechneten allgemeinen Form $f(z_4)$

$$\begin{aligned} f^R(z_4) &= f^R(11.50) = \frac{1}{24}\left[W^R(0.5) + W^R(0.4) + W^R(0.3) + W^R(0) \right] \\ &= \frac{1}{24}\left[\frac{1}{2} + \frac{1}{2} + \frac{1}{2} + \frac{1}{2} \right] \\ &= \frac{1}{24} \cdot \frac{4}{2} = \frac{4}{48} \\ &= 0.0833 \end{aligned}$$

bzw.

$$\begin{aligned} f^D(z_4) &= f^D(11.50) = \frac{1}{24}\left[W^D(0.5) + W^D(0.4) + W^D(0.3) + W^D(0) \right] \\ &= \frac{1}{24}\left[1 - 0.5 + 1 - 0.4 + 1 - 0.3 + 1 - 0 \right] = \frac{1}{24}(4 - 1.2) \\ &= 0.1167 \quad . \end{aligned}$$

Tab. C10.6.1: Empirische Dichten $f^R(z_j)$ und $f^D(z_j)$ mit $z_j = 8.5 + j \cdot 0.75$ für $j=0,\dots,5$ zu den $n = 24$ Durchschnittstemperaturen

j	z_j	$f^R(z_j)$	$f^D(z_j)$
0	8.50	0.0208	0.0250
1	9.25	0.1667	0.2417
2	10.00	0.2500	0.3125
3	10.75	0.2500	0.3708
4	11.50	0.0833	0.1167
5	12.25	0.0208	0.0354

In **Abb. C10.6.1** und **Abb. C10.6.2** sind die beiden empirischen Dichten als Polygonzüge graphisch dargestellt.

LÖSUNG ZU AUFGABE 10.7

In der explorativen Datenanalyse werden statt der gleitenden Durchschnitte, vgl. Aufgabe 9.1 und 9.2, häufig gleitende Mediane zur Glättung einer Zeitreihe $y_1,\dots,y_n$ eingesetzt. Dabei wird wiederum nach ungerader und gerader

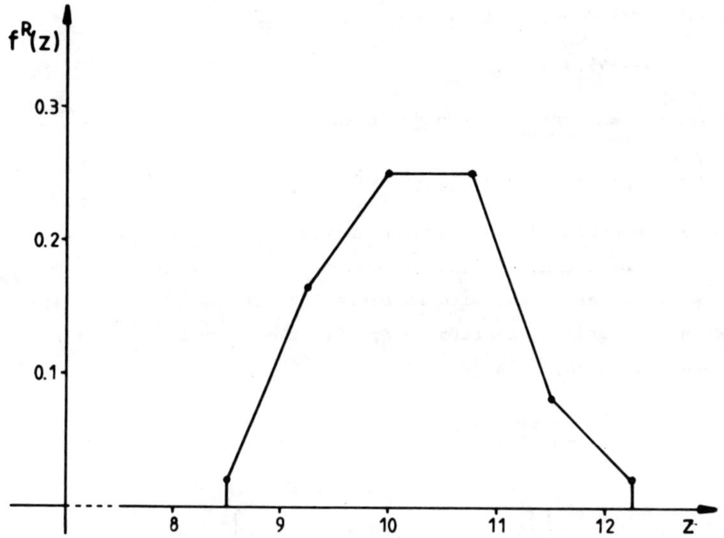

Tab. C10.6.1: Empirische Dichte $f^R(z_j)$, j=0,...,5,für die Durchschnittstemperaturwerte in n = 24 Jahren durch Polygonzug verbunden

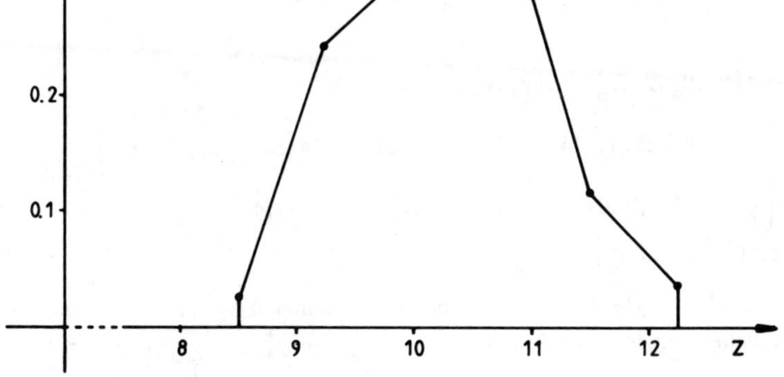

Tab. C10.6.2: Empirische Dichte $f^D(z_j)$, j=0,...,5,für die Durchschnittstemperaturwerte in n = 24 Jahren durch Polygonzug verbunden

Ordnung unterschieden. Für Zeitpunkte $t = k+1,\dots,n-k$ wird die Reihe der gleitenden Mediane ungerader Ordnung $2k+1$ gebildet aus

$$y_t^* = m(y_{t-k},\dots,y_t,\dots,y_{t+k}) \quad ,$$

die der gleitenden Mediane gerader Ordnung $2k$ aus

$$y_t^* = \frac{1}{2}\left[m(y_{t-k},\dots,y_t,\dots,y_{t+k-1}) + m(y_{t-k+1},\dots,y_t,\dots,y_{t+k})\right] \quad ,$$

wobei $m(z_1,\dots,z_p)$ den Median der Beobachtungswerte $z_1,\dots,z_p$ bezeichnen soll. Um auch für die Zeitpunkte $t=1,\dots,k$ bzw. $t=n-k+1,\dots,n$ der geglätteten Zeitreihe Werte zu erhalten, wird an diesen Stellen meist zu gleitenden Medianen geringerer Ordnung gegriffen. So bietet es sich beim gleitenden Median der Ordnung 4 etwa an,

$$y_1^* = y_1 \quad , \quad y_2^* = \frac{1}{2}\left[m(y_1,y_2) + m(y_2,y_3)\right]$$

bzw.

$$y_n^* = y_n \quad , \quad y_{n-1}^* = \frac{1}{2}\left[m(y_{n-2},y_{n-1}) + m(y_{n-1},y_n)\right]$$

zu setzen. Sollen gleitende Mediane nacheinander berechnet werden, wie etwa in dieser Aufgabe die gleitenden Mediane der Ordnung 42, so bedeutet dies, daß zunächst auf die Zeitreihe $y_1,\dots,y_n$ die gleitenden Mediane der Ordnung 4 und bezogen auf $y_1^*,\dots,y_n^*$ dann die der Ordnung 2 angewandt werden.

Für die Bruttosozialprodukte in Neanderland, vgl. Aufgabe 9.2, in $n = 16$ Quartalen $y_1,\dots,y_{16}$ sollen nun zunächst die gleitenden Mediane der Ordnung 4 berechnet werden, d.h.

$$y_t^* = \frac{1}{2}\left[m(y_{t-2},y_{t-1},y_t,y_{t+1}) + m(y_{t-1},y_t,y_{t+1},y_{t+2})\right] \text{ für } t = 3,\dots,13.$$

So ergibt sich z.B. für $t = 5$

$$\begin{aligned} y_5^* &= \frac{1}{2}\left[m(y_3,y_4,y_5,y_6) + m(y_4,y_5,y_6,y_7)\right] \\ &= \frac{1}{2}\left[m(17.4,\ 25.4,\ 14.3,\ 23.8) + m(25.4,\ 14.3,\ 23.8,\ 27.6)\right] \\ &= \frac{1}{2}\left[\frac{1}{2}(17.4 + 23.8) + \frac{1}{2}(23.8 + 25.4)\right] = \frac{1}{4}\cdot 90.4 \\ &= 22.60 \quad . \end{aligned}$$

In Tab. C10.7.1 sind die gleitenden Mediane der Ordnung 4 $y_1^*,\dots,y_{16}^*$ zusammengestellt. Dabei werden die Randwerte y_1^*, y_2^* und y_{15}^*, y_{16}^* wie folgt festgelegt:

$$\begin{aligned} y_1^* &= y_1 \\ &= 6.4 \quad , \end{aligned}$$

$$y_2^* = \frac{1}{2}\,(m(y_1,y_2) + m(y_2,y_3)) = \frac{1}{2}\left[\frac{1}{2}\,(6.4 + 13.6) + \frac{1}{2}\,(13.6 + 17.4)\right]$$
$$= \frac{1}{4}\cdot 51.0$$
$$= 12.75 \quad ,$$

$$y_{15}^* = \frac{1}{2}\,(m(y_{14},y_{15}) + m(y_{15},y_{16})) = \frac{1}{2}\left[\frac{1}{2}\,(23.3 + 36.7) + \frac{1}{2}\,(36.7 + 42.2)\right]$$
$$= \frac{1}{4}\cdot 138.9$$
$$= 34.725 \quad ,$$

$$y_{16}^* = y_{16}$$
$$= 42.2 \quad .$$

Um gleitende Mediane der Ordnung 42 für die Bruttosozialprodukte zu erhalten, müssen nun für $y_1^*,\ldots,y_{16}^*$ gleitende Mediane der Ordnung 2 bestimmt werden, für die sich eine sehr einfache Berechnungsmöglichkeit ergibt; denn

$$y_t^{**} = \frac{1}{2}\left\{ m(y_{t-1}^*,y_t^*) + m(y_t^*,y_{t+1}^*) \right\}$$
$$= \frac{1}{4}\left\{ y_{t-1}^* + 2y_t^* + y_{t+1}^* \right\} \quad , \quad t=2,\ldots,15 \quad .$$

So ist etwa

$$y_5^{**} = \frac{1}{4}\,(y_4^* + 2y_5^* + y_6^*)$$
$$= \frac{1}{4}\,(18.225 + 2\cdot 22.600 + 25.150) = \frac{1}{4}\cdot 88.575$$
$$= 22.14375 \quad .$$

Die Randwerte y_1^{**} bzw. y_{16}^{**} werden in diesem Fall mit y_1^* bzw. y_{16}^* gleichgesetzt. Die resultierende Reihe y_t^{**} ist in Tab. L10.7.1 zu finden.

In Abb. L10.7.1 ist nicht nur die Ursprungszeitreihe (Punkte) sondern auch die mit Hilfe der gleitenden Mediane der Ordnung 4 geglättete Zeitreihe (Kreise) sowie die Zeitreihe der gleitenden Mediane der Ordnung 42 (Kreuze) als Polygonzug jeweils graphisch dargestellt.

LÖSUNG ZU AUFGABE 10.8

Ein gegen Ausreißer robustes Verfahren zur Bestimmung einer Regressionsgeraden (vgl. auch Aufgabe 8.1)

Tab. C10.7.1: Bruttosozialprodukte in Neanderland für n = 16 Quartale $y_1,\dots,y_{16}$, sowie gleitende Mediane der Ordnung 4 $y_1^*,\dots,y_{16}^*$ und der Ordnung 42 $y_1^{**},\dots,y_{16}^{**}$

t	y_t	y_t^*	y_t^{**}
1	6.4	6.400	6.40000
2	13.6	12.750	11.89375
3	17.4	15.675	15.58125
4	25.4	18.225	18.68125
5	14.3	22.600	22.14375
6	23.8	25.150	24.65000
7	27.6	25.700	25.95625
8	34.8	27.275	27.63750
9	21.0	30.300	29.90625
10	30.1	31.750	31.38750
11	33.4	31.750	31.73750
12	41.0	31.700	31.90625
13	29.9	32.475	32.41250
14	23.3	33.000	33.30000
15	36.7	34.725	36.16250
16	42.2	42.200	42.20000

$$\hat{y} = a + bx$$

bietet die sogenannte resistant - line - regression (explorative Regressiongerade). Dazu werden die n Beobachtungspunkte (x_i, y_i), i=1,...,n, eines Merkmals Y, das in Abhängigkeit von einem Merkmal X gemessen wird, in ein Koordinatensystem eingezeichnet. Anschließend wird die x - Achse so in drei Teile eingeteilt, daß im linken, im mittleren sowie im rechten Teil möglichst gleichviele der Beobachtungen $x_1,\dots,x_n$ liegen, wobei man darauf achtet, daß im linken und rechten Teil auf jeden Fall gleichviele der x_i liegen. Durch diese Dreiteilung ist dann ebenfalls eine Aufteilung des Koordinatensystems in drei Sektoren, die nebeneinander liegen, gegeben. Nun werden für die in den einzelnen Sektoren liegenden Beobachtungspunkte die jeweiligen Mediane (Medianpunkte) bestimmt, die für den linken Sektor mit (x_L, y_L), für den mittleren Sektor mit (x_M, y_M) und den rechten Sektor mit (x_R, y_R) bezeichnet werden sollen.

Der Steigungsparameter b sowie das Absolutglied a der Regressionsgeraden werden mit Hilfe eines iterativen Verfahrens bestimmt.

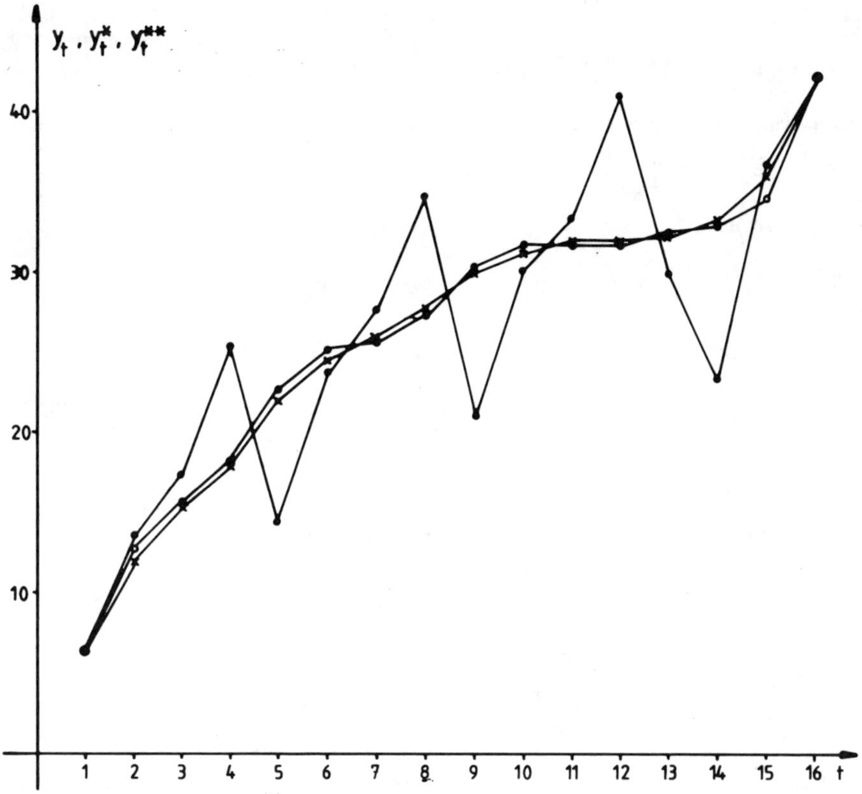

Abb. E10.7.1: Bruttosozialprodukte in Neanderland für n = 16 Quartale (Punkte), gleitende Mediane der Ordnung 4 (Kreise), gleitende Mediane der Ordnung 42 (Kreuze)

Als Anfangswert wird dabei für den Steigungsparameter

$$b_1 = (y_R - y_L) / (x_R - x_L)$$

bzw. für das Absolutglied

$$a_1 = \frac{1}{3} \left[y_L + y_M + y_R - b_1 (x_L + x_M + x_R) \right]$$

eingesetzt. Mit

$$\hat{y}_{L,1} = a_1 + b_1 x_L \quad , \quad \hat{y}_{M,1} = a_1 + b_1 x_M \quad , \quad \hat{y}_{R,1} = a_1 + b_1 x_R$$

sowie

$$e_{L,1} = y_L - \hat{y}_{L,1} \quad , \quad e_{M,1} = y_M - \hat{y}_{M,1} \quad , \quad e_{R,1} = y_R - \hat{y}_{R,1}$$

und

$$b_1' = (e_{R,1} - e_{L,1}) \,/\, (x_R - x_L)$$

erhält man als neuen Wert für b

$$b_2 = b_1 + b_1' \quad .$$

Mit b_2 wird dann

$$\hat{y}_{L,2} = a_1 + b_2 x_L \quad , \quad \hat{y}_{M,2} = a_1 + b_2 x_M \quad , \quad \hat{y}_{R,2} = a_1 + b_2 x_R \quad ,$$

$$e_{L,2} = y_L - \hat{y}_{L,2} \quad , \quad e_{M,2} = y_M - \hat{y}_{M,2} \quad , \quad e_{R,2} = y_R - \hat{y}_{R,2}$$

berechnet und im dritten Schritt erhält man mit $b_2' = (e_{R,2} - e_{L,2}) \,/\, (x_R - x_L)$ für b den Wert

$$b_3 = b_2 - b_2'(b_2 - b_1) \,/\, (b_2' - b_1') \quad .$$

Dieses soeben beschriebene Verfahren wird nun solange wiederholt, bis im i-ten Schritt $b_i' = 0$ gilt. Der entsprechende Wert b_i bestimmt dann den Steigungsparameter b der Regressionsgeraden, während das zugehörige Absolutglied sich aus

$$a = \begin{cases} a_1 + \frac{1}{3}(e_{L,i-1} + e_{M,i-1} + e_{R,i-1}) & \text{für } i > 0 \\ a_1 & \text{für } i = 1 \end{cases}$$

ergibt.

Das Bestimmtheitsmaß (vgl. Aufgabe 8.1) als Maß für die Güte der Anpassung der Regressionsgeraden an die beobachteten Werte, ist auch hier gegeben durch

$$B_{XY} = 1 - \frac{\sum_{i=1}^{n} (y_i - \hat{y}_i)^2}{\sum_{i=1}^{n} (y_i - \bar{y})^2} \qquad \text{mit} \quad \hat{y}_i = a + bx_i \quad , \ i=1,\ldots,n \quad .$$

Über die Arbeitslosenzahl (X) und die Anzahl der offenen Stellen (Y) in Bremen liegen Angaben für die Jahre 1976 - 1984 vor. Werden die n = 9 Beobachtungspunkte $(x_1,y_1),\ldots,(x_9,y_9)$ in ein Koordinatensystem eingetragen, so ergibt sich das in Abb. L10.8.1 dargestellte Streuungsdiagramm.

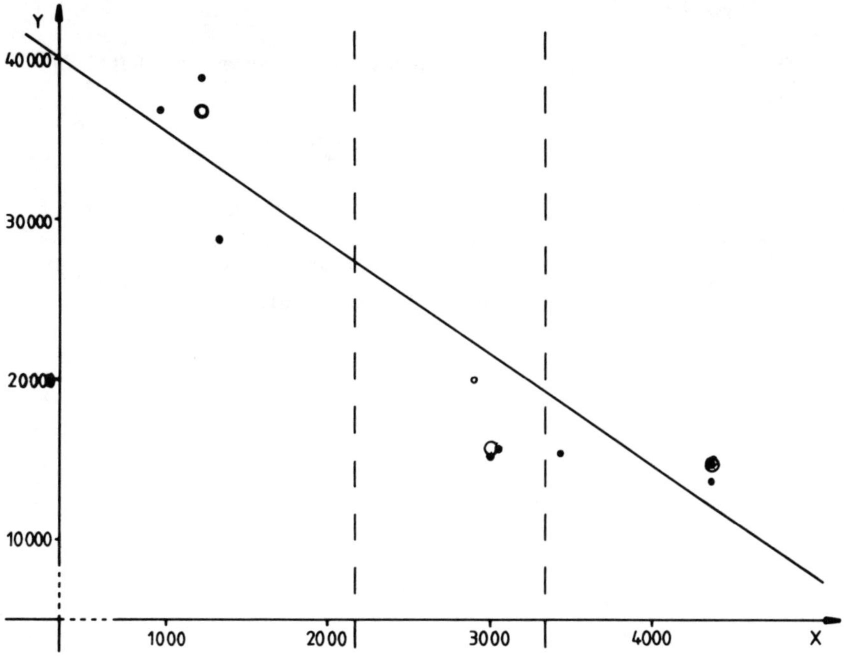

Abb. L10.8.1: Arbeitslosenzahl X und Anzahl der offenen Stellen Y in n = 9 Jahren, Medianpunkte (x_L, y_L), (x_M, y_M), (x_R, y_R) sowie Regressionsgerade $\hat{y} = a + bx$

Mit n = 9 wird die x-Achse nun so in drei gleiche Teile gegliedert, daß die drei kleinsten der Werte $x_1, \ldots, x_9$ im 1. Drittel liegen, die mittleren drei im 2. Drittel und die drei größten im letzten Drittel liegen. Die Aufteilung des Koordinatensystems in drei Sektoren ist somit festgelegt, vgl. Abb. L10.8.1. Im linken Teil liegen die Punkte (987,36743), (1217,38917), (1335, 28775) mit dem Medianpunkt

$$(x_L, y_L) = (m(987,1217,1335) ; m(28775,36743,38917))$$
$$= (1217,36743) \quad ,$$

im mittleren Teil liegen die Punkte (2911,19899), (3010,15166), (3041, 15594) mit dem Medianpunkt

$$(x_M, y_M) = (3010,15594)$$

und im rechten Teil liegen die Punkte (3439,15420), (4379,14764), (4382, 13826) mit dem Medianpunkt

$$(x_R,y_R) = (4379,14764) \quad .$$

Damit erhält man als Anfangswerte des iterativen Verfahrens zur Bestimmung der Regressionsgeraden

$$\begin{aligned}
b_1 &= (y_R-y_L) \,/\, (x_R-x_L) = \frac{14764 - 36743}{4379 - 1217} = \frac{-21979}{3162} \\
&= -6.951 \quad , \\
a_1 &= \frac{1}{3}\left\{ y_L + y_M + y_R - b(x_L + x_M + x_R) \right\} \\
&= \frac{1}{3}\left\{ 36743 + 15594 + 14764 + 6.951(1217 + 3010 + 4379) \right\} \\
&= \frac{1}{3}\left\{ 67101 + 6.951 \cdot 8606 \right\} = \frac{1}{3} \cdot 126921.306 \\
&= 42307.102 \quad .
\end{aligned}$$

Mit

$$\begin{aligned}
\hat{y}_{L,1} &= a_1 + b_1 x_L = 42307.102 - 6.951 \cdot 1217 \\
&= 33847.735 \quad , \\
\hat{y}_{M,1} &= a_1 + b_1 x_M = 42307.102 - 6.951 \cdot 3010 \\
&= 21384.592 \quad , \\
\hat{y}_{R,1} &= a_1 + b_1 x_R = 42307.102 - 6.951 \cdot 4379 \\
&= 11868.673
\end{aligned}$$

ist somit

$$\begin{aligned}
e_{L,1} &= y_L - \hat{y}_{L,1} = 36743 - 33847.735 \\
&= 2895.265 \quad , \\
e_{M,1} &= y_M - \hat{y}_{M,1} = 15594 - 21384.592 \\
&= -5790.592 \quad , \\
e_{R,1} &= y_R - \hat{y}_{R,1} = 14764 - 11868.673 \\
&= 2895.327 \quad .
\end{aligned}$$

Da

$$\begin{aligned}
b_1' &= (e_{R,1} - e_{L,1}) \,/\, (x_R - x_L) = \frac{2895.265 - 2895.327}{4379 - 1217} = \frac{0.062}{3162} \\
&\simeq 0 \quad ,
\end{aligned}$$

kann das Verfahren an dieser Stelle abgebrochen werden. Für den Steigungsparameter b bzw. für das Absolutglied a der Regressionsgeraden erhält man also

$$b = b_1 = -6.951 \quad ,$$

$$a = a_1 = 42307.102 \quad .$$

Die so bestimmte Regressionsgerade

$$\hat{y} = a + b\,x$$
$$= 42307.102 - 6.951\,x$$

ist bereits in das Streuungsdiagramm Abb. L10.8.1 eingezeichnet.

Für das Bestimmtheitsmaß ergibt sich hier natürlich ein kleinerer Wert als in dem Fall, daß die Regressionsgerade nach der Kleinste-Quadrate-Methode bestimmt wird, vgl. Aufgabe 8.1 ($B_{XY}^{KQ} = 0.8385$).

Mit $\hat{y}_i = 42307.102 - 6.951\,x_i$, $i=1,\ldots,9$, und den Werten aus Tab. L10.8.1 sowie Tab. L8.1.1 erhält man

$$B_{XY} = 1 - \frac{\sum_{i=1}^{9} (y_i - \hat{y})^2}{\sum_{i=1}^{9} (y_i - \bar{y})^2} = 1 - \frac{141132345.4}{803929777} = 1 - 0.1756$$
$$= 0.8244 \quad .$$

Tab. L10.8.1: Arbeitslose x_i, offene Stellen y_i, mit Hilfe der resistant-line-regression bestimmte Werte $\hat{y}_i = a + bx_i$ sowie $y_i - \hat{y}_i$, $i=1,\ldots,9$

Jahr	i	x_i	y_i	$\hat{y}_i$	$y_i - \hat{y}_i$
1976	1	3010	15166	21384.592	-6218.592
1977	2	3041	15594	21169.111	-5575.111
1978	3	3439	15420	18402.613	-2982.613
1979	4	4382	13826	11847.820	1978.180
1980	5	4379	14764	11868.673	2895.327
1981	6	2911	19899	22072.741	-2173.741
1982	7	1335	28775	33027.517	-4252.517
1983	8	987	36743	35446.465	1296.535
1984	9	1217	38917	33847.735	5069.265

LÖSUNG ZU AUFGABE 10.9

→(a) Wird vermutet, daß ein Merkmal Y (Nettolohnsumme) linear von einem Merkmal X (Bruttolohnsumme) abhängt, so bietet die resistant - line - regression, die bereits in Aufgabe 10.8 ausführlich erläutert wurde, ein schnelles Verfahren zur Bestimmung einer Regressionsgeraden

$$\hat{y} = a + b\,x \quad .$$

Da in diesem Fall $n = 10$ Beobachtungspunkte (x_i, y_i), $i=1,\ldots,10$, vorliegen, d.h. nicht n sondern nur n-1 durch 3 teilbar ist und da außerdem $x_1 \leq x_2 \leq \ldots \leq x_{10}$ gilt, wird das Koordinatensystem in der Art in drei Teile unterteilt, daß im linken Sektor die ersten 3 (=(n-1)/3) Beobachtungspunkte, d.h. (485.7 , 355.2), (518.0 , 369.5), (555.7 , 392.1), im mittleren Sektor die mittleren 4 (=(n-1)/3 + 1) Beobachtungspunkte, d.h. (591.7 , 421.8), (636.2 , 455.4), (687.8 , 484.9), (717.1 , 503.9), und im rechten Sektor die letzten 3 (=(n-1)/3) Punkte, d.h. (732.2 , 508.3), (743.7 , 511.7), (764.2 , 519.1), liegen. Für die Medianpunkte erhält man dann

$$(x_L, y_L) = (518.0\ ,\ 369.5) \quad ,$$

$$(x_M, y_M) = (662.0\ ,\ 470.15) \quad ,$$

$$(x_R, y_R) = (743.7\ ,\ 511.7) \quad .$$

Damit liegen die Startwerte zur Bestimmung des Steigungsparameters b bzw. des Absolutgliedes a der Regressionsgeraden bei

$$b_1 = \frac{y_R - y_L}{x_R - x_L} = \frac{511.7 - 369.5}{743.7 - 518} = \frac{142.2}{225.7}$$
$$= 0.630 \quad ,$$

und

$$a_1 = \frac{1}{3}\left[y_L + y_M + y_R - b_1(x_L + x_M + x_R) \right]$$
$$= \frac{1}{3}\left[369.5 + 470.15 + 511.7 - 0.630(518.0 + 662.0 + 743.7) \right]$$
$$= \frac{1}{3}\left[1351.35 - 0.630 \cdot 1923.7 \right] = \frac{1}{3} \cdot 139.419$$
$$= 46.473 \quad .$$

Mit

$$\hat{y}_{L,1} = a_1 + b_1 x_L = 46.473 + 0.630 \cdot 518.0$$
$$= 372.813 \quad ,$$

$$\hat{y}_{M,1} = a_1 + b_1 x_M = 46.473 + 0.630 \cdot 662.0$$

$$= 463.533 \quad ,$$

$$\hat{y}_{R,1} = a_1 + b_1 x_R = 46.473 + 0.630 \cdot 743.7$$

$$= 515.004$$

und

$$e_{L,1} = y_L - \hat{y}_{L,1} = 369.5 - 372.813$$

$$= -3.313 \quad ,$$

$$e_{M,1} = y_M - \hat{y}_{M,1} = 470.15 - 463.533$$

$$= 6.617 \quad ,$$

$$e_{R,1} = y_R - \hat{y}_{R,1} = 511.7 - 515.004$$

$$= -3.304$$

ist also

$$b_1' = \frac{e_{R,1} - e_{L,1}}{x_R - x_L} = \frac{-3.304 + 3.313}{743.7 - 518.0} = \frac{0.009}{225.7}$$

$$\simeq 0 \quad ,$$

d.h. das Verfahren kann an dieser Stelle abgebrochen werden und man erhält mit $b = b_1 = 0.630$ bzw. $a = a_1 = 46.473$ als Regressionsgerade

$$\hat{y} = 46.473 + 0.630\,x \quad .$$

→(b) Die Linearisierung einer zweidimensionalen Punkteschar $(x_1, y_1), \ldots, (x_n, y_n)$ wird in ähnlicher Weise vollzogen, wie die in Aufgabe 10.1 beschriebene Symmetrisierung von Beobachtungen, d.h. es werden Transformationen der Form $(x_1^{p_x}, y_1^{p_y}), \ldots, (x_n^{p_x}, y_n^{p_y})$ betrachtet. Welche Power p_x bzw. p_y zu verwenden ist, um Linearität zu erreichen, wird über die Medianpunkte (vgl. Aufgabe 10.8) (x_L, y_L), (x_M, y_M), (x_R, y_R) entschieden. Zunächst berechnet man dazu aus den Halbsteigungen

$$b_L = \frac{y_M - y_L}{x_M - x_L} \qquad \text{bzw.} \qquad b_R = \frac{y_R - y_M}{x_R - x_M}$$

den Quotienten

$$q = \frac{b_R}{b_L} \quad .$$

Ist $q = 1$, so sind die Beobachtungspunkte bereits im wesentlichen linear angeordnet, ist dagegen $q < 0$, so kann keine Linearisierung der Punkteschar erreicht werden. Weiterhin kann bei $b_R > 0$, $b_L > 0$, $q < 1$ Linearität erreicht werden, wenn die Power $p_x < 1$ und/oder $p_y > 1$ herangezogen wird. Sind $b_R > 0$, $b_L > 0$, $q > 1$, so muß $p_x > 1$ und/oder $p_y < 1$ gewählt werden; sind dagegen $b_R < 0$, $b_L < 0$, $q < 1$, so ist $p_x < 1$ und/oder $p_y < 1$, oder sind $b_R < 0$, $b_L < 0$, $q > 1$, so ist die Power $p_x > 1$ und/oder $p_y > 1$ zu wählen. Ob die richtige Power p_x bzw. p_y verwendet wurde, läßt sich dann jeweils mit Hilfe des Quotienten q, der über die transformierten Medianpunkte $(x_L^{p_x}, y_L^{p_y})$, $(x_M^{p_x}, y_M^{p_y})$, $(x_R^{p_x}, y_R^{p_y})$ berechnet wird, überprüfen. Bei q =1, d.h. wenn die Halbsteigungen der transformierten Medianpunkte den gleichen Wert annehmen, ist eine Linearisierung der Beobachtungswerte erreicht. Hat man eine geeignete Power p_x bzw. p_y in der beschriebenen Art und Weise gefunden, so kann nun über die transformierten Medianpunkte mit Hilfe der resistant - line - regression (vgl. Aufgabe 10.8) für die transformierten Beobachtungspunkte eine Regressionsfunktion

$$\widehat{\left(y^{p_y}\right)} = a + b\left(x^{p_x}\right)$$

bestimmt werden, aus der sich

$$\hat{y} = \left\{a + b\left(x^{p_x}\right)\right\}^{1/p_y}$$

ergibt.

Die drei Medianpunkte der Beobachtungspunkte (x_i, y_i), i=1,...,10, für die über n = 10 Jahre ermittelten Bruttolohn (X) - und Nettolohnsummen (Y) wurden bereits im Aufgabenteil (a) bestimmt. Damit erhält man für die Halbsteigungen

$$b_L = \frac{y_M - y_L}{x_M - x_L} = \frac{470.15 - 369.5}{662.0 - 518.0} = \frac{100.65}{144.00}$$
$$= 0.6990 \quad ,$$

$$b_R = \frac{y_R - y_M}{x_R - x_M} = \frac{511.7 - 470.15}{743.7 - 662.0} = \frac{41.55}{81.70}$$
$$= 0.5086$$

bzw. für den Quotienten q

$$q = \frac{b_R}{b_L} = \frac{0.5086}{0.6990}$$
$$= 0.7276 \quad .$$

Da $b_R > 0$, $b_L > 0$ und $q < 1$, muß hier also, um eine Linearisierung der Beobachtungspunkte zu erreichen, für die Datentransformation $p_x < 1$ und/oder $p_y > 1$ gewählt werden. In Tab. L10.9.1 sind für verschiedene p_y - Werte die transformierten Medianpunkte sowie die sich daraus ergebenden Halbsteigungen mit den zugehörigen Quotienten q zusammengestellt.

Tab. £10.9.1: Arbeitstabelle zur Bestimmung der geeigneten Power p_y mit Medianpunkten, Halbsteigungen und Quotienten für die verschiedenen Transformationen

p_y	$(x_L, y_L^{p_y})$	$(x_M, y_M^{p_y})$	$(x_R, y_R^{p_y})$
1	(518.0 , 369.5)	(662.0 , 470.15)	(743.7 , 511.7)
2	(518.0 , 136530.25)	(662.0 , 221041.02)	(743.7 , 261836.89)
3	(518.0 , 50447927.37)	(662.0 , 103922436.7)	(743.7 , 133981936.6)
4	(518.0 , 18640509170)	(662.0 , 48859133630)	(743.7 , 68558556960)
3.1	(518.0 , 91118124.60)	(662.0 , 192279491.7)	(743.7 , 250004480.8)
3.06	(518.0 , 71928366.0)	(662.0 , 150329255.9)	(743.7 , 194799203.1)

p_y	b_L	b_R	q
1	0.6990	0.5086	0.7276
2	586.88	499.34	0.8508
3	371350.7592	367925.3354	0.9908
4	209851558.8	241119012.6	1.1490
3.1	702509.4938	706548.2142	1.0057
3.06	544450.6240	544307.7993	0.9997

Da für $p_y = 3.06$ ein Quotient mit dem Wert $q = 0.9997$ von annähernd 1 erreicht wird, ist also eine etwaige Linearität für die Beobachtungswerte $(x_1, y_1^{3.06}), \ldots, (x_{10}, y_{10}^{3.06})$ erreicht.

Über die Medianpunkte

$$(x_L, y_L^{3.06}) = (518.0, 71928366.04) \quad ,$$
$$(x_M, y_M^{3.06}) = (662.0, 150329255.9) \quad ,$$
$$(x_R, y_R^{3.06}) = (743.7, 194799203.1)$$

soll nun mit Hilfe der resistant-line-regression eine Regressionsgerade für die transformierten Punkte $(x_i, y_i^{3.06})$ berechnet werden:

$$\widehat{y^{3.06}} = a + b\,x \quad .$$

Mit den Startwerten für die Parameter b und a

$$b_1 = \frac{y_R^{3.06} - y_L^{3.06}}{x_R - x_L} = \frac{122870837.1}{225.7}$$

$$= 544398.9238 \quad ,$$

$$a_1 = \frac{1}{3}\left(y_L^{3.06} + y_M^{3.06} + y_R^{3.06} - b_1(x_L + x_M + x_R)\right)$$

$$= \frac{1}{3}(\,71928366.04 + 150329255.9 + 194799203.1 - 544398.9238(518.0 + 662.0 + 743.7))$$

$$= \frac{1}{3}(\,417056825.04 - 544398.9238 \cdot 1923.7)$$

$$= \frac{1}{3}(\,-630203385.0)$$

$$= -210067795.0$$

ist

$$\widehat{y_{L,1}^{3.06}} = a_1 + b_1 x_L = 71930847.50 \quad ,$$

$$\widehat{y_{M,1}^{3.06}} = a_1 + b_1 x_M = 150324292.60 \quad ,$$

$$\widehat{y_{R,1}^{3.06}} = a_1 + b_1 x_R = 194801684.60$$

und

$$e_{L,1} = y_L^{3.06} - \widehat{y_{L,1}^{3.06}} = -2481.46 \quad ,$$

$$e_{M,1} = y_M^{3.06} - \widehat{y_{M,1}^{3.06}} = 4963.30 \quad ,$$

$$e_{R,1} = y_R^{3.06} - \widehat{y_{R,1}^{3.06}} = -2481.50 \quad .$$

Da

$$b_1' = \frac{e_{R,1} - e_{L,1}}{x_R - x_L} = \frac{-2481.50 + 2481.46}{225.7} = \frac{-0.04}{225.7}$$

$$\simeq 0$$

sind die Parameter b und a der Regressionsfunktion also bestimmt durch

$$b = b_1 = 544398.9238 \quad \text{und} \quad a = a_1 = -210067795.0 \quad .$$

Als Regressionsgerade für die transformierte Nettolohnsumme in Abhängigkeit von der Bruttolohnsumme erhält man somit

$$\widehat{y^{3.06}} = -210067795.0 + 544398.9238x \quad ,$$

d.h. als Regressionsbeziehung zwischen Nettolohn- und Bruttolohnsumme ergibt sich nach der entsprechenden Rücktransformation die nichtlineare Regressionsfunktion

$$\hat{y} = (-210067795.0 + 544398.9238\, x)^{1/3.06} \quad .$$

In Abb. £10.9.1 sind nun neben den Beobachtungspaaren (x_i, y_i), i=1,...,10 zu den Brutto- und Nettolohnsummen die nach der einfachen resistant - line - regression bestimmte Regressionsgerade aus dem Aufgabenteil (a)

$$\hat{y}^{Gerade} = 46.473 + 0.630\, x$$

und die über die linearisierten Beobachtungspunkte ebenfalls mit Hilfe der resistant - line - regression bestimmte nichtlineare Regressionsbeziehung

$$\hat{y}^{Kurve} = (-210067795.0 + 544398.9238\, x)^{1/3.06}$$

graphisch dargestellt.

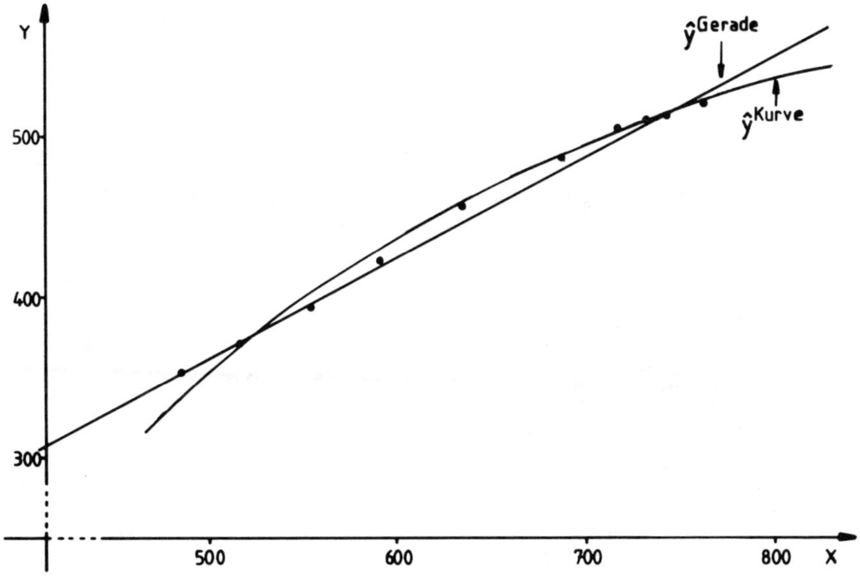

Abb. £10.9.1: Bruttolohnsumme X und Nettolohnsumme Y in n = 10 Jahren sowie die lineare Regressionsfunktion $\hat{y}^{Gerade} = 46.473 + 0.630\, x$ und die nichtlineare Regessionsfunktion $\hat{y}^{Kurve} = (-210067795.0 + 544398.9238\, x)^{1/3.06}$

In Tab. L10.9.2 sind neben der Bruttolohnsumme x_i bzw. der entsprechenden Nettolohnsumme y_i für $i=1,\dots,10$ einige zur Berechnung der Bestimmtheitsmaße benötigte Größen zusammengestellt. Außer den mit Hilfe der beiden unterschiedlichen Regressionsfunktionen bestimmten Werte $\hat{y}_i^{Gerade} = 46.473 + 0.630\,x_i$ und $\hat{y}_i^{Kurve} = (-210067795.0 + 544398.9238\,x_i)^{1/3.06}$ finden sich dort noch die Residuen $y_i - \hat{y}_i^{Gerade}$ und $y_i - \hat{y}_i^{Kurve}$ für $i=1,\dots,10$. Damit erhält man als Bestimmtheitsmaß für die Regressionsgerade

$$B^{Gerade} = 1 - \frac{\sum_{i=1}^{10} (y_i - \hat{y}_i^{Gerade})^2}{\sum_{i=1}^{10} (y_i - \bar{y})^2} = 1 - \frac{2.736^2 + (-3.313)^2 + \dots + (-8.819)^2}{\sum_{i=1}^{10} y_i^2 - 10\bar{y}^2}$$

$$= 1 - \frac{257.967}{2080457.91 - 2044757.961} = 1 - \frac{257.967}{35699.949} = 1 - 0.007$$

$$= 0.993 \quad .$$

Für die nichtlineare Regressionsfunktion ergibt sich

$$B^{Kurve} = 1 - \frac{\sum_{i=1}^{10} (y_i - \hat{y}_i^{Kurve})^2}{\sum_{i=1}^{10} (y_i - \bar{y})^2} = 1 - \frac{18.025^2 + (-0.022)^2 + \dots + (-2.029)^2}{35699.949}$$

$$= 1 - \frac{467.530}{35699.949} = 1 - 0.013$$

$$= 0.987 \quad .$$

Die beiden Bestimmtheitsmaße zeigen also auf, was auch schon in Abb. L10.9.1 deutlich wird, daß die Anpassung der Regressionsgeraden $\hat{y}^{Gerade}$ an die Daten insgesamt besser ist als die der nichtlinearen Regressionsfunktion $\hat{y}^{Kurve}$, denn

$$B^{Kurve} = 0.987 < 0.993 = B^{Gerade} \quad .$$

Berechnet man nun aber beispielsweise einmal das Bestimmtheitsmaß nur bzgl. der Jahre 1979 bis 1984, so ergibt sich mit

$$(\bar{y}^* = \frac{1}{6} \sum_{i=5}^{10} y_i = \frac{1}{6} \cdot 2983.3 = 497.2167)$$

$$B^{Gerade} = 1 - \frac{\sum_{i=5}^{10} (y_i - \hat{y}^{Gerade})^2}{\sum_{i=5}^{10} (y_i - \bar{y}^*)^2} = 1 - \frac{8.121^2 + 5.113^2 + \dots + (-8.819)^2}{\sum_{i=5}^{10} y_i^2 - 6\,\bar{y}_i^{*2}}$$

$$= 1 - \frac{213.0445}{2756.2895} = 1 - 0.0773$$

$$= 0.9227$$

bzw.

$$B^{Kurve} = 1 - \frac{\sum_{i=5}^{10} (y_i - \hat{y}_i^{Kurve})^2}{\sum_{i=5}^{10} (y_i - \bar{y}^*)^2} = 1 - \frac{0.065^2 + 0.805^2 + \ldots + (-2.029)^2}{2756.2895}$$

$$= 1 - \frac{33.0890}{2756.2895} = 1 - 0.0120$$

$$= 0.988$$

ein genau umgekehrtes Ergebnis, d.h. sollen z.B. für die Zukunft Prognosewerte berechnet werden, so bietet es sich an, diese über die nichtlineare Regressionsfunktion $\hat{y}^{Kurve}$ zu berechnen.

Tab. L10.9.2: Bruttolohnsumme x_i, Nettolohnsumme y_i, $\hat{y}_i^{Gerade} = 46.473 + 0.63\,x_i$, $\hat{y}_i^{Kurve} = (-210067795.0 + 544398.9238\,x_i)^{1/3.06}$ sowie die Residuen $y_i - \hat{y}_i^{Gerade}$ und $y_i - \hat{y}_i^{Kurve}$ für i=1,...,10

Jahr	i	x_i	y_i	$\hat{y}_i^{Gerade}$	$y_i-\hat{y}_i^{Gerade}$	$\hat{y}_i^{Kurve}$	$y_i-\hat{y}_i^{Kurve}$
1975	1	485.7	355.2	352.464	2.736	337.175	18.025
1976	2	518.0	369.5	372.813	-3.313	369.522	-0.022
1977	3	555.7	392.1	396.564	-4.464	401.112	-9.012
1978	4	591.7	421.8	419.244	2.556	427.122	-5.322
1979	5	636.2	455.4	447.279	8.121	455.335	0.065
1980	6	687.8	484.9	479.787	5.113	484.095	0.805
1981	7	717.1	503.9	498.246	5.654	498.971	4.929
1982	8	732.2	508.3	507.759	0.541	506.294	2.006
1983	9	743.7	511.7	515.004	-3.304	511.728	-0.028
1984	10	746.2	519.1	527.919	-8.819	521.129	-2.029

Teil II:

Klausuraufgaben und Lösungen

AUFGABE K1

An einer neu angeschafften Maschine, die pro Tag maximal 300 Produkteinheiten herstellen kann, werden an insgesamt $n = 20$ Tagen die in Tab. K1.1 angegebenen Stückzahlen produziert.

Tab. K1.1: Produzierte Stückzahlen an $n = 20$ Tagen

Anzahl der Tage	produzierte Stückzahl
6	296
3	297
5	298
4	295
2	299

(a) Der Abteilungsleiter behauptet gegenüber seinem Firmenchef, dass die Maschine im Durchschnitt pro Tag 98% ihrer Produktionsleistung erbringt. Überprüfen Sie diese Aussage.
(b) Berechnen Sie den Median und die mittlere absolute Abweichung vom Median der produzierten Stückzahlen.
(c) Wie gross sind Quartilsabstand und Standardabweichung der produzierten Stückzahlen?

AUFGABE K2

In einer Stadt wurde die Verteilung der dort ansässigen 100 Betriebe hinsichtlich ihrer Umsätze im letzten Jahr untersucht. Das sich dabei ergebende Histogramm hat die in Tab. K2.1 zusammengestellten Rechteckshöhen r_i , $i=1,2,3$.

Tab. K2.1: Rechteckshöhen r_i, i=1,2,3, bei drei Umsatzklassen

i	Umsatzklasse (in Mill. DM) K_i	Rechtecks-höhe r_i
1	0 - 0.5	1.28
2	0.5 - 1.0	0.64
3	1.0 - 5.0	0.01

(a) Bestimmen Sie die Anzahl der Betriebe in den drei Umsatzgruppen.
(b) Berechnen Sie den Median, die Quartile und den Quartilsabstand der Umsätze.
(c) Wie gross ist das Lorenzsche Konzentrationsmass, wenn bekannt ist, dass die Betriebe mit Umsätzen unter 0.5 Mill. DM insgesamt einen Umsatz von 6 Mill. DM erzielten und die Betriebe mit Umsätzen zwischen 1.0 und 5.0 Mill. DM die Hälfte des gesamten Umsatzes in Höhe von 30 Mill. DM auf sich vereinigen konnten.

Hinweis: Die im Aufgabenteil (c) angegebenen Informationen müssen benutzt werden. Die Klassenmitten dürfen nicht verwendet werden.

AUFGABE K3

Die 120 Grossbetriebe einer Region, für die sich ein Gesamtumsatz von 288 Mill. DM ergibt, werden in drei Umsatzgruppen eingeteilt und zwar von 1 - 1.8 Mill. DM, von 1.4 - 1.8 DM und von 1.8 - 21.8 Mill. DM. Betrachtet man die zugehörige Lorenzkurve an ihren Eckpunkten, so sieht man, dass 60% der Betriebe 30% des Umsatzes und 90% der Betriebe 50% des Umsatzes auf sich vereinigen können.

(a) Bestimmen Sie das Lorenzsche Konzentrationsmass.
(b) Berechnen Sie für jede Umsatzgruppe den durchschnittlich pro Betrieb erzielten Umsatz.
(c) Wie gross ist das 90% Quantil der Umsätze?

AUFGABE K4

In Tab. K4.1 sind die Anzahl der Betriebe und die Anzahl der Konkurse zweier Branchen A und B, die 1985 in einer Region beheimatet sind, nach Betriebsaltersklassen unterteilt zusammengestellt.

Tab. K4.1: Anzahl der Betriebe und Konkurse zweier Branchen A und B in einer Region

Betriebs-altersklassen (in Jahren)	Branche A		Branche B	
	Betriebe	Konkurse	Betriebe	Konkurse
0 - 5	50	10	70	8
5 - 10	70	15	30	7
10 - 20	60	5	20	5

(a) Berechnen Sie für jede Branche eine globale Konkursziffer (Sterbeziffer).

(b) Jemand behauptet, dass die Konkursneigung (Sterbeverhalten) in der Branche A stärker ist als in der Branche B. Was können Sie unter Berücksichtigung der jeweiligen Altersstruktur zu dieser Behauptung sagen (und statistisch belegen)?

AUFGABE K5

In einem Lebensmittelgeschäft, dem eine kleine Bäckerei angegliedert ist, ergaben sich für die Jahre 1978 - 1984 Preisindizes (nach Laspeyres) für Margarine (zur Basis 1980) bzw. für Brot (zur Basis 1978) wie in Tab. K5.1 angegeben. Ausserdem sind in dieser Tabelle auch die in den jeweiligen Jahren in der Bäckerei durch Brotverkauf erzielten Umsätze aufgeführt.

(a) Für welches der Produkte ist der Preis von 1978 bis 1984 prozentual stärker gestiegen? Geben Sie den jeweiligen Preisanstieg in % an.

(b) Bestimmen Sie für beide Produkte jeweils das Jahr mit dem grössten Preiszuwachs.

(c) Welche konstante jährliche Zuwachsrate müsste für die beiden Produkte vorliegen, um 1984 auf die gleichen Indizes

Tab. K5.1: Preisindizes für Margarine und Brot sowie Brotumsätze (in 1000 DM)

Jahr	Preisindex für Margarine	Preisindex für Brot	Umsatz an Brot (in 1000 DM)
1978	0.958	1.000	84.9
1979	0.969	1.023	88.8
1980	1.000	1.060	110.6
1981	1.054	1.107	104.3
1982	1.075	1.143	132.1
1983	1.116	1.172	115.0
1984	1.165	1.180	129.4

zu kommen?

(d) Führen Sie für die Jahre 1978 bis 1984 eine Deflationierung zur Basis 1978 für den Brotverkauf durch.

AUFGABE K6

Ein Feinkostladen besitzt drei Frischwarenabteilungen: eine für Fleisch- und Wurstwaren,eine für Käse und eine für Obst und Gemüse. Vor 10 Jahren war am Gesamtumsatz von 300 000 DM die Fleisch- und Wurstwarenabteilung zu 30%, die Käseabteilung zu 10% und die Obst- und Gemüseabteilung zu 20% beteiligt. Heute liegen die entsprechenden Prozentzahlen bei 30%, 25% und 15%. Die verkauften Mengen konnten in den Frischwarenabteilungen um 50%, 150% und 50% nach Paasche bzw. 70%, 130% und 60% nach Laspeyres gesteigert werden. Bei den übrigen Waren ergab sich nach Paasche keine Veränderung und nach Laspeyres eine Zunahme von 10%. Die entsprechenden Umsatzsteigerungen betrugen zu den jeweiligen Preisen 200%, 650% und 125% für die Frischwarenabteilungen und 125% für den Rest.

(a) Berechnen Sie den Wertindex für das gesamte Warensortiment und den aktuellen Gesamtumsatz.
(b) Berechnen Sie den Mengenindex nach Laspeyres für das gesamte Warensortiment.
(c) Berechnen Sie für jede der drei Frischwarenabteilungen den Preisindex nach Laspeyres.

(d) Berechnen Sie den Mengenindex nach Paasche für das gesamte Warensortiment.

AUFGABE K7

In den drei Verkaufsniederlassungen eines Textilhändlers betrugen vor fünf Jahren die Umsätze 4 Mill. DM, 1 Mill. DM und 3 Mill. DM. Die entsprechenden Zahlen des letzten Jahres sind 7.2 Mill. DM, 1.8 Mill. DM und 6 Mill. DM. In diesen fünf Jahren waren in den drei Verkaufsniederlassungen nach Laspeyres Preissteigerungen von 50%, 20% und 60% zu verzeichnen.

(a) Wie gross ist insgesamt für alle drei Verkaufsniederlassungen die Preissteigerung nach Laspeyres?
(b) Berechnen Sie den globalen Wertindex der drei Verkaufsniederlassungen des Textilhändlers.
(c) Berechnen Sie für jede der drei Niederlassungen den Mengenindex nach Paasche.
(d) Die Preisindizes für die drei Verkaufsniederlassungen betrugen nach Paasche 1.6, 1.5 und 1.25. Berechnen Sie daraus den Gesamtpreisindex nach Paasche.

AUFGABE K8

Es wurden sieben verschiedene Teesorten auf Geschmack und Bekömmlichkeit hin untersucht. Eine Jury aus fünf Personen gab dazu ihr Urteil ab. Die von den einzelnen Mitgliedern der Jury vergebenen Punktzahlen wurden jeweils zu einer Gesamtpunktzahl addiert, vgl. Tab. K8.1

(a) Berechnen Sie für die Bekömmlichkeit den Median und den Quartilsabstand der Punktzahlen.
(b) Bestimmen Sie als Mass für den Zusammenhang zwischen Geschmack und Bekömmlichkeit den

(i) Fechnerschen Korrelationskoeffizienten,
(ii) Spearmanschen Rangkorrelationskoeffizienten,
(iii) Kendallschen Rangkorrelationskoeffizienten.

Tab. K8.1: Punktzahlen x_i bzw. y_i, i=1,...,7, für Geschmack bzw. Bekömmlichkeit von 7 Teesorten

Teesorte i	1	2	3	4	5	6	7
Punkte x_i für Geschmack	30	43	19	46	13	48	25
Punkte y_i für Bekömmlichkeit	38	20	37	41	5	46	23

AUFGABE K9

Der Bestand an Schleppern in einem Landkreis setzt sich, wenn man diesen nach der Schlepperleistung (in PS) und der Betriebsgrösse (landwirtschaftlich genutzte Fläche in ha) aufschlüsselt, wie in Tab. K9.1 angegeben, zusammen. Dabei werden hier nur Schlepper in die Aufstellung einbezogen, die sich im Besitz landwirtschaftlicher Betriebe befinden.

Tab. K9.1: Leistung (in PS) und Betriebsgröße (in ha) bei 100 sich im landwirtschaftlichen Besitz befindlichen Schleppern

Leistung in PS von ... bis unter ... (X) \ Betriebsgröße in ha von ... bis unter ... (Y)	0 - 5	5 - 20	20 - 50	50 - 100
-1 - 30	12	8	3	1
30 - 60	7	20	5	4
60 - 100	1	8	24	7

(a) Berechnen Sie unter Verwendung der Klassenmitten die Korrelation zwischen den beiden Merkmalen 'Leistung' und 'Betriebsgrössen'.

(b) Bestimmen Sie für die obige Kontingenztafel den Pearsonschen Kontingenzkoeffizienten sowie den korrigierten Pearsonschen Kontingenzkoeffizienten.

(c) Fassen Sie die beiden ersten Klassen der Schlepperleistungen bzw. die ersten drei Klassen der Betriebsgrössengruppen jeweils zu einer Klasse zusammen und stellen Sie eine Vierfeldertafel auf. Wie gross ist der Yulesche Assoziationskoeffizient.

AUFGABE K10

Im letzten Jahr betrug der Umsatz eines Lebensmittelmarktes 3 Mill. DM. Für die davor liegenden 9 Jahre sind die Umsätze $y_1,\dots,y_9$ nicht mehr bekannt, sondern nur die Grössen

$$\sum_{t=1}^{9} y_t = 22 \quad , \quad \sum_{t=1}^{9} y_t^2 = 55 \quad , \quad \sum_{t=1}^{9} t \cdot y_t = 118 \quad .$$

(a) Berechnen Sie den durchschnittlichen Umsatz der letzten 10 Jahre.

(b) Berechnen Sie die Standardabweichung der Umsätze der letzten 10 Jahre.

(c) Führen Sie für das letzte Jahrzehnt die Regression der Umsätze auf die Jahre durch und berechnen Sie das Bestimmtheitsmass.

(d) Wie hoch wird der Umsatz des laufenden Jahres voraussichtlich werden?

AUFGABE K11

Über einen Zeitraum von 20 Jahren liegen für ein Dienstleistungsunternehmen ausser den erzielten jährlichen Umsätzen y_i auch noch die Ausgaben x_i für Werbung vor ($i=1,\dots,20$). In den ersten 10 Jahren wurde bei einem mittleren Werbeeinsatz von 0.1 Mill. DM ein durchschnittlicher jährlicher Umsatz von 3 Mill. DM erzielt. Die Standardabweichung der Werbeausgaben betrug 0.1 Mill. DM und die der Umsätze 2 Mill. DM. Eine damals durchgeführte Regressionsanalyse führte zu einem Bestimmtheitsmass von 0.81. Die folgenden 5 Jahre brachten bei einm jährlichen Werbeaufwand von 0.2 Mill. DM einen jährlichen Umsatz von

5 Mill. DM. Die entsprechenden Werte der letzten 5 Jahre waren 0.3 Mill. DM und 10 Mill. DM.

(a) Berechnen Sie auf der Grundlage der letzten 10 Jahre die Regressionsgerade und geben Sie das Bestimmtheitsmass an.
(b) Wie gross sind Umsatz und Werbeausgaben in den letzten 20 Jahren durchschnittlich gewesen?
(c) Welche Standardabweichungen erhält man für Umsatz und Werbeausgaben in den letzten 20 Jahren?
(d) Bestimmen Sie eine Regressionsgerade unter Berücksichtigung des gesamten Zeitraums von 20 Jahren.

AUFGABE K12

Ein Uhrmacher möchte wissen, welche Umgebungstemperatur für seine Uhr im Hinblick auf die Ganggenauigkeit am besten geeignet ist. Zu diesem Zweck hält er bei verschiedenen Temperaturen X die Gangabweichungen Y fest, vgl. Tab. K 12.1.

Tab. K 12.1: Gangabweichungen (in sec/Monat) y_i bei Temperaturen (in °C) x_i, $i=1,\ldots,7$

i	1	2	3	4	5	6	7
x_i	5	10	15	20	25	30	35
y_i	34	21	17	18	13	14	22

(a) Bestimmen Sie die lineare Regressionsfunktion für die Gangabweichung in Abhängigkeit von der Temperatur und geben Sie das Bestimmtheitsmass an.
(b) Bestimmen Sie entsprechend die quadratische Regressionsfunktion mit dem zugehörigen Bestimmtheitsmass.
(c) Welche Umgebungstemperatur würden Sie zum Betrieb der Uhr empfehlen?
(d) Berechnen Sie die multiple Korrelation $r_{Y,(X,X^2)}$ sowie die partielle Korrelation $r_{(Y,X)/X^2}$.

AUFGABE K13

In einem Schuhgeschäft wird von einer Verkäuferin an n = 14 Tagen die Anzahl der Kunden, die das Geschäft betreten, in einer Strichliste festgehalten. Der von 'neueren' Methoden der deskriptiven Statistik begeisterte Besitzer des Geschäfts erstellt im Anschluss daran für die Kundenzahl an den verschiedenen Tagen, die sich zwischen 10 und 50 bewegt, das in Tab. K 13.1 dargestellte stem - and - leaves - Diagramm.

1	0	2	3	3	6	7
2	4	4	8	9		
3	1	6				
4	2					
5	0					

Abb. K 13.1: Stem - and - leaves - Diagramm für die Kundenzahlen

(a) Berechnen und zeichnen Sie die empirische Verteilungsfunktion für die in Abb. K13.1 gegebenen Beobachtungen.

(b) Entscheiden Sie anhand des stem - and - leaves - Diagramms, ob die Verteilung rechts- oder linksschief ist. Symmetrisieren Sie die Beobachtungswerte durch Wahl einer geeigneten Power p und erstellen Sie für die symmetrisierten Werte ein stem - and - leaves - Diagramm.

AUFGABE K14

Der Kaninchenzuchtverein von Frohnhardt erstellt zum Anlass seines 10 - jährigen Jubiläums eine Statistik über die Vereinszugehörigkeit seiner Mitglieder, vgl. Tab. K 14.1.

Tab. K 14.1: Dauer der Vereinszugehörigkeit von n = 18 Mitgliedern

Dauer der Vereinszugehörigkeit (in Jahren)	Anzahl der Mitglieder
1	3
2	5
4	4
5	2
7	2
8	1
9	0
10	1

(a) Bestimmen Sie für die Vereinszugehörigkeit der Mitglieder den Median m, die hinges h, den midhinge, den h - spread und den Median der absoluten Abweichungen vom Median.

(b) Erstellen Sie ein Box - Plot.

(c) Berechnen und zeichnen Sie die empirische Dichte mit Hilfe des Dreieckskerns. Verwenden Sie die Klasseneinteilung:

$K_0 = [-0.5 , 4.5]$, $K_1 = [1.5 , 6.5]$,

$K_2 = [3.5 , 8.5]$, $K_3 = [5.5 , 10.5]$.

AUFGABE K15

In der Tab. K 15.1 ist die Entwicklung des Absatzes y_t eines Produktes (in 1000 Stück) in den Jahren 1977 - 1985 abzulesen.

Tab. K 15.1: Absätze $y_1,\ldots,y_9$ eines Produktes (in 1000 Stück) in den Jahren 1977 - 1985

Jahr	1977	1978	1979	1980	1981	1982	1983	1984	1985
t	1	2	3	4	5	6	7	8	9
y_t	112.32	114.57	116.05	122.43	126.46	133.88	138.77	146.36	151.60

(a) Bestimmen Sie die Reihen $y_3^*,\dots,y_9^*$ der zweiten Differenzen zur Zeitreihe des Produktabsatzes.
(b) Glätten Sie die Reihen $y_3^*,\dots,y_9^*$ mittels gleitender Mediane der Ordnung 3 und mittels Berliner Verfahren mit $m=3$.
(c) Bestimmen Sie die empirischen Autokorrelationen und das Korrelogramm zur Reihe der zweiten Differenzen.
(d) Bestimmen Sie einen AR(2) - Prozess als Näherung für die mittelwertbereinigte Reihe der zweiten Differenzen und prüfen Sie die Güte der Näherung anhand der empirischen Autokorrelationen aus (c).
(e) Berechnen Sie soweit möglich die nach dem AR(2)-Prozess genäherten Stückzahlen des Absatzes und prognostizieren Sie den Absatz für das Jahr 1986. Stellen Sie Näherung und Prognose zusammen mit der ursprünglichen Zeitreihe graphisch dar.
(f) Linearisieren Sie die Daten durch Transformation der Zeit t und führen Sie eine resistant - line - regression vom Absatz auf die Zeit durch. Bestimmen Sie die resultierenden Näherungen für $y_1,\dots,y_9$ und prognostizieren Sie den Wert y_{10}.
(g) Berechnen Sie das Bestimmtheitsmass für die Funktion aus Teil (f) zum einen mit allen Werten $y_1,\dots,y_9$ und zum anderen mit den Werten $y_5,\dots,y_9$. Vergleichen Sie letzteres mit dem Bestimmtheitsmass für $y_5,\dots,y_9$ bei Näherung durch den AR(2) - Prozess in Teil (d) bzw. (e).

AUFGABE K16

Bei einem Nudelproduzenten entfallen nach eigener Angabe im Jahre 1989 vom Gesamtumsatz 25% auf Bandnudeln, 22% auf Sternnudeln, 15% auf grüne Nudeln und 38% auf Fleischnudeln. Im Jahre 1982 lagen die entsprechenden Anteile bei 35%, 25%, 18% und 22%. Die jährlichen Preissteigerungen betrugen in den ersten Jahren nach 1982 durchschnittlich nur 3% für alle Nudelsorten. Dagegen zeichnet sich in den letzten 3 Jahren ein unterschiedliches Bild ab, und zwar lagen die durchschnittlichen jährlichen Preissteigerungen für Bandnudeln bei nur 1%, für Sternnudeln bei 6%, für grüne Nudeln bei 10% und für Fleischnudeln bei

15%. Im Jahre 1982 kostete eine Mengeneinheit (ME) Bandnudeln 22 DM, eine ME Sternnudeln 19 DM, eine ME grüne Nudeln 25 DM und eine ME Fleischnudeln 40 DM. Betrachtet man auch die Entwicklung bei den umgesetzten Mengen, so zeigen sich im Durchschnitt jährliche Steigerungen seit dem Jahr 1982 laut Produzentenangabe in Höhe von 4% für Bandnudeln, 5% für Sternnudeln, 3% für grüne Nudeln und 12% für Fleischnudeln. Berechnen Sie aufgrund der geschilderten Datenlage für das gesamte Nudelsortiment

(a) den durchschnittlichen Preis pro ME im Jahre 1982 bzw. 1989;
(b) die Umsatzsteigerung vom Jahr 1982 auf das Jahr 1989;
(c) die Preisindizes von Laspeyres und Paasche für das Jahr 1989 bezogen auf das Jahr 1982 sowie den Fisherschen Idealindex bzgl. der Preise für das Jahr 1989 bezogen auf das Jahr 1982;
(d) die im Jahre 1989 umgesetzte Menge (in ME), wenn die Vermutung zutrifft,dass im Jahre 1982 ein Umsatz in Höhe von 10 Mio. DM getätigt wurde. (Diese Vermutung darf, da nicht bestätigt, auf keinen Fall für die Aufgabenteile (a), (b) und (c) verwandt werden!)

AUFGABE K17

Bei der Untersuchung einer historischen Ausgrabungsstätte wurde der nachfolgend beschriebene, sensationelle Fund einer statistischen Auswertung der Umsatzverteilung bei Klein (A)-, Mittel (B)- und Gross (C)- Betrieben einer Stadt im Mittelalter gemacht. Leider liegen die berechneten Werte nur noch in Bruchstücken vor; so ist etwa ein Kreisdiagramm überliefert, das die Verteilung des Gesamtumsatzes von 1500 Talern auf die einzelnen Betriebsgrössenklassen veranschaulicht, vgl. Abb. K17.1.

Ausserdem ist bekannt, dass die untere Betriebsgrössenklasse 60% der insgesamt 80 Betriebe umfasste und ein Lorenzsches Konzentrationsmass von 0.545 vorlag.

Berechnen Sie mit Hilfe dieser Angaben

(a) die Anzahl der Betriebe in den übrigen Betriebsgrössenklassen;

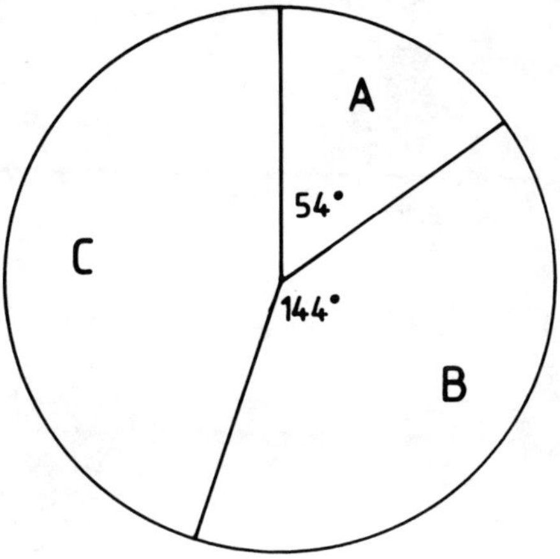

Abb. K17.1: Kreisdiagramm zur Veranschaulichung der Umsatzverteilung von Klein (A)-, Mittel (B)- und Groß (C)-Betrieben

(b) zeichnen Sie die ehemals vorhandene Lorenzkurve.

LÖSUNG ZU AUFGABE K1

→(a) (Vgl. Aufgabe 3.1.a)

Im Durchschnitt werden an der Maschine pro Tag

$$\begin{aligned}\bar{x} &= \frac{1}{n}\sum_{i=1}^{k} a_i H_i = \frac{1}{20}\sum_{i=1}^{5} a_i H_i \\ &= \frac{1}{20}\cdot(6\cdot 296 + 3\cdot 297 + 5\cdot 298 + 4\cdot 295 + 2\cdot 299) \\ &= \frac{1}{20}\cdot 5935 \\ &= 296.75\end{aligned}$$

Einheiten produziert. Da

$$\frac{\bar{x}}{300} = \frac{296.75}{300} = 0.9892 \quad ,$$

ist die Maschine also im Durchschnitt zu 98.92% ausgelastet, d.h. die vom Abteilungsleiter aufgestellte Behauptung ist richtig.

→(b) (Vgl. Aufgabe 3.5.a und Aufgabe 4.1.e)

Werden die an $n = 20$ Tagen produzierten Stückzahlen $x_1,\dots,x_{20}$ nach ihrer Größe geordnet

$$\begin{aligned}&x_{(1)} = x_{(2)} = x_{(3)} = x_{(4)} = 295 \quad , \\ &x_{(5)} = x_{(6)} = x_{(7)} = x_{(8)} = x_{(9)} = x_{(10)} = 296 \quad , \\ &x_{(11)} = x_{(12)} = x_{(13)} = 297 \quad , \\ &x_{(14)} = x_{(15)} = x_{(16)} = x_{(17)} = x_{(18)} = 298 \quad , \\ &x_{(19)} = x_{(20)} = 299 \quad ,\end{aligned}$$

so ergibt sich für den Median $\tilde{x}_{0.5}$ gerade

$$\begin{aligned}\tilde{x}_{0.5} &= \frac{1}{2}\cdot(x_{(10)} + x_{(11)}) = \frac{1}{2}\cdot(296 + 297) \\ &= 296.5 \quad .\end{aligned}$$

Mit dem soeben berechneten Median erhält man für die mittlere absolute Abweichung vom Median

$$\begin{aligned}d &= \frac{1}{n}\sum_{i=1}^{n} |x_i - \tilde{x}_{0.5}| = \frac{1}{20}\sum_{i=1}^{20} |x_i - 296.5| \\ &= \frac{1}{20}\cdot(6\cdot|296 - 296.5| + 3\cdot|297 - 296.5| + 5\cdot|298 - 296.5| \\ &\qquad + 4\cdot|295 - 296.5| + 2\cdot|299 - 296.5|)\end{aligned}$$

$$= \frac{1}{20} \cdot 23$$
$$= 1.15 \quad .$$

→(c) (Vgl. Aufgabe 4.1.d und 4.1.f)

Mit $n = 20$ und $n \cdot 0.75 = 20 \cdot 0.75 = 15$ bzw. $n \cdot 0.25 = 20 \cdot 0.25 = 5$ liegen die Quartile der produzierten Stückzahlen $x_1, \ldots, x_{20}$, vgl. auch Aufgabenteil (b), bei

$$\tilde{x}_{0.75} = \frac{1}{2} \cdot (x_{(15)} + x_{(16)}) = \frac{1}{2} \cdot (298 + 298)$$
$$= 298 \quad ,$$

$$\tilde{x}_{0.25} = \frac{1}{2} \cdot (x_{(5)} + x_{(6)}) = \frac{1}{2} \cdot (296 + 296)$$
$$= 296 \quad .$$

Der Quartilsabstand $\tilde{q}$ beträgt also

$$\tilde{q} = \tilde{x}_{0.75} - \tilde{x}_{0.25} = 298 - 296$$
$$= 2 \quad .$$

Da im Aufgabenteil (a) bereits die durchschnittlich pro Tag produzierte Stückzahl berechnet wurde, es ergab sich $\bar{x} = 296.75$, berechnet sich die Varianz der Beobachtungswerte $x_1, \ldots, x_{20}$ zu

$$s^2 = \frac{1}{n-1} \sum_{i=1}^{n} (x_i - \bar{x})^2 = \frac{1}{20-1} \sum_{i=1}^{20} (x_i - 296.75)^2$$
$$= \frac{1}{19} \cdot \Big\{ 6(296 - 296.75)^2 + 3(297 - 296.75)^2 + 5(298 - 296.75)^2 + 4(295 - 296.75)^2 + 2(299 - 296.75)^2 \Big\}$$
$$= \frac{1}{19} \cdot 33.75$$
$$= 1.7763 \quad .$$

Somit erhält man für die Standardabweichung gerade

$$s = \sqrt{s^2} = \sqrt{1.7763}$$
$$= 1.3328 \quad .$$

LÖSUNG ZU AUFGABE K2

→(a) (Vgl. Aufgabe 2.2)

Da sowohl die Klassenbreite b_i als auch die Rechteckshöhe r_i, i=1,2,3, gegeben ist, läßt sich die relative Klassenhäufigkeit durch

$$h_i = r_i \cdot b_i \quad , \; i=1,2,3 \; ,$$

bestimmen. Die zu berechnende Anzahl der Betriebe in den drei Umsatzklassen, d.h. die absolute Klassenhäufigkeit H_i, ergibt sich dann gerade zu

$$H_i = n \cdot h_i = 100 \cdot h_i \quad .$$

In Tab. LK2.1 sind neben den Rechteckshöhen die jeweiligen Klassenbreiten sowie die relativen und absoluten Häufigkeiten zusammengestellt.

Tab. LK2.1: Rechteckshöhe r_i, Klassenbreite b_i, relative Häufigkeit h_i und absolute Häufigkeit H_i, i=1,2,3 , für drei Umsatzklassen

i	K_i	r_i	b_i	h_i	H_i
1	0 - 0.5	1.28	0.5	0.64	64
2	0.5 - 1.0	0.64	0.5	0.32	32
3	1.0 - 5.0	0.01	4.0	0.04	4

→(b) (Vgl. Aufgabe 3.6)

Mit den relativen Häufigkeiten aus Tab. LK2.1 ergibt sich, daß der Median $\tilde{x}_{0.5}$ der Verteilung der Umsätze von $n = 100$ Betrieben in der Klasse K_1 liegen muß, denn

$$\sum_{i=1}^{0} h_i = 0 < 0.5 \quad \text{und} \quad \sum_{i=1}^{1} h_i = 0.64 > 0.5 \quad .$$

Da die zugehörige Klassenuntergrenze $u_1 = 0$ bzw. die Klassenbreite $b_1 = 0.5$ ist, liegt der Median bei

$$\tilde{x}_{0.5} = u_1 + \frac{0.5 - \sum_{i=1}^{0} h_i}{h_1} \cdot b_1 = 0 + \frac{0.5 - 0}{0.64} \cdot 0.5$$

$$= 0.3906 \quad .$$

Entsprechend erhält man, daß das untere Quartil $\tilde{x}_{0.25}$ ebenfalls in K_1 liegen muß, da

$$\sum_{i=1}^{0} h_i = 0 < 0.25 \quad \text{und} \quad \sum_{i=1}^{1} h_i = 0.64 > 0.25 \quad ,$$

d.h. es ist

$$\tilde{x}_{0.25} = u_1 + \frac{0.25 - \sum_{i=1}^{0} h_i}{h_1} \cdot b_1 = 0 + \frac{0.25 - 0}{0.64} \cdot 0.5$$
$$= 0.1953 \quad .$$

Das obere Quartil $\tilde{x}_{0.75}$ hingegen liegt in K_2, da

$$\sum_{i=1}^{1} h_i = 0.64 < 0.75 \quad \text{und} \quad \sum_{i=1}^{2} h_i = 0.96 > 0.75 \quad ,$$

so daß mit $u_2 = 0.5$ und $b_2 = 0.5$ gilt

$$\tilde{x}_{0.75} = u_2 + \frac{0.75 - \sum_{i=1}^{1} h_i}{h_2} \cdot b_2 = 0.5 + \frac{0.75 - 0.64}{0.32} \cdot 0.5$$
$$= 0.6719 \quad .$$

Schließlich berechnet sich also der Quartilsabstand zu

$$\tilde{q} = \tilde{x}_{0.75} - \tilde{x}_{0.25} = 0.6719 - 0.1953$$
$$= 0.4766 \quad .$$

→(c) (Vgl. Aufgabe 5.1)

Mit den Werten aus Tab. LK2.1 und den in der Aufgabenstellung gemachten Angaben über die Aufteilung des Gesamtumsatzes auf die drei Klassen ergibt sich die als Arbeitstabelle aufgestellte Tab. LK2.2.

Da alle Größen, die zur Berechnung des Lorenzschen Konzentrationsmaßes notwendig sind, in Tab. LK2.2 zusammengestellt sind, läßt sich dieses nun leicht angeben:

$$LKM = \left(\sum_{i=1}^{3} (k_{i-1} + k_i) \cdot \frac{a_i \cdot H_i}{\sum_{j=1}^{3} a_j \cdot H_j} \right) - 1$$
$$= (0 + 0.64) \cdot 0.2 + (0.64 + 0.96) \cdot 0.3 + (0.96 + 1) \cdot 0.5 - 1$$
$$= 0.588 \quad .$$

Tab. LK2.2: Arbeitstabelle zur Berechnung des Lorenzschen Konzentrationsmaßes

i	Umsatzklasse K_i	Anzahl der Betriebe H_i	Umsatz pro Gruppe a_iH_i	Anteil der Betriebe h_i	Umsatzanteil $\frac{a_iH_i}{\sum_{j=1}^{3} a_jH_j}$	aufsummierte Betriebsanteile k_i	aufsummierte Umsatzanteile l_i
1	0 - 0.5	64	6	0.64	0.2	0.64	0.2
2	0.5 - 1.0	32	9	0.32	0.3	0.96	0.5
3	1.0 - 5.0	4	15	0.04	0.5	1	1

LÖSUNG ZU AUFGABE K3

→(a) (Vgl. Aufgabe 5.1)

Mit den Angaben aus der Aufgabenstellung läßt sich nachfolgende Tab. LK3.1 aufstellen.

Tab. LK3.1: Arbeitstabelle zur Berechnung der Lorenzkurve

i	Umsatzgruppe K_i	aufsummierte Betriebsanteile $k_i = \sum_{j=1}^{i} h_j$	aufsummierte Umsatzanteile $l_i = \frac{1}{\sum_{j=1}^{3} a_jH_j} \sum_{j=1}^{i} a_jH_j$
1	1 - 1.4	0.6	0.3
2	1.4 - 1.8	0.9	0.5
3	1.8 - 21.8	1	1

Aus Tab. LK3.1 ergeben sich dann für die $p = 3$ Umsatzgruppen einmal die Betriebsanteile

$$h_1 = 0.6 \quad , \; h_2 = 0.9 - 0.6 = 0.3 \quad , \; h_3 = 1 - 0.9 = 0.1$$

und zum anderen die Umsatzanteile

$$\frac{a_1H_1}{\sum_{j=1}^{3} a_jH_j} = 0.3 \quad , \quad \frac{a_2H_2}{\sum_{j=1}^{3} a_jH_j} = 0.5 - 0.3 = 0.2 \quad ,$$

$$\frac{a_3H_3}{\sum_{j=1}^{3} a_jH_j} = 1.0 - 0.5 = 0.5 \quad .$$

Das Lorenzsche Konzentrationsmaß berechnet sich demnach mit $k_0 = 0$ zu

$$\begin{aligned} LKM &= \left[\sum_{i=1}^{3} (k_{i-1} + k_i) \frac{a_iH_i}{\sum_{j=1}^{3} a_jH_j} \right] - 1 \\ &= (0 + 0.6)\cdot 0.3 + (0.6 + 0.9)\cdot 0.2 + (0.9 + 1)\cdot 0.5 - 1 \\ &= 1.43 - 1 \\ &= 0.43 \quad . \end{aligned}$$

→(b) (Vgl. Aufgabe 2.2)

Die insgesamt 120 Betriebe teilen sich wie nachfolgend angegeben auf die drei Klassen auf, vgl. Aufgabenteil (a),

$$H_1 = h_1 \cdot 120 = 0.6 \cdot 120 = 72 \quad ,$$

$$H_2 = h_2 \cdot 120 = 0.3 \cdot 120 = 36 \quad ,$$

$$H_3 = h_3 \cdot 120 = 0.1 \cdot 120 = 12 \quad .$$

Ebenso ergibt sich bei einem Gesamtumsatz von 288 Mill. DM, daß in den jeweiligen Klassen der Umsatz bei

$$a_1H_1 = \frac{a_1H_1}{\sum_{j=1}^{3} a_jH_j} \cdot 288 = 0.3 \cdot 288 = 86.4 \quad ,$$

$$a_2H_2 = \frac{a_2H_2}{\sum_{j=1}^{3} a_jH_j} \cdot 288 = 0.2 \cdot 288 = 57.6 \quad ,$$

$$a_3H_3 = \frac{a_3H_3}{\sum_{j=1}^{3} a_jH_j} \cdot 288 = 0.5 \cdot 288 = 144.0$$

Mill. DM liegt.

Als durchschnittlichen Umsatz (in Mill. DM) pro Klasse erhält man somit

$$\frac{a_1 H_1}{H_1} = \frac{86.4}{72} = 1.2 \quad ,$$

$$\frac{a_2 H_2}{H_2} = \frac{57.6}{36} = 1.6 \quad ,$$

$$\frac{a_3 H_3}{H_3} = \frac{144.0}{12} = 12.0 \quad .$$

→(c) (Vgl. Aufgabe 3.6)

Mit $\alpha = 0.9$ ergibt sich, daß das 0.9 - Quantil in der 2. Klasse liegen muß, denn es gilt, vgl. Tab. LK3.1:

$$\sum_{j=1}^{1} h_j = 0.6 < 0.9 = \alpha \quad \text{und} \quad \sum_{j=1}^{2} h_j = 0.9 = \alpha \quad .$$

Mit der entsprechenden Klassenuntergrenze $u_2 = 1.4$ und der Klassenbreite $b_2 = 0.4$, liegt das 90% Quantil $\tilde{x}_{0.9}$ der Umsätze also bei

$$\tilde{x}_{0.9} = u_2 + \frac{0.9 - \sum_{j=1}^{1} h_j}{h_2} \cdot b_2 = 1.4 + \frac{0.9 - 0.6}{0.3} \cdot 0.4$$

$$= 1.8$$

Mill. DM.

LÖSUNG ZU AUFGABE K4

→(a) (Vgl. Aufgabe 6.1.a)

Bezeichnt B_i^A die Anzahl der Betriebe und K_i^A die Anzahl der Konkurse in der Branche A bzw. B_i^B die Anzahl der Betriebe und K_i^B die Anzahl der Konkurse in der Branche B in der i-ten Klasse, so ergibt sich als Gesamtzahl der Betriebe bzw. der Konkurse der Branche A

$$B^A = \sum_{i=1}^{3} B_i^A = 50 + 70 + 60 = 180 \quad ,$$

$$K^A = \sum_{i=1}^{3} K_i^A = 10 + 15 + 5 = 30$$

bzw. der Branche B

$$B^B = \sum_{i=1}^{3} B_i^B = 70 + 30 + 20 = 120 \quad ,$$

$$K^B = \sum_{i=1}^{3} K_i^B = 8 + 7 + 5 = 20 \quad .$$

Die globale Konkursziffer in der Branche A liegt somit bei

$$q_A = \frac{K^A}{B^A} = \frac{30}{180} = 0.1667 \quad ,$$

die der Branche B bei

$$q_B = \frac{K^B}{B^B} = \frac{20}{120} = 0.1667 \quad .$$

→(b) (Vgl. Aufgabe 6.1.b)

Mit

$$p_{Ai} = \frac{B_i^A}{B^A} \quad , \quad p_{Bi} = \frac{B_i^B}{B^B}$$

$$q_{Ai} = \frac{K_i^A}{B_i^A} \quad , \quad q_{Bi} = \frac{K_i^B}{B_i^B}$$

ergeben sich die in Tab. LK4.1 zusammengestellten Größen $p_{Ai} \cdot q_{Bi}$ und $p_{Bi} \cdot q_{Ai}$, i=1,2,3 .

Tab. LK4.1: Arbeitstabelle zur Berechnung der standardisierten Sterbeziffern

i	K_i	p_{Ai}	p_{Bi}	q_{Ai}	q_{Bi}	$p_{Ai} \cdot q_{Bi}$	$p_{Bi} \cdot q_{Ai}$
1	0 - 5	0.2778	0.5833	0.2000	0.1143	0.03175	0.11666
2	5 - 10	0.3889	0.2500	0.2143	0.2333	0.09073	0.05358
3	10 - 20	0.3333	0.1667	0.0833	0.2500	0.08333	0.01388

Die standardisierte Konkursziffer für die Branche A berechnet sich mit den Werten aus Tab. LK4.1 somit zu

$$q_A^{st} = \sum_{i=1}^{3} p_{Bi} \cdot q_{Ai} = 0.11666 + 0.05358 + 0.01388$$
$$= 0.18412$$

bzw. für die Branche B ergibt sich bei einer zugrundegelegten Altersstruktur der Branche A eine Konkursziffer von

$$q_B^{st} = \sum_{i=1}^{3} p_{Ai} \cdot q_{Bi} = 0.03175 + 0.09073 + 0.08333$$
$$= 0.20581 \quad .$$

Ein Vergleich der Konkursziffern, den die Meßzahlen

$$I_{AB} = \frac{q_B^{st}}{q_A} = \frac{0.20581}{0.1667}$$
$$= 1.23461$$

bzw.

$$I_{AB} = \frac{q_B}{q_A^{st}} = \frac{0.1667}{0.18412}$$
$$= 0.90539$$

ermöglichen, liefert einmal, daß, wenn in der Branche B die gleiche Altersstruktur wie in A vorläge, dann in Branche B ca. 23.5% mehr Konkurse zu verzeichnen wären als in A. Auf der anderen Seite ergibt sich bei einer beiden Branchen zugrundegelegten Altersstruktur der Branche B, daß in B ca. 9.5% weniger Konkurse stattgefunden haben als in A dann anzunehmen wären.

LÖSUNG ZU AUFGABE K5

→ (a) (Vgl. Aufgabe 6.2)

Da die Preisindizes für Margarine nicht zur Basis 1978 sondern zur Basis 1980 gebildet wurden, muß der Preisindex für 1984 zunächst umbasiert werden. Mit

$$P^L_{78,84;M} = \frac{P^L_{80,84;M}}{P^L_{80,78;M}} = \frac{1.165}{0.958}$$
$$= 1.216$$

ergibt sich für Margarine in dem betrachteten Zeitraum ein Preisanstieg von 21.6%. Der Preisanstieg für Brot läßt sich direkt aus den gegebenen Daten ablesen,

$$P^L_{78,84;B} = 1.180 \quad ,$$

d.h. mit 18% ist der Preis für Brot also weniger stark gestiegen als der für Margarine.

→(b) In Tab. LK5.1 sind die Preiszuwachsraten für Margarine und Brot zusammengestellt. Sie ergeben sich aus den Preisindizes $P^L_{80,t;M}$ bzw. $P^L_{78,t;B}$ durch Berechnung der Quotienten

$$y^M_t = \frac{P^L_{80,t;M}}{P^L_{80,t-1;M}} \quad \text{bzw.} \quad y^B_t = \frac{P^L_{78,t,B}}{P^L_{78,t-1,B}} \quad , \quad t=79,\dots,84 \quad .$$

Tab. LK5.1: Preiszuwachsraten y^M_t und y^B_t für Margarine und Brot

t	y^M_t	y^B_t
79	1.0115	1.0230
80	1.0320	1.0362
81	1.0540	1.0443
82	1.0199	1.0325
83	1.0381	1.0254
84	1.0439	1.0068

Der Preiszuwachs ist also für beide Produkte im Jahr 1981 am größten, vgl. Tab. LK5.1. Für Margarine liegt er bei 5.4%, für Brot bei 4.43%.

→(c) (Vgl. Aufgabe 3.3.b)

Zu berechnen ist hier das geometrische Mittel der jeweils sechs Zuwachsraten.Mit den Werten aus Tab. LK5.1 ergibt sich für Margarine, da

$$\bar{y}^M_g = \sqrt[6]{y^M_{79}\cdot\ldots\cdot y^M_{84}} = \sqrt[6]{1.0115\cdot 1.0320\cdot 1.0540\cdot 1.0199\cdot 1.0381\cdot 1.0439}$$

$$= \sqrt[6]{1.2160}$$

$$= 1.0331 \quad ,$$

eine durchschnittliche Preissteigerung von 3.18% bzw. für Brot, da

$$\bar{y}_g^B = \sqrt[6]{y_{79}^B \cdot \ldots \cdot y_{84}^B} = \sqrt[6]{1.0230 \cdot 1.0362 \cdot 1.0443 \cdot 1.0325 \cdot 1.0254 \cdot 1.0068}$$

$$= \sqrt[6]{1.1800}$$

$$= 1.0280 \quad ,$$

eine durchschnittliche Preissteigerung von 2.8%.

→(d) (Vgl. Aufgabe 6.7)

Um eine Deflationierung zur Basis 1978 durchführen zu können, muß zunächst der Wertindex $W_{78,t}$, t=78,...,84 , bestimmt werden. Diese berechnen sich aus den gegebenen Brotumsätzen zu

$$W_{78,78} = \frac{84.9}{84.9} = 1.0000 \ , \quad W_{78,79} = \frac{88.8}{84.9} = 1.0459 \ ,$$

$$W_{78,80} = \frac{110.6}{84.9} = 1.3027, \quad W_{78,81} = \frac{104.3}{84.9} = 1.2285 \ ,$$

$$W_{78,82} = \frac{132.1}{84.9} = 1.5559, \quad W_{78,83} = \frac{115.0}{84.9} = 1.3545 \ ,$$

$$W_{78,84} = \frac{129.4}{84.9} = 1.5241 \quad .$$

Da die Preisindizes nach Laspeyres berechnet wurden, führt eine Deflationierung in diesem Fall zu Mengenindizes nach Paasche

$$Q^P_{78,t;B} = \frac{W_{78,t}}{P^L_{78,t;B}} \quad , \ t=78,\ldots,84 \ ,$$

die in Tab. CK5.2 zusammengestellt sind.

Tab. CK5.2: Mengenindizes $Q^P_{78,t;B}$ für t=78,...,84

t	78	79	80	81	82	83	84
$Q^P_{78,t;B}$	1.0000	1.0224	1.2290	1.1098	1.3612	1.1357	1.2916

LÖSUNG ZU AUFGABE K6

In Tab. LK6.1 sind noch einmal die in der Aufgabenstellung gegebenen bzw. daraus sofort ableitbaren Informationen über die Umsatzaufteilung bzw. die Mengen- und Wertindizes übersichtlich zusammengestellt.

Tab. LK6.1: Umsatzanteile zum Basisjahr 0 bzw. zum Berichtsjahr t sowie Mengenindizes und Wertindizes für vier Abteilungen eines Feinkostladens

i	Abteilung A_i	Umsatzanteil zum Basisjahr 0 g_{0i}	Umsatzanteil zum Berichtsjahr t g_{ti}	Mengenindex nach Laspeyres $Q^{L(i)}_{0,t}$	Mengenindex nach Paasche $Q^{P(i)}_{0,t}$	Wertindex $W^{(i)}_{0,t}$
1	Fleisch/Wurst	0.30	0.30	1.70	1.50	3.00
2	Käse	0.10	0.25	2.30	2.50	7.50
3	Gemüse/Obst	0.20	0.15	1.60	1.50	2.25
4	sonstiges	0.40	0.30	1.10	1.00	2.25

→(a) (Vgl. Aufgabe 6.3.a)

Da der Gesamtumsatz im Basisjahr bei 300000 DM lag, lassen sich mit Hilfe der in Tab. LK6.1 aufgeführten Umsatzanteile die Umsätze in den einzelnen Abteilungen für das Basisjahr 0 berechnen,

$$\text{Umsatz im Jahr 0 in } A_i = g_{0i} \cdot \text{Gesamtumsatz im Jahr 0}, \quad i=1,2,3,4 ,$$

die in Tab. LK6.2 zusammengestellt sind. In Tab. LK6.2 sind weiterhin die Einzelumsätze, die im Berichtsjahr t in den Abteilungen erzielt wurden, angegeben. Diese lassen sich aus dem Umsatz im Basisjahr 0 und dem jeweiligen Wertindex, der die Umsatzsteigerung angibt, ableiten:

$$\text{Umsatz im Jahr t in } A_i = W^{(i)}_{0,t} \cdot \text{Umsatz im Jahr 0 in } A_i, \quad i=1,2,3,4 .$$

Der Wertindex $W_{0,t}$ berechnet sich nun als Quotient aus dem Gesamtumsatz in der Berichtsperiode (900000 DM) und dem Gesamtumsatz in der Basisperiode (300000 DM), vgl. Tab. LK6.2, d.h. es ergibt sich

$$W_{0,t} = \frac{\text{Gesamtumsatz in der Berichtsperiode t}}{\text{Gesamtumsatz in der Basisperiode 0}} = \frac{900000}{300000}$$

$$= 3.0 \quad .$$

In dem betrachteten Zeitraum wurde also eine Steigerung des Umsatzes von 200% erreicht.

Tab. LK6.2: Umsätze im Basisjahr 0 bzw. im Berichtsjahr t in vier Abteilungen eines Feinkostladens

i	Abteilung A_i	Umsätze im Basisjahr 0	Umsätze im Berichtsjahr t
1	Fleisch/Wurst	90000	270000
2	Käse	30000	225000
3	Gemüse/Obst	60000	135000
4	sonstiges	120000	270000
$\sum$		300000	900000

→(b) (Vgl. Aufgabe 6.6)

Der Mengenindex von Laspeyres für das gesamte Warensortiment berechnet sich mit den Werten aus Tab. LK6.1 zu

$$Q^L_{0,t} = \sum_{i=1}^{4} g_{0i} \cdot Q^{L(i)}_{0,t} = 0.3 \cdot 1.7 + 0.1 \cdot 2.3 + 0.2 \cdot 1.6 + 0.4 \cdot 1.1$$

$$= 1.5 \quad .$$

→(c) (Vgl. Aufgabe 6.3.b und Aufgabe 6.7)

Die zu berechnenden Preissubindizes nach Laspeyres $P^{L(i)}_{0,t}$ ergeben sich in diesem Fall sehr einfach aus der stets geltenden Beziehung

$$P^{L(i)}_{0,t} = \frac{W^{(i)}_{0,t}}{Q^{P(i)}_{0,t}} \quad , \quad i=1,2,3 \; .$$

Mit den Werten aus Tab. LK6.1 ergibt sich somit für die Fleisch- und Wurstabteilung ein Preisindex von

$$P^{L(1)}_{0,t} = \frac{W^{(1)}_{0,t}}{Q^{P(1)}_{0,t}} = \frac{3.00}{1.50}$$

$$= 2.00 \quad ;$$

analog erhält man für die Käseabteilung $P^{L(2)}_{0,t} = 3.00$ bzw. für die Gemüseabteilung $P^{L(3)}_{0,t} = 1.50$.

→(d) (Vgl. Aufgabe 6.5.a)

Für das gesamte Warensortiment liegt der Mengenindex von Paasche mit den in

Tab. LK6.1 angegebenen Werten bei

$$Q^P_{0,t} = 1 \Big/ \sum_{i=1}^{4} g_{ti} \frac{1}{Q^{P(i)}_{0,t}}$$

$$= 1 \ / \ (0.3 \cdot \frac{1}{1.50} + 0.25 \cdot \frac{1}{2.50} + 0.15 \cdot \frac{1}{1.50} + 0.3 \cdot \frac{1}{1.00})$$

$$= 1 \ / \ 0.7$$

$$= 1.4286 \quad .$$

LÖSUNG ZU AUFGABE K7

→(a) (Vgl. Aufgabe 6.6)

Zur Berechnung des Preisindex von Laspeyres für die $p = 3$ Verkaufsniederlassungen aus Preissubindizes $P^{L(i)}_{0,t}$, die sich aus den hier gegebenen Preissteigerungen nach Laspeyres ableiten lassen, benötigt man zunächst die Gewichte g_{0i}, $i=1,2,3$. Diese werden gebildet aus

$$g_{0i} = \frac{\text{Umsatz in der i-ten Niederlassung vor 5 Jahren}}{\text{Gesamtumsatz vor 5 Jahren}} \quad , \ i=1,2,3,$$

d.h. es ergibt sich

$$g_{01} = \frac{4}{4+1+3} = \frac{4}{8} = 0.500 \quad ,$$

$$g_{02} = \frac{1}{8} = 0.125 \quad , \quad g_{03} = \frac{3}{8} = 0.375 \quad .$$

Mit

$$P^{L(1)}_{0,t} = 1.5 \quad , \quad P^{L(2)}_{0,t} = 1.2 \quad , \quad P^{L(3)}_{0,t} = 1.6$$

erhält man folglich als Preisindex von Laspeyres

$$P^L_{0,t} = \sum_{i=1}^{3} g_{0i} \ P^{L(i)}_{0,t} = 0.5 \cdot 1.5 + 0.125 \cdot 1.2 + 0.375 \cdot 1.6$$

$$= 1.5 \quad ,$$

d.h. insgesamt eine Preissteigerung von 50%.

→(b) (Vgl. Aufgabe 6.3)

Der Wertindex $W_{0,t}$ der drei Verkaufsniederlassungen berechnet sich zu

$$W_{0,t} = \frac{\text{Gesamtumsatz im letzten Jahr}}{\text{Gesamtumsatz vor 5 Jahren}} = \frac{7.2 + 1.8 + 6}{4 + 1 + 3} = \frac{15}{8}$$

$$= 1.875 \quad ,$$

d.h. der Umsatz wurde um 87.5% gesteigert.

→(c) (Vgl. Aufgabe 6.3.c und Aufgabe 6.7)

Es sollen Mengensubindizes nach Paasche $Q^{P(i)}_{0,t}$, i=1,2,3 , für jede Verkaufsniederlassung berechnet werden. Diese ergeben sich durch die stets geltende Beziehung

$$Q^{P(i)}_{0,t} = \frac{W^{(i)}_{0,t}}{P^{L(i)}_{0,t}} \quad ,$$

wobei $W^{(i)}_{0,t}$ den Wertindex der i-ten Niederlassung, d.h.

$$W^{(i)}_{0,t} = \frac{\text{Umsatz in der i-ten Verkaufsniederlassung im letzten Jahr}}{\text{Umsatz in der i-ten Verkaufsniederlassung vor 5 Jahren}} \quad ,$$

i=1,2,3 , und $P^{L(i)}_{0,t}$ den entsprechenden gegebenen Preissubindex nach Laspeyres bezeichnet.

Mit

$$W^{(1)}_{0,t} = \frac{7.2}{4} = 1.8 \quad , \quad W^{(2)}_{0,t} = \frac{1.8}{1} = 1.8 \quad , \quad W^{(3)}_{0,t} = \frac{6}{3} = 2.0$$

erhält man

$$Q^{P(1)}_{0,t} = \frac{1.8}{1.5} = 1.20 \quad ,$$

$$Q^{P(2)}_{0,t} = \frac{1.8}{1.2} = 1.50$$

$$Q^{P(3)}_{0,t} = \frac{2.0}{1.6} = 1.25 \quad .$$

→(d) (Vgl. Aufgabe 6.5)

Aus den gegebenen Preissubindizes nach Paasche $P^{P(i)}_{0,t}$ und den Gewichten

$$g_{ti} = \frac{\text{Umsatz in der i-ten Niederlassung im letzten Jahr}}{\text{Gesamtumsatz im letzten Jahr}} \quad , \ i=1,2,3,$$

d.h. es ist

$$g_{t1} = \frac{7.2}{7.2 + 1.8 + 6} = \frac{7.2}{15} = 0.48 \quad ,$$

$$g_{t2} = \frac{1.8}{15} = 0.12 \quad , \quad g_{t3} = \frac{6}{15} = 0.40 \quad ,$$

ergibt sich ein Preisindex nach Paasche für alle drei Verkaufsniederlassungen in Höhe von

$$P_{0,t}^{P} = 1 \Bigg/ \left(\sum_{i=1}^{3} g_{ti} \frac{1}{P_{0,t}^{P(i)}} \right)$$

$$= 1 \ / \ (0.48 \cdot \frac{1}{1.6} + 0.12 \cdot \frac{1}{1.5} + 0.4 \cdot \frac{1}{1.25})$$

$$= 1 \ / \ 0.7$$

$$= 1.4286 \quad .$$

LÖSUNG ZU AUFGABE K8

→(a) (Vgl. Aufgabe 3.5.a und Aufgabe 4.1.d)

Mit den der Größe nach geordneten Punktzahlen für die Bekömmlichkeit

$$y_{(1)} = 5 \quad , \quad y_{(2)} = 20 \quad , \quad y_{(3)} = 23 \quad , \quad y_{(4)} = 37 \quad ,$$

$$y_{(5)} = 38 \quad , \quad y_{(6)} = 41 \quad , \quad y_{(7)} = 46$$

und da $n = 7$ eine ungerade Zahl ist, liegt der Median bei

$$\tilde{y}_{0.5} = y_{((n+1)/2)} = y_{(8/2)} = y_{(4)} = 37 \quad .$$

Für die Quartile $\tilde{y}_{0.75}$ und $\tilde{y}_{0.25}$ ergibt sich, da $n \cdot 0.75 = 7 \cdot 0.75 = 5.25$ bzw. $n \cdot 0.25 = 7 \cdot 0.25 = 1.75$, gerade

$$\tilde{y}_{0.75} = y_{(6)} = 41 \quad ,$$

$$\tilde{y}_{0.25} = y_{(2)} = 20 \quad ,$$

d.h. der Quartilsabstand beträgt

$$\tilde{q} = \tilde{y}_{0.75} - \tilde{y}_{0.25} = 41 - 20 = 21 \quad .$$

→(b) (Vgl. Aufgabe 7.4.a und Aufgabe 7.6)

→(b,i) In Tab. CK8.1 sind mit $\bar{x} = 224/7 = 32$, $\bar{y} = 210/7 = 30$ die zur Bestimmung von

$$v_i = \begin{cases} 1 & \text{, falls } x_i - \bar{x} \text{ und } y_i - \bar{y} \text{ gleiches Vorzeichen oder beide Null} \\ 1/2, & \text{falls genau einer der Werte } x_i - \bar{x} \text{ bzw. } y_i - \bar{y} \text{ Null} \\ 0 & \text{, sonst} \end{cases}$$

benötigten Hilfsgrößen sowie v_i, $i=1,\dots,7$, selbst zusammengestellt.

Tab. LK8.1: Punktzahlen für Geschmack und Bekömmlichkeit x_i bzw. y_i sowie $x_i - \bar{x} = x_i - 32$, $y_i - \bar{y} = y_i - 30$ und v_i, $i=1,\dots,7$

i	x_i	y_i	$x_i - \bar{x}$	$y_i - \bar{y}$	v_i
1	30	38	-2	8	0
2	43	20	11	-10	0
3	19	37	-13	7	0
4	46	41	14	11	1
5	13	5	-19	-25	1
6	48	46	16	16	1
7	25	23	-7	-7	1
$\sum$	224	210	0	0	4

Als Maß für den Zusammenhang zwischen Geschmack und Bekömmlichkeit erhält man also bei Verwendung des Fechnerschen Korrelationskoeffizienten

$$r_F = \frac{2 \cdot \sum_{i=1}^{n} v_i - n}{n} = \frac{2 \cdot \sum_{i=1}^{7} v_i - 7}{7} = \frac{2 \cdot 4 - 7}{7}$$

$$= 0.1429 \quad .$$

→(b,ii) Da die Punktzahlen für Geschmack und Bekömmlichkeit x_i bzw. y_i der $n = 7$ Teesorten verschieden sind, berechnet sich der Spearmansche Rangkorrelationskoeffizient mit den in **Tab. LK8.2** angegebenen quadratischen Differenzen $d_i^2 = (R(x_i) - R(y_i))^2$ der Rangzahlen $R(x_i)$ und $R(y_i)$, $i=1,\dots,7$, zu

$$r_S = 1 - \frac{6 \cdot \sum_{i=1}^{n} d_i^2}{n(n^2 - 1)} = 1 - \frac{6 \cdot \sum_{i=1}^{7} d_i^2}{7(49 - 1)} = 1 - \frac{6 \cdot 14}{336}$$

$$= 0.75 \quad .$$

→(b,iii) Mit den bereits in Tab. LK8.2 angegebenen Rangzahlen $R(x_i)$ und $R(y_i)$, $i=1,\dots,7$, läßt sich nun nachfolgende Arbeitstabelle, **Tab. LK8.3**, zur Berechnung des Kendallschen Rangkorrelationskoeffizienten aufstellen.

Tab. LK8.2: Punktzahlen x_i bzw. y_i für Geschmack bzw. Bekömmlichkeit sowie Rangzahlen $R(x_i)$ bzw. $R(y_i)$, $d_i = R(x_i) - R(y_i)$ und d_i^2, i=1,...,7

i	x_i	y_i	$R(x_i)$	$R(y_i)$	d_i	d_i^2
1	30	38	4	3	1	1
2	43	20	3	6	-3	9
3	19	37	6	4	2	4
4	46	41	2	2	0	0
5	13	5	7	7	0	0
6	48	46	1	1	0	0
7	25	23	5	5	0	0
$\sum$	224	210	28	28		14

Dazu werden zunächst die Beobachtungspaare nach den der Größe nach geordneten Rangzahlen des Merkmals 'Punkte für Geschmack' angeordnet, und anschließend wird

Q_i = Anzahl der $R(y_i)$ nachfolgenden Rangzahlen die kleiner als (oder gleich) $R(y_i)$ sind ,

für i=1,...,7 bestimmt.

Tab. LK8.3: Arbeitstabelle zur Berechnung des Kendallschen Rangkorrelationskoeffizienten

Rangzahlen $R(x_1),\ldots,R(x_7)$ geordnet	1	2	3	4	5	6	7
zugehörige Punktzahlen für Geschmack	48	46	43	30	25	19	13
zugehörige Punktzahlen für Bekömmlichkeit	46	41	20	38	23	37	5
zugehörige Rangzahlen $R(y_1),\ldots,R(y_7)$	1	2	6	3	5	4	7
$Q_1,\ldots,Q_7$	0	0	3	0	1	0	0

Nach Tab. LK8.3 berechnet sich der Kendallsche Rangkorrelationskoeffizient also zu

$$\tau = 1 - \frac{4 \cdot \sum_{i=1}^{n} Q_i}{n(n-1)} = 1 - \frac{4 \cdot \sum_{i=1}^{7} Q_i}{7(7-1)} = 1 - \frac{4 \cdot 4}{42}$$

$= 0.6190$.

LÖSUNG ZU AUFGABE K9

→(a) (Vgl. Aufgabe 7.3)

Mit den in Tab. ℒK9.1 berechneten Hilfsgrößen erhält man unter Verwendung der Klassenmitten die Durchschnittswerte

$$\bar{x}_M = \frac{1}{100} \cdot \sum_{i=1}^{3} x_i^M \cdot H_{i.} = \frac{1}{100} \cdot 5168$$

$$= 51.68 \quad ,$$

$$\bar{y}_M = \frac{1}{100} \cdot \sum_{j=1}^{4} y_j^M \cdot H_{.j} = \frac{1}{100} \cdot 2520$$

$$= 25.20$$

und weiterhin dann als Maß für den Zusammenhang zwischen den beiden Merkmalen $X \hat{=}$ 'Schlepperleistung' und $Y \hat{=}$ 'Betriebsgröße'

$$r_{XY} = \frac{\sum_{i=1}^{3} \sum_{j=1}^{4} (x_i^M - \bar{x}_M)(y_j^M - \bar{y}_M) H_{ij}}{\sqrt{\left(\sum_{i=1}^{3} (x_i^M - \bar{x}_M)^2 H_{i.}\right) \cdot \left(\sum_{j=1}^{4} (y_j^M - \bar{y}_M)^2 H_{.j}\right)}}$$

$$= \frac{\sum_{i=1}^{3} \sum_{j=1}^{4} x_i^M \cdot y_j^M \cdot H_{ij} - 100 \cdot \bar{x}_M \cdot \bar{y}_M}{\sqrt{\left(\sum_{i=1}^{3} (x_i^M)^2 H_{i.} - 100 \cdot \bar{x}_M^2\right) \cdot \left(\sum_{j=1}^{4} (y_j^M)^2 H_{.j} - 100 \cdot \bar{y}_M^2\right)}}$$

$$= \frac{155307.5 - 130233.6}{\sqrt{(333946 - 267082.24)(112450 - 63504)}}$$

$$= \frac{25073.9}{\sqrt{66863.76 \cdot 48946}}$$

$$= 0.4383 \quad .$$

→(b) (Vgl. Aufgabe 7.9)

In Tab. ℒK9.2 sind neben den gegebenen absoluten Häufigkeiten H_{ij} sowie den sich daraus ergebenden Randhäufigkeiten

Tab. LK9.1: Arbeitstabelle zur Berechnung des Korrelationskoeffizienten

i	x_i^M	$H_{i.}$	$x_i^M \cdot H_{i.}$	$(x_i^M)^2 H_{i.}$
1	14.5	24	348	5046
2	45	36	1620	72900
3	80	40	3200	256000
$\sum$			5168	333946

j	y_j^M	$H_{.j}$	$y_j^M \cdot H_{.j}$	$(y_j^M)^2 H_{.j}$
1	2.5	20	50	125
2	12.5	36	450	5625
3	35	32	1120	39200
4	75	12	900	67500
$\sum$			2520	112450

i,j	x_i^M	y_j^M	H_{ij}	$x_i^M \cdot y_j^M \cdot H_{ij}$
1,1	14.5	2.5	12	435
1,2	14.5	12.5	8	1450
1,3	14.5	35	3	1522.5
1,4	14.5	75	1	1087.5
2,1	45	2.5	7	787.5
2,2	45	12.5	20	11250
2,3	45	35	5	7875
2,4	45	75	4	13500
3,1	80	2.5	1	200
3,2	80	12.5	8	8000
3,3	80	35	24	67200
3,4	80	75	7	42000
$\sum$				155307.5

$$H_{i.} = \sum_{j=1}^{4} H_{ij} \quad , \quad H_{.j} = \sum_{i=1}^{3} H_{ij}$$

die in den Pearsonschen Kontingenzkoeffizienten eingehenden Größen

$$m_{ij} = \frac{H_{i.} \cdot H_{.j}}{n} = \frac{H_{i.} \cdot H_{.j}}{100} \quad , \quad i=1,2,3 \; , \; j=1,2,3,4 \; ,$$

zusammengestellt.

Mit den Werten aus Tab. LK9.2 und

$$\chi^2 = \sum_{i=1}^{3} \sum_{j=1}^{4} \frac{(H_{ij} - m_{ij})^2}{m_{ij}}$$

Tab. LK9.2: Bestand an Schleppern nach Leistung und Betriebsgröße sowie Hilfsgrößen $m_{ij} = H_{i.} \cdot H_{.j}/100$, $i=1,2,3$, $j=1,2,3,4$

Leistungsklassen \ Betriebsgrößenklassen	0 - 5	5 - 20	20 - 50	50 - 100	$\sum$
1 - 30	$H_{11} = 12$ $m_{11} = 4.80$	$H_{12} = 8$ $m_{12} = 8.64$	$H_{13} = 3$ $m_{13} = 7.68$	$H_{14} = 1$ $m_{14} = 2.88$	$H_{1.} = 24$
30 - 60	$H_{21} = 7$ $m_{21} = 7.20$	$H_{22} = 20$ $m_{22} = 12.96$	$H_{23} = 5$ $m_{23} = 11.52$	$H_{24} = 4$ $m_{24} = 4.32$	$H_{2.} = 36$
60 - 100	$H_{31} = 1$ $m_{31} = 8.00$	$H_{32} = 8$ $m_{32} = 14.40$	$H_{33} = 24$ $m_{33} = 12.80$	$H_{34} = 7$ $m_{34} = 4.80$	$H_{3.} = 40$
$\sum$	$H_{.1} = 20$	$H_{.2} = 36$	$H_{.3} = 32$	$H_{.4} = 12$	$n = 100$

$$= \frac{(12-4.8)^2}{4.8} + \frac{(8-8.64)^2}{8.64} + \ldots + \frac{(7-4.8)^2}{4.8}$$

$$= 42.2479$$

erhält man für den Pearsonschen Kontingenzkoeffizienten

$$C = \sqrt{\frac{\chi^2}{n+\chi^2}} = \sqrt{\frac{42.2479}{100+42.2479}}$$

$$= 0.5450$$

bzw. für den korrigierten Koeffizienten

$$C_{corr} = \sqrt{\frac{\min(3,4)}{\min(3,4)-1}} \cdot C = \sqrt{\frac{3}{2}} \cdot 0.5450$$

$$= 0.6675 \quad .$$

(c) (Vgl. Aufgabe 7.7)

Wird die landwirtschaftlich genutzte Fläche in die Klassen von 0 bis 50 ha und von 50 bis 100 ha bzw. die Leistung der Schlepper in Klassen von 1 bis 60 PS und von 60 bis 100 PS eingeteilt, so ergibt sich die in Tab. CK9.3 in Form einer Vierfeldertafel dargestellte Häufigkeitsverteilung.

Tab. CK9.3: Vierfeldertafel

Betriebsgrößenklassen (in ha) / Leistungsklassen (in PS)	0 - 50	50 - 100
-1 - 60	$H_{11} = 55$	$H_{12} = 5$
60 - 100	$H_{21} = 33$	$H_{22} = 7$

Der Yulesche Assoziationskoeffizient als Maß für den Zusammenhang zwischen den beiden Merkmalen berechnet sich somit zu

$$A_{XY} = \frac{H_{11}H_{22} - H_{12}H_{21}}{H_{11}H_{22} + H_{12}H_{21}} = \frac{55 \cdot 7 - 5 \cdot 33}{55 \cdot 7 + 5 \cdot 33} = \frac{220}{550}$$

$$= 0.4 \quad .$$

LÖSUNG ZU AUFGABE K10

→(a) (Vgl. Aufgabe 3.1)

Der durchschnittliche Umsatz $\bar{y}$ lag in den letzten $n = 10$ Jahren bei

$$\bar{y} = \frac{1}{10} \sum_{t=1}^{10} y_t = \frac{1}{10} \left(\sum_{t=1}^{9} y_t + y_{10} \right) = \frac{1}{10} \cdot (22 + 3)$$
$$= 2.5$$

Mill. DM.

→(b) (Vgl. Aufgabe 4.1)

Aus der Varianz

$$s_Y^2 = \frac{1}{10 - 1} \sum_{t=1}^{10} (y_t - \bar{y})^2 = \frac{1}{9} \left(\sum_{t=1}^{10} y_t^2 - 10\, \bar{y}^2 \right)$$
$$= \frac{1}{9} \left(\sum_{t=1}^{9} y_t^2 + y_{10}^2 - 10\, \bar{y}^2 \right) = \frac{1}{9} \cdot (55 + 9 - 10 \cdot (2.5)^2) = \frac{1}{9} \cdot 1.5$$
$$= 0.1667$$

ergibt sich eine Standardabweichung für die Umsätze der letzten 10 Jahre in Höhe von

$$s_Y = \sqrt{0.1667}$$
$$= 0.4083$$

Mill. DM.

→(c) (Vgl. Aufgabe 8.1 und Aufgabe 8.3)

Werden die letzten 10 Jahre mit t=1,...,10 durchnummeriert, so ergibt sich mit $\bar{y} = 2.5$, vgl. (a),

$$\bar{t} = \frac{1}{10} \sum_{t=1}^{10} t = \frac{1}{10} \cdot (1 + 2 + 3 + \ldots + 10)$$
$$= 5.5 \quad ,$$

$$\sum_{t=1}^{10} t^2 = 1 + 4 + 9 + \ldots + 100$$
$$= 385 \quad ,$$

$$\sum_{t=1}^{10} t \cdot y_t = \sum_{i=1}^{9} t \cdot y_t + 10 \cdot y_{10} = 118 + 10 \cdot 3$$
$$= 148$$

für den Steigungsparameter b der Regressionsgeraden

$$b = \frac{\sum_{t=1}^{10} (t - \bar{t})(y_t - \bar{y})}{\sum_{t=1}^{10} (t - \bar{t})^2} = \frac{\sum_{t=1}^{10} t \cdot y_t - 10 \cdot \bar{t} \cdot \bar{y}}{\sum_{t=1}^{10} t^2 - 10 \cdot \bar{t}^2} = \frac{148 - 137.5}{385 - 302.5}$$
$$= 0.1273$$

bzw. als Absolutglied erhält man

$$a = \bar{y} - b \cdot \bar{t} = 2.5 - 0.1273 \cdot 5.5$$
$$= 1.7999 \quad .$$

Somit erhält man eine Regressionsgerade der Form

$$\hat{y}_t = 1.7999 + 0.1273 \cdot t \quad .$$

Das zugehörige Bestimmtheitsmaß berechnet sich dann zu, vgl. Aufgabenteile (a) und (b),

$$B_{Y,t} = b^2 \cdot \frac{\sum_{t=1}^{10} (t - \bar{t})^2}{\sum_{t=1}^{10} (y_t - \bar{y})^2} = (0.1273)^2 \cdot \frac{\sum_{t=1}^{10} t^2 - 10 \cdot \bar{t}^2}{\sum_{t=1}^{10} y_t^2 - 10 \cdot \bar{y}^2}$$
$$= (0.1273)^2 \cdot \frac{385 - 302.5}{64 - 62.5}$$
$$= 0.8913 \quad .$$

→(d) (Vgl. Aufgabe 8.1)

Für das laufende Jahr, d.h. für $t = 11$, wird ein Umsatz in Höhe von

$$\hat{y}_{11} = a + b \cdot 11 = 1.7999 + 0.1273 \cdot 11$$
$$= 3.2002$$

Mill. DM prognostiziert.

LÖSUNG ZU AUFGABE K11

→(a) (Vgl. Aufgabe 8.1)

In Tab. CK11.1 sind die Werbeausgaben der letzten 10 Jahre x_{11}, x_{12} sowie die erzielten Umsätze y_{11} und y_{12} mit den zugehörigen Häufigkeiten (Anzahl der Jahre) zusammengestellt. Außerdem sind dort in einer Arbeitstabelle einige Hilfsgrößen, die zur Berechnung der Regressionsgeraden bzw. des Bestimmtheitsmaßes benötigt werden, aufgeführt.

Tab. CK11.1: Werbeaufwand x_{1i} und Umsätze y_{1i} für die letzten 10 Jahre ; Arbeitstabelle zur Regressionsanalyse

i	Werbeaufwand (in Mill. DM) x_{1i}	Umsatz (in Mill. DM) y_{1i}	Anzahl d. Jahre H_i
1	0.2	5	5
2	0.3	10	5
$\sum$			10

i	$x_{1i}H_i$	$x_{1i}^2H_i$	$y_{1i}H_i$	$y_{1i}^2H_i$	$x_{1i}y_{1i}H_i$
1	1	0.20	25	125	5
2	1.5	0.45	50	500	15
$\sum$	2.5	0.65	75	625	20

Mit

$$\bar{x}_1 = \frac{1}{10} \sum_{i=1}^{2} x_{1i}H_i = \frac{1}{10} \cdot 2.5$$

$$= 0.25 \quad ,$$

$$\bar{y}_1 = \frac{1}{10} \sum_{i=1}^{2} y_{1i}H_i = \frac{1}{10} \cdot 75$$

$$= 7.5$$

und

$$b_1 = \frac{\sum_{i=1}^{2} (x_{1i} - \bar{x}_1)(y_{1i} - \bar{y}_1)H_i}{\sum_{i=1}^{2} (x_{1i} - \bar{x}_1)^2 H_i} = \frac{\sum_{i=1}^{2} x_{1i}y_{1i}H_i - 10 \cdot \bar{x}_1\bar{y}_1}{\sum_{i=1}^{2} x_{1i}^2 H_i - 10 \cdot \bar{x}_1^2}$$

$$= \frac{20 - 18.75}{0.65 - 0.625}$$

$$= 50 \quad ,$$

d.h.

$$a_1 = \bar{y}_1 - b \cdot \bar{x}_1 = 7.5 - 50 \cdot 0.25$$

$$= -5 \quad ,$$

ist die Regressionsgerade also bestimmt durch

$$\hat{y}_1 = a_1 + b_1 \cdot x_1 = -5 + 50 \cdot x_1 \quad .$$

Für das Bestimmtheitsmaß ergibt sich mit den Werten aus Tab. LK11.1

$$B_{Y_1,X_1} = b^2 \cdot \frac{\sum_{i=1}^{2} (x_i - \bar{x}_1)^2 H_i}{\sum_{i=1}^{2} (y_i - \bar{y}_1)^2 H_i} = b^2 \cdot \frac{\sum_{i=1}^{2} x_i^2 H_i - 10 \cdot \bar{x}_1^2}{\sum_{i=1}^{2} y_i^2 H_i - 10 \cdot \bar{y}_1^2}$$

$$= 50^2 \cdot \frac{0.65 - 0.625}{625 - 562.5}$$

$$= 1$$

(was bei nur zwei Beobachtungspunkten (x_{11}, y_{11}) und (x_{12}, y_{12}) niemanden verwundern kann).

→(b) (Vgl. Aufgabe 3.2)

Da in den ersten 10 Jahren im Durchschnitt $\bar{x}_e = 0.1$ Mill. DM für Werbung ausgegeben wurde, ergeben sich für den gesamten Zeitraum mit $\bar{x}_1 = 0.25$ für die letzten 10 Jahre, vgl. Aufgabenteil (a), durchschnittliche Ausgaben für Werbung in Höhe von

$$\bar{x} = \frac{1}{20} \cdot (10 \cdot \bar{x}_e + 10 \cdot \bar{x}_1) = \frac{1}{20} \cdot (1 + 2.5)$$

$$= 0.175 \quad .$$

Analog erhält man als durchschnittlichen Umsatz mit $\bar{y}_e = 3$ bzw. $\bar{y}_1 = 7.5$

$$\bar{y} = \frac{1}{20} \cdot (10 \cdot \bar{y}_e + 10 \cdot \bar{y}_1) = \frac{1}{20} \cdot (30 + 75)$$

$$= 5.25 \quad .$$

→(c) (Vgl. Aufgabe 4.1)

Der Aufgabenstellung ist zu entnehmen, daß die Standardabweichung der Werbeausgaben bzw. die der Umsätze in den ersten 10 Jahren bei $s_{X_e} = 0.1$ bzw. $s_{Y_e} = 2$ Mill. DM gelegen hat, d.h. für die Varianzen gilt

$$s^2_{X_e} = \frac{1}{10-1} \sum_{i=1}^{10} (x_{ei} - \bar{x}_e)^2 = \frac{1}{9} \left(\sum_{i=1}^{10} x^2_{ei} - 10 \cdot \bar{x}^2_e \right)$$

$$= 0.01 \quad ,$$

$$s^2_{Y_e} = \frac{1}{10-1} \sum_{i=1}^{10} (y_{ei} - \bar{y}_e)^2 = \frac{1}{9} \left(\sum_{i=1}^{10} y^2_{ei} - 10 \cdot \bar{y}^2_e \right)$$

$$= 4.00 \quad .$$

Mit $\bar{x}_e = 0.1$ bzw. $\bar{y}_e = 3.0$ läßt sich somit

$$\sum_{i=1}^{10} x^2_{ei} = 9 \cdot 0.01 + 10 \cdot (0.1)^2$$

$$= 0.19$$

bzw.

$$\sum_{i=1}^{10} y^2_{ei} = 9 \cdot 4.00 + 10 \cdot (3.0)^2$$

$$= 126$$

berechnen. Als Varianz für die Werbeausgaben bzw. für den Umsatz in den letzten 20 Jahren erhält man also mit den Werten aus Tab. LK11.1 und den im Aufgabenteil (b) bereits berechneten jeweiligen Gesamtmittelwerten

$$s^2_X = \frac{1}{20-1} \left(\sum_{i=1}^{10} x^2_{ei} + \sum_{i=1}^{2} x^2_{1i} H_i - 20 \cdot \bar{x}^2 \right)$$

$$= \frac{1}{19} \cdot (0.19 + 0.65 - 20 \cdot 0.175^2)$$

$$= 0.01197$$

bzw.

$$s^2_Y = \frac{1}{20-1} \left(\sum_{i=1}^{10} y^2_{ei} + \sum_{i=1}^{2} y^2_{1i} H_i - 20 \cdot \bar{y}^2 \right)$$

$$= \frac{1}{19} \cdot (126 + 625 - 20 \cdot 5.25^2)$$

$$= 10.51316 \quad ,$$

d.h. die Standardabweichungen liegen bei

$$s_X = \sqrt{0.01197}$$

$$= 0.10941$$

bzw.

$$s_Y = \sqrt{10.51316}$$
$$= 3.2424$$

Mill. DM.

→(d) (Vgl. Aufgabe 8.1)

Aus dem Bestimmtheitsmaß $B_{Y_e,X_e} = 0.81$ der für die ersten 10 Jahre durchgeführten Regressionsanalyse und den sich aus Aufgabenteil (c) ableitenden Summen

$$\sum_{i=1}^{10} (x_{ei} - \bar{x}_e)^2 = 0.09 \quad , \quad \sum_{i=1}^{10} (y_{ei} - \bar{y}_e)^2 = 36.00 \quad ,$$

läßt sich nun, da

$$0.81 = B_{Y_e,X_e} = r^2_{X_eY_e} = \frac{\left(\sum_{i=1}^{10} (x_{ei} - \bar{x}_e)(y_{ei} - \bar{y}_e) \right)^2}{\sum_{i=1}^{10} (x_{ei} - \bar{x}_e)^2 \cdot \sum_{i=1}^{10} (y_{ei} - \bar{y}_e)^2}$$

$$= \frac{\left(\sum_{i=1}^{10} (x_{ei} - \bar{x}_e)(y_{ei} - \bar{y}_e) \right)^2}{0.09 \cdot 36}$$

$$= \frac{\left(\sum_{i=1}^{10} (x_{ei} - \bar{x}_e)(y_{ei} - \bar{y}_e) \right)^2}{3.24} \quad ,$$

$$\sum_{i=1}^{10} (x_{ei} - \bar{x}_e)(y_{ei} - \bar{y}_e) = 1.62$$

berechnen.

Mit $\bar{x}_e = 0.1$ bzw. $\bar{y}_e = 3.0$ gilt also

$$\sum_{i=1}^{10} x_{ei}y_{ei} = 1.62 + 10 \cdot \bar{x}_e\bar{y}_e = 1.62 + 10 \cdot 0.1 \cdot 3.0$$
$$= 4.62 \quad .$$

Für den gesamten Zeitraum von $n = 20$ Jahren wird mit bereits in den Aufgabenteilen (a) und (c) berechneten Größen bzw. mit den Werten aus Tab. LK11.1 der Steigungsparameter b der zu bestimmenden Regressionsgeraden gebildet durch

$$b = \frac{\sum_{i=1}^{10} x_{ei}y_{ei} + \sum_{i=1}^{2} x_{1i}y_{1i}H_i - 20\cdot\bar{x}\bar{y}}{(20-1)\cdot s_X^2}$$

$$= \frac{4.62 + 20 - 20\cdot 0.175\cdot 5.25}{19\cdot 0.01197}$$

$$= 27.4590 \quad .$$

Mit

$$a = \bar{y} - b\cdot\bar{x} = 5.25 - 27.4590\cdot 0.175$$

$$= 0.4447$$

erhält man als Regressionsgerade schließlich

$$\hat{y} = 0.4447 + 27.4590\cdot x \quad .$$

LÖSUNG ZU AUFGABE K12

In einer Arbeitstabelle, Tab. LK12.1, sind einige Hilfsgrößen, die im Zusammenhang mit den nachfolgenden Berechnungen benötigt werden, zusammengestellt.

→(a) (Vgl. Aufgabe 8.1)
Mit den entsprechenden Werten aus Tab. LK12.1 und

$$\bar{x} = \frac{1}{7}\sum_{i=1}^{7} x_i = \frac{1}{7}\cdot 140$$

$$= 20 \quad ,$$

$$\bar{y} = \frac{1}{7}\sum_{i=1}^{7} y_i = \frac{1}{7}\cdot 139$$

$$= 19.8571$$

ist die lineare Regressionsfunktion bestimmt durch den Steigungsparameter

Tab. LK12.1: Arbeitstabelle

i	$x_{1i} = x_i$	$x_{2i} = x_{1i}^2 = x_i^2$	y_i	y_i^2	$x_{1i}x_{2i} = x_i^3$	$x_{1i}y_i = x_iy_i$	$x_{2i}y_i = x_i^2y_i$	$x_{2i}^2 = x_i^4$
1	5	25	34	1156	125	170	850	625
2	10	100	21	441	1000	210	2100	10000
3	15	225	17	289	3375	255	3825	50625
4	20	400	18	324	8000	360	7200	160000
5	25	625	13	169	15625	325	8125	390625
6	30	900	14	196	27000	420	12600	810000
7	35	1225	22	484	42875	770	26950	1500625
$\sum$	140	3500	139	3059	98000	2510	61650	2922500

$$b = \frac{\sum_{i=1}^{7} (x_i - \bar{x})(y_i - \bar{y})}{\sum_{i=1}^{7} (x_i - \bar{x})^2} = \frac{\sum_{i=1}^{7} x_i y_i - 7 \cdot \bar{x} \cdot \bar{y}}{\sum_{i=1}^{7} x_i^2 - 7 \cdot \bar{x}^2} = \frac{2510 - 2779.994}{3500 - 2800}$$

$$= -0.3857$$

und das Absolutglied

$$a = \bar{y} - b \cdot \bar{x} = 19.8571 + 0.3857 \cdot 20$$

$$= 27.5711 \quad .$$

Die Regressionsgerade (nach der Methode der kleinsten Quadrate) lautet also

$$\hat{y} = 27.5711 - 0.3857 \cdot x \quad .$$

Das zugehörige Bestimmtheitsmaß berechnet sich zu, vgl. Tab. LK12.1,

$$B_{Y,X} = b^2 \cdot \frac{\sum_{i=1}^{7} x_i^2 - 7 \cdot \bar{x}^2}{\sum_{i=1}^{7} y_i^2 - 7 \cdot \bar{y}^2} = (-0.3857)^2 \cdot \frac{3500 - 2800}{3059 - 2760.1309}$$

$$= 0.3484 \quad .$$

→(b) (Vgl. Aufgabe 8.4 und Aufgabe 8.5)
Zur Bestimmung der quadratischen Regressionsfunktion

$$\hat{y} = a_1 + b_1 x + b_2 x^2 \quad ,$$

die sich auf eine multiple Regressionsgleichung

$$\hat{y} = a_1 + b_1 x_1 + b_2 x_2$$

mit $x_1 = x$, $x_2 = x^2$ zurückführen läßt, muß zunächst das Normalengleichungssystem aufgestellt werden. Mit $x_{1i} = x_i$, $x_{2i} = x_i^2$, vgl. Tab. LK12.1, $\bar{y} = 19.8571$, $\bar{x}_1 = 20$, $\bar{x}_2 = 500$ und

$$SQ_Y = \sum_{i=1}^{7} y_i^2 - 7 \cdot \bar{y}^2 = 3059 - 2760.1309$$

$$= 298.8691 \quad ,$$

$$SQ_{X_1} = \sum_{i=1}^{7} x_{1i}^2 - 7 \cdot \bar{x}_1^2 = 3500 - 2800$$

$$= 700 \quad ,$$

$$SQ_{X_2} = \sum_{i=1}^{7} x_{2i}^2 - 7 \cdot \bar{x}_2^2 = 2922500 - 1750000$$

$$= 1172500 \quad ,$$

$$SP_{X_1X_2} = \sum_{i=1}^{7} x_{1i}x_{2i} - 7 \cdot \bar{x}_1 \cdot \bar{x}_2 = 98000 - 70000$$

$$= 28000 \quad ,$$

$$SP_{X_1Y} = \sum_{i=1}^{7} x_{1i}y_i - 7 \cdot \bar{x}_1 \cdot \bar{y} = 2510 - 2779.994$$

$$= -269.994 \quad ,$$

$$SP_{X_2Y} = \sum_{i=1}^{7} x_{2i}y_i - 7 \cdot \bar{x}_2 \cdot \bar{y} = 61650 - 69499.85$$

$$= -7849.85$$

lautet dieses

$$700 \cdot b_1 + 28000 \cdot b_2 = -269.994$$

$$28000 \cdot b_1 + 1172500 \cdot b_2 = -7849.85 \quad .$$

Mit den Lösungen dieses Gleichungssystems

$$b_1 = -2.6337 \quad ,$$

$$b_2 = 0.0562$$

ergibt sich für das Absolutglied

$$a_1 = \bar{y} - b_1\bar{x}_1 - b_2\bar{x}_2 = 19.8571 + 2.6337 \cdot 20 - 0.0562 \cdot 500$$

$$= 44.4311 \quad ,$$

d.h. man erhält zwischen Ganggenauigkeit und Umgebungstemperatur die quadratische Regressionsfunktion

$$\hat{y} = 44.4311 - 2.6337 \cdot x_1 + 0.0562 \cdot x_2$$

$$= 44.4311 - 2.6337 \cdot x + 0.0562 \cdot x^2 \quad .$$

Die zur Berechnung des Bestimmtheitsmaßes notwendigen Größen sind mit $\hat{y}_i = 44.4311 - 2.6337 \cdot x_i + 0.0562 \cdot x_i^2$ in Tab. CK12.2 zusammengestellt.

Das Bestimmtheitsmaß der quadratischen Regressionsfunktion liegt dann bei

Tab. LK12.2: Arbeitstabelle zur Berechnung des Bestimmtheitsmaßes

i	y_i	$\hat{y}_i$	$y_i - \hat{y}_i$	$(y_i - \hat{y}_i)^2$
1	34	32.6676	1.3324	1.7753
2	21	23.7141	-2.7141	7.3663
3	17	17.5706	-0.5706	0.3256
4	18	14.2371	3.7629	14.1594
5	13	13.7136	-0.7136	0.5092
6	14	16.0001	-2.0001	4.0004
7	22	21.0966	0.9034	0.8161

$$B_{Y,(X,X^2)} = 1 - \frac{\sum_{i=1}^{7} (y_i - \hat{y}_i)^2}{\sum_{i=1}^{7} y_i^2 - 7 \cdot \bar{y}^2} = 1 - \frac{28.9523}{298.8691}$$

$$= 0.9031 \quad .$$

→(c) Die quadratische Regressionsfunktion, die bei einem Vergleich der Bestimmtheitsmaße die bessere Anpassung an die Beobachtungen liefert, nimmt ihr Minimum ($b_2 > 0$) an der Stelle

$$x_{min} = - \frac{b_1}{2 \cdot b_2} = \frac{2.6337}{2 \cdot 0.0562}$$

$$= 23.4315$$

an, d.h. bei einer Temperatur von ca. 23.4°C sind die Gangabweichungen der Uhr als am geringsten anzusehen.

→(d) (Vgl. Aufgabe 7.10)
Der multiple Korrelationskoeffizient ergibt sich direkt aus dem in Aufgabenteil (b) berechneten Bestimmtheitsmaß:

$$r_{Y,(X,X^2)} = \sqrt{B_{Y;(X,X^2)}} = \sqrt{0.9031}$$

$$= 0.9503 \quad .$$

Mit den einfachen Korrelationen, vgl. Tab. LK12.1 bzw. Aufgabenteil (b),

$$r_{Y,X} = r_{Y,X_1} = \frac{\sum_{i=1}^{7} y_i x_{1i} - 7 \cdot \bar{y} \cdot \bar{x}_1}{\sqrt{\left(\sum_{i=1}^{7} y_i^2 - 7 \cdot \bar{y}^2\right) \cdot \left(\sum_{i=1}^{7} x_{1i}^2 - 7 \cdot \bar{x}_1^2\right)}}$$

$$= \frac{SP_{X_1Y}}{\sqrt{SQ_Y \cdot SQ_{X_1}}} = \frac{-269.994}{\sqrt{298.8691 \cdot 700}}$$

$$= -0.5903 \quad ,$$

$$r_{Y,X^2} = r_{Y,X_2} = \frac{SP_{X_2Y}}{\sqrt{SQ_Y \cdot SQ_{X_2}}} = \frac{-7849.85}{\sqrt{298.8691 \cdot 1172500}}$$

$$= -0.4193 \quad ,$$

$$r_{X,X^2} = r_{X_1,X_2} = \frac{SP_{X_1X_2}}{\sqrt{SQ_{X_1} \cdot SQ_{X_2}}} = \frac{28000}{\sqrt{700 \cdot 1172500}}$$

$$= 0.9774 \quad ,$$

erhält man nun für die partielle Korrelation

$$r_{(Y,X)/X^2} = r_{(Y,X_1)/X_2} = \frac{r_{Y,X_1} - r_{Y,X_2} r_{X_1,X_2}}{\sqrt{(1 - r^2_{Y,X_2})(1 - r^2_{X_1,X_2})}}$$

$$= \frac{-0.5903 + 0.4193 \cdot 0.9774}{\sqrt{(1 - (0.4193)^2)(1 - (0.9774)^2)}}$$

$$= -0.9404 \quad .$$

LÖSUNG ZU AUFGABE K13

→(a) (Vgl. Aufgabe 2.2.a)

Mit den Werten aus Tab. £K13.1, in der die relativen Häufigkeiten für die verschiedenen Kundenzahlen a_i, $i=1,\ldots,12$, sowie die sich daraus ergebenden relativen Summenhäufigkeiten bei $n = 14$ aufgeführt sind, erhält man die empirische Verteilungsfunktion

$$S_{14}(x) = \begin{cases} 0 & x < a_1 \\ \sum_{i=1}^{j} h_{14}(a_i) \text{ für } & a_j \leq x < a_{j+1} \quad , j=1,\ldots,k-1 \\ 1 & x \geq a_k \end{cases}$$

.

$$
= \begin{cases}
0 & x < 10 \\
1/14 & 10 \leq x < 12 \\
1/7 & 12 \leq x < 13 \\
2/7 & 13 \leq x < 16 \\
5/14 & 16 \leq x < 17 \\
3/7 & 17 \leq x < 24 \\
4/7 \quad \text{für} & 24 \leq x < 28 \\
9/14 & 28 \leq x < 29 \\
5/7 & 29 \leq x < 31 \\
11/14 & 31 \leq x < 36 \\
6/7 & 36 \leq x < 42 \\
13/14 & 42 \leq x < 50 \\
1 & x \geq 50
\end{cases} ,
$$

die in Abb. LK13.1 auch graphisch dargestellt ist.

Tab. LK13.1: Relative Häufigkeiten und relative Summenhäufigkeiten der Kundenzahlen a_i, $i=1,\ldots,12$

i	a_i	relative Häufigkeit h_i	relative Summenhäufigkeit $\sum_{i=1}^{j} h_i$
1	10	1/14	1/14
2	12	1/14	2/14
3	13	2/14	4/14
4	16	1/14	5/14
5	17	1/14	6/14
6	24	2/14	8/14
7	28	1/14	9/14
8	29	1/14	10/14
9	31	1/14	11/14
10	36	1/14	12/14
11	42	1/14	13/14
12	50	1/14	1

→(b) (Vgl. Aufgabe 10.2)

Das in Abb. K13.1 dargestellte stem - and - leaves - Diagramm deutet auf eine rechtsschiefe Verteilung der beobachteten Kundenzahl hin, d.h., um eine Symmetrisierung der Beobachtungswerte zu erreichen, muß eine Power $p < 1$ gewählt werden. In Tab. LK13.2 sind nun neben den geordneten Beobachtungswerten $x_{(1)}$,

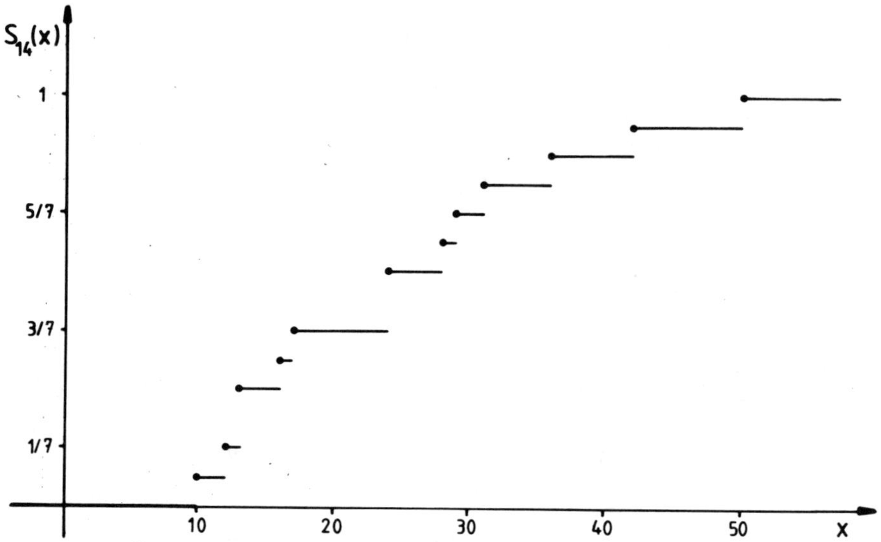

Abb. CK13.1: Empirische Verteilungsfunktion der Kundenzahlen

$\ldots, x_{(14)}$ mit den zugehörigen Tiefenindizes die transformierten Werte $x^p_{(1)}, \ldots, x^p_{(14)}$ für $p = 0.5$, $p = 0.3$ und $p = 0.2$ zusammengestellt.

Die sich für die transformierten Beobachtungswerte jeweils ergebenden Größen

Median $\quad m = \frac{1}{2} \cdot (x^p_{7,L} + x^p_{7,U})$,

hinges $\quad h_L = x^p_{4,L}$, $h_U = x^p_{4,U}$,

eighths $\quad e_L = \frac{1}{2} \cdot (x^p_{2,L} + x^p_{3,L})$, $e_U = \frac{1}{2} \cdot (x^p_{2,U} + x^p_{3,U})$,

sixteenths $\quad d_L = \frac{1}{2} \cdot (x^p_{1,L} + x^p_{2,L})$, $d_U = \frac{1}{2} \cdot (x^p_{1,U} + x^p_{2,U})$,

und

thirty seconds $\quad c_L = x^p_{1,L}$, $c_U = x^p_{1,U}$.

mit $p = 0.5$, $p = 0.3$, $p = 0.2$ sowie die zugehörigen midsummaries m, $(h_L + h_U)/2$, $(e_L + e_U)/2$, $(d_L + d_U)/2$ und $(c_L + c_U)/2$ gibt Tab. CK13.3 wieder. Für $p = 0.2$ zeigt sich dabei, daß die midsummaries nahezu konstant sind, d.h. wir können

Tab. CK13.2: Kundenzahlen x_i sowie transformierte Werte $x_{(i)}^{0.5}$, $x_{(i)}^{0.3}$ und $x_{(i)}^{0.2}$

i	$x_{(i)}$		$x_{(i)}^{0.5}$	$x_{(i)}^{0.3}$	$x_{(i)}^{0.2}$
1	10	$x_{1,L}$	3.1623	1.9953	1.5849
2	12	$x_{2,L}$	3.4641	2.1074	1.6438
3	13	$x_{3,L}$	3.6056	2.1587	1.6703
4	13	$x_{4,L}$	3.6056	2.1587	1.6703
5	16	$x_{5,L}$	4.0000	2.2974	1.7411
6	17	$x_{6,L}$	4.1231	2.3396	1.7623
7	24	$x_{7,L}$	4.8990	2.5946	1.8882
8	24	$x_{7,U}$	4.8990	2.5946	1.8882
9	28	$x_{6,U}$	5.2915	2.7147	1.9473
10	29	$x_{5,U}$	5.3852	2.7461	1.9610
11	31	$x_{4,U}$	5.5678	2.8016	1.9873
12	36	$x_{3,U}$	6.0000	2.9302	2.0477
13	42	$x_{2,U}$	6.4807	3.0688	2.1118
14	50	$x_{1,U}$	7.0711	3.2336	2.1867

die Verteilung von $x_{(1)}^{0.2},\ldots,x_{(14)}^{0.2}$ als annähernd symmetrisch ansehen.

Tab. CK13.3: Mediane, hinges, eighths, sixteenths, sixtyfourths und midsummaries für die Transformationen mit p = 0.5, p = 0.3, p = 0.2

	L	U	midsummaries	
m	4.89900		4.89900	p = 0.5
h	3.60560	5.56780	4.58670	
e	3.53485	6.24035	4.88760	
d	3.31320	6.77590	5.04455	
c	3.16230	7.07110	5.11670	
m	2.59460		2.59460	p = 0.3
h	2.15870	2.80160	2.48015	
e	2.13305	2.99950	2.56628	
d	2.05135	3.15120	2.60128	
c	1.99530	3.23360	2.61445	
m	1.88820		1.88820	p = 0.2
h	1.67030	1.98730	1.82880	
e	1.65705	2.07975	1.86840	
d	1.61435	2.14925	1.88180	
c	1.58490	2.18670	1.88580	

Das stem - and - leaves - Diagramm für die transformierten Beobachtungswerte x_i^p, vgl. **Abb. CK13.2**, verdeutlicht nun ebenfalls noch einmal die erzielte

Symmetrisierung für die beobachtete Kundenzahl bei einer Transformation mit Power $p = 0.2$. Dabei wurde das stem - and - leaves - Diagramm so aufgebaut, daß der 'Stamm' durch die ersten beiden Ziffern der in Tab. LK13.2 angegebenen Werte $x_{(i)}^{0.2}$, $i=1,\ldots,14$, gebildet wurde, und die sich daran anschließende Ziffer die 'Blätter' lieferte.

15	8		
16	4	7	7
17	4	6	
18	8	8	
19	4	6	8
20	4		
21	1	8	

Abb. LK13.2: Stem - and - leaves - Diagram für die transformierten Beobachtungen $x_1^{0.2},\ldots,x_{14}^{0.2}$

LÖSUNG ZU AUFGABE K14

→(a) (Vgl. Aufgabe 10.1.a, Aufgabe 10.4.a)

In Tab. LK14.1 sind die für weitere Berechnungen erforderlichen geordneten Vereinszugehörigkeitsdauern $x_{(1)},\ldots,x_{(18)}$ der $n = 18$ Vereinsmitglieder mit ihren jeweiligen Tiefenindizes zusammengestellt.

Der Median m liegt, da $n = 18$ eine gerade Zahl und

$$T(m) = (n+1)/2 = 19/2 = 9.5$$

keine ganze Zahl ist, bei

$$m = \frac{1}{2}\cdot(x_{T(m)-0.5,L} + x_{T(m)-0.5,U}) = \frac{1}{2}\cdot(x_{9,L} + x_{9,U}) = \frac{1}{2}\cdot(4+4) = 4 \quad .$$

Tab. CK14.1: Geordnete Vereinzugehörigkeitsdauern $x_{(1)},\ldots,x_{(18)}$ sowie die Tiefenindizes

1	$x_{(1)}$, $x_{(2)}$, $x_{(3)}$	$x_{1,L}$, $x_{2,L}$, $x_{3,L}$
2	$x_{(4)}$, $x_{(5)}$, $x_{(6)}$, $x_{(7)}$, $x_{(8)}$	$x_{4,L}$, $x_{5,L}$, $x_{6,L}$, $x_{7,L}$, $x_{8,L}$
4	$x_{(9)}$, $x_{(10)}$, $x_{(11)}$, $x_{(12)}$	$x_{9,L}$, $x_{9,U}$, $x_{8,U}$, $x_{7,U}$
5	$x_{(13)}$, $x_{(14)}$	$x_{6,U}$, $x_{5,U}$
7	$x_{(15)}$, $x_{(16)}$	$x_{4,U}$, $x_{3,U}$
8	$x_{(17)}$	$x_{2,U}$
10	$x_{(18)}$	$x_{1,U}$

Mit

$$T(h) = ([T(m)] + 1)/2 = ([9.5] + 1)/2 = (9 + 1)/2 = 5$$

erhält man als unteren hinge

$$h_L = x_{T(h),L} = x_{5,L} = 2$$

bzw. als oberen hinge

$$h_U = x_{T(h),U} = x_{5,U} = 5 \quad ,$$

somit ergibt sich für den midhinge ein Wert von

$$(h_L + h_U)/2 = (2 + 5)/2 = 3.5$$

bzw. für den h - spread erhält man

$$h_U - h_L = 5 - 2 = 3 \quad .$$

Mit dem Median $m = 4$, vgl. Aufgabenteil (a), soll zunächst die Reihe der absoluten Abweichungen vom Median

$$y_i = |x_i - m| \quad , \; i=1,\ldots,18 \; ,$$

für die beobachteten Vereinszugehörigkeitsdauern $x_1,\ldots,x_{18}$ bestimmt werden. Dabei ist

$$y_1 = y_2 = y_3 = |1 - 4| = 3 \quad ,$$
$$y_4 = y_5 = y_6 = y_7 = y_8 = |2 - 4| = 2 \quad ,$$
$$y_9 = y_{10} = y_{11} = y_{12} = |4 - 4| = 0 \quad ,$$
$$y_{13} = y_{14} = |5 - 4| = 1 \quad ,$$
$$y_{15} = y_{16} = |7 - 4| = 3 \quad ,$$
$$y_{17} = |8 - 4| = 4 \quad ,$$
$$y_{18} = |10 - 4| = 6 \quad .$$

Aus der geordneten Reihe

$$y_{(1)} = y_{(2)} = y_{(3)} = y_{(4)} = 0 \quad ,$$
$$y_{(5)} = y_{(6)} = 1 \quad ,$$
$$y_{(7)} = y_{(8)} = y_{(9)} = y_{(10)} = y_{(11)} = 2 \quad ,$$

$$y_{(12)} = y_{(13)} = y_{(14)} = y_{(15)} = y_{(16)} = 3 \quad ,$$
$$y_{(17)} = 4 \quad ,$$
$$y_{(18)} = 6$$

berechnet sich nun der Median der absoluten Abweichungen vom Median MAD zu

$$\text{MAD} = \frac{1}{2} \cdot (y_{(9)} + y_{(10)}) = \frac{1}{2} \cdot (2 + 2)$$
$$= 2 \quad .$$

→(b) (Vgl. Aufgabe 10.2.a)

Mit den bereits im Aufgabenteil (a) berechneten Größen h_L, h_U und h - spread lassen sich die Grenzen des inner fence bzw. des outer fence im Box - Plot wie folgt angeben:

$$I_L = h_L - 1.5 \cdot (h\text{ - spread}) = 2 - 1.5 \cdot 3$$
$$= -2.5 \quad ,$$
$$I_U = h_U + 1.5 \cdot (h\text{ - spread}) = 5 + 1.5 \cdot 3$$
$$= 9.5$$

bzw.

$$O_L = h_L - 3 \cdot (h\text{ - spread}) = 2 - 3 \cdot 3$$
$$= -7 \quad ,$$
$$O_U = h_U + 3 \cdot (h\text{ - spread}) = 5 + 3 \cdot 3$$
$$= 14 \quad .$$

Es liegen zwar keine extremen Ausreißer,d.h. Beobachtungswerte außerhalb des outer fence, vor, aber die Beobachtung $x_{(10)} = 10$ wird im Box - Plot als einfacher Ausreißer durch ein Kreuz markiert, da er innerhalb des outer fence aber außerhalb des inner fence liegt. Die adjacent values, d.h. die Beobachtungswerte, die innerhalb des inner fence am dichtesten an den Grenzen I_L und I_U liegen, sind gerade $x_{(1)} = x_{(2)} = x_{(3)} = 1$ bzw. $x_{(17)} = 8$. Mit dem bereits im Teil (a) berechneten Median $m = 4$ ergibt sich somit der in Abb. CK14.1 dargestellte Box - Plot.

→(c) (Vgl. Aufgabe 10.6)

Aus den gegebenen Intervallen der Breite $b = 5$ lassen sich die zur Berechnung der empirischen Dichte benötigten äquidistanten Punkte z_j, $j=0,\ldots,3$, ableiten, denn es gilt

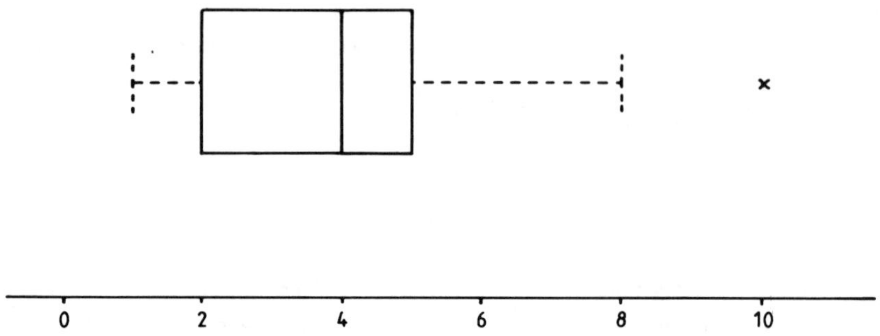

Abb. CK14.1: Box-Plot für die Vereinszugehörigkeitsdauern

$$K_j = [z_j - 0.5 \cdot b\ ,\ z_j + 0.5 \cdot b] \quad , \ j=0,\dots,3 \ .$$

Mit $K_0 = [-0.5\ ,\ 4.5]$ erhält man etwa für z_0, da

$$z_0 - 0.5 \cdot 5 = -0.5 \quad ,$$

gerade

$$z_0 = 2 \quad .$$

Ebenso ergibt sich aus $K_1 = [1.5\ ,\ 6.5]$ $z_1 = 4$, aus $K_2 = [3.5\ ,\ 8.5]$ $z_2 = 6$ und aus $K_3 = [5.5\ ,\ 10.5]$ $z_3 = 8$. In die Berechnung der empirischen Dichtefunktion f an der Stelle z_j gehen nun nur Beobachtungen x_i, $i=1,\dots,18$, ein, die in der Klasse K_j liegen. Mit $n = 18$, $b = 5$ erhält man für

$$f(z_0) = f(2) = \frac{1}{b \cdot n} \cdot \sum_i W\left(\frac{2 - x_i}{b}\right) = \frac{1}{90} \cdot \sum_i W\left(\frac{2 - x_i}{5}\right)$$

$$= \frac{1}{90} \cdot \left[3 \cdot W\left(\frac{2-1}{5}\right) + 5 \cdot W\left(\frac{2-2}{5}\right) + 4 \cdot W\left(\frac{2-4}{5}\right)\right]$$

$$= \frac{1}{90} \cdot \left[3 \cdot W\left(\frac{1}{5}\right) + 5 \cdot W(0) + 4 \cdot W\left(\frac{-2}{5}\right)\right],$$

$$f(z_1) = f(4) = \frac{1}{90} \cdot \sum_i W\left(\frac{4 - x_i}{5}\right)$$

$$= \frac{1}{90} \cdot \left[5 \cdot W\left(\frac{4-2}{5}\right) + 4 \cdot W\left(\frac{4-4}{5}\right) + 2 \cdot W\left(\frac{4-5}{5}\right)\right]$$

$$= \frac{1}{90} \cdot \left[5 \cdot W\left(\frac{2}{5}\right) + 4 \cdot W(0) + 2 \cdot W\left(\frac{-1}{5}\right)\right],$$

$$f(z_2) = f(6) = \frac{1}{90} \cdot \sum_i W\left(\frac{6 - x_i}{5}\right)$$

$$= \frac{1}{90} \cdot \left[4 \cdot W\left(\frac{2}{5}\right) + 2 \cdot W\left(\frac{1}{5}\right) + 2 \cdot W\left(\frac{-1}{5}\right) + 1 \cdot W\left(\frac{-2}{5}\right) \right],$$

$$f(z_3) = f(8) = \frac{1}{90} \cdot \sum_i W\left(\frac{8 - x_i}{5}\right)$$

$$= \frac{1}{90} \cdot \left[2 \cdot W\left(\frac{1}{5}\right) + 1 \cdot W(0) + 1 \cdot W\left(\frac{-2}{5}\right) \right]$$

Als Gewichtsfunktion W soll der Dreieckskern

$$W(u) = 1 - |u|$$

verwendet werden. Damit ergibt sich für

$$f(2) = \frac{1}{90} \cdot \left[3 \cdot \left(1 - \frac{1}{5}\right) + 5 \cdot (1 - 0) + 4 \cdot \left(1 - \frac{2}{5}\right) \right]$$

$$= \frac{1}{90} \cdot \frac{49}{5}$$

$$= 0.1089 \quad ,$$

$$f(4) = \frac{1}{90} \cdot \left[5 \cdot \left(1 - \frac{2}{5}\right) + 4 \cdot (1 - 0) + 2 \cdot \left(1 - \frac{1}{5}\right) \right]$$

$$= \frac{1}{90} \cdot \frac{43}{5}$$

$$= 0.0956 \quad ,$$

$$f(6) = \frac{1}{90} \cdot \left[4 \cdot \left(1 - \frac{2}{5}\right) + 2 \cdot \left(1 - \frac{1}{5}\right) + 2 \cdot \left(1 - \frac{1}{5}\right) + 1 \cdot \left(1 - \frac{2}{5}\right) \right]$$

$$= \frac{1}{90} \cdot \frac{31}{5}$$

$$= 0.0689 \quad ,$$

$$f(8) = \frac{1}{90} \cdot \left[2 \cdot \left(1 - \frac{1}{5}\right) + 1 \cdot (1 - 0) + 1 \cdot \left(1 - \frac{2}{5}\right) \right]$$

$$= \frac{1}{90} \cdot \frac{16}{5}$$

$$= 0.0356 \quad .$$

In Abb. CK14.2 ist die empirische Dichte als Polygonzug graphisch dargestellt.

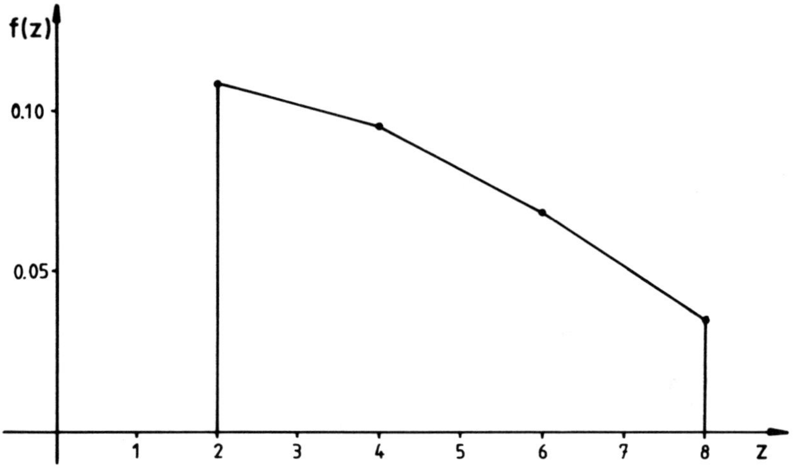

Abb. CK14.2: Empirische Dichte $f(z_j)$, j=0,...,3 , für die Dauer der Vereinszugehörigkeiten der n = 18 Mitglieder

LÖSUNG ZU AUFGABE K15

→(a) (Vgl. Aufgabe 9.4.a)

Die Reihe der zweiten Differenzen zur Reihe $y_1,\ldots,y_9$ ergibt sich für t=3,...,9 zu

$$y_t^* = \nabla^2 y_t = \nabla(\nabla y_t) = \nabla(y_t - y_{t-1}) = (y_t - y_{t-1}) - (y_{t-1} - y_{t-2})$$

$$= y_t - 2\cdot y_{t-1} + y_{t-2} \quad .$$

In der Tab. CK15.1 sind diese zweiten Differenzen zusammengestellt.

→(b) (Vgl. Aufgabe 10.7 und Aufgabe 9.2.c)

Die Reihe der gleitenden Mediane der Ordnung 3 zur Reihe $y_3^*,\ldots,y_9^*$ ist

$$\tilde{y}_3^* = y_3^* \quad , \quad \tilde{y}_t^* = \text{Median von } (y_{t-1}^* \ , \ y_t^* \ , \ y_{t+1}^*) \text{ für } t=4,\ldots,8 \ ,$$

$$\tilde{y}_9^\star = y_9^\star$$

und die Reihe nach dem Berliner Verfahren mit m = 3 ist

$$\tilde{\tilde{y}}_3^\star = \frac{1}{4} \cdot (3 \cdot y_3^\star + 2 \cdot y_4^\star - y_5^\star) \quad , \quad \tilde{\tilde{y}}_t^\star = \frac{1}{4} \cdot (y_{t-1}^\star + 2 \cdot y_t^\star + y_{t+1}^\star) \text{ für } t=4,\ldots,8,$$

$$\tilde{\tilde{y}}_9^\star = \frac{1}{4} \cdot (-y_7^\star + 2 \cdot y_8^\star + 3 \cdot y_9^\star) \; .$$

Beide Reihen sind zusammen mit $y_3^\star,\ldots,y_9^\star$ in Tab. LK15.1 zusammengestellt.

Tab. LK15.1: Zeitreihe $y_1,\ldots,y_9$ sowie 2. Differenzen $y_t^\star$, gleitende Mediane $\tilde{y}_t^\star$ der Ordnung 3 und Glättung $\tilde{\tilde{y}}_t^\star$ nach dem Berliner Verfahren mit m = 3 für t=3,...,9

t	y_t	$y_t^\star$	$\tilde{y}_t^\star$	$\tilde{\tilde{y}}_t^\star$
1	112.32			
2	114.57			
3	116.05	-0.77	-0.77	2.4600
4	122.43	4.90	-0.77	1.6700
5	126.46	-2.35	3.39	0.8975
6	133.88	3.39	-2.35	0.4750
7	138.77	-2.53	2.70	0.2575
8	146.36	2.70	-2.35	0.1300
9	151.60	-2.35	-2.35	0.2200

→(c) (Vgl. Aufgabe 9.1.b)

Die empirischen Autokorrelationen zum lag k der Reihe der zweiten Differenzen ergeben sich für k=0,...,6 zu

$$r(k) = c(k) \,/\, c(0) \text{ mit } c(k) = \frac{1}{7} \cdot \sum_{t=3}^{9-k} (y_t^\star - \bar{y}^\star)(y_{t+k}^\star - \bar{y}^\star) \quad ,$$

wobei gilt

$$\bar{y}^\star = \frac{1}{7} \cdot \sum_{t=3}^{9} y_t^\star = \frac{1}{7} \cdot 2.99$$

$$= 0.427 \quad .$$

In der Tab. LK15.2 sind die empirischen Autokovarianzen c(k) und Autokorrelationen r(k) zusammengestellt und in der Abb. LK15.1 ist das Korrelogramm veranschaulicht.

Tab. CK15.2: Empirische Autokovarianzen c(k) und Autokorrelationen r(k) zu den lags k=0,...,6 für die Reihe $y_3^*,...,y_9^*$ der zweiten Differenzen

k	c(k)	r(k)
0	8.508	1
1	-6.828	-0.8025
2	5.677	0.6673
3	-4.473	-0.5257
4	3.060	0.3597
5	-2.163	-0.2542
6	0.475	0.0558

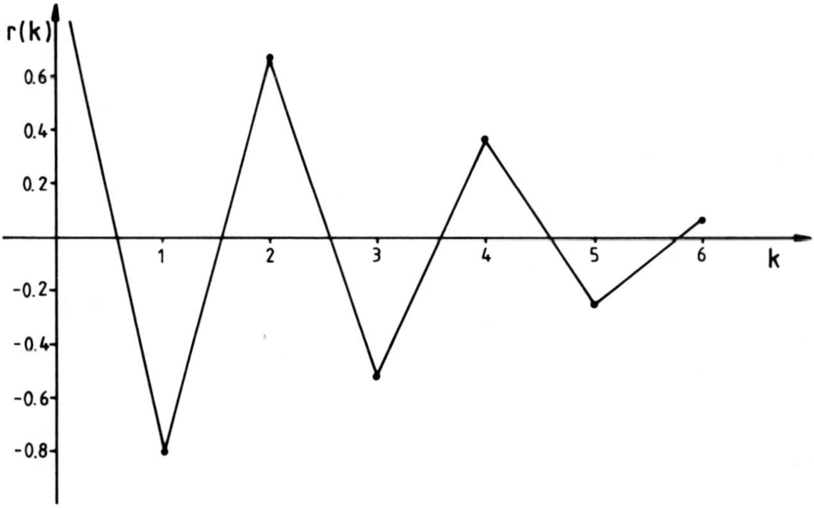

Abb. CK15.1: Korrelogramm zur Reihe $y_3^*,...,y_9^*$ der zweiten Differenzen

→(d) (Vgl. Aufgabe 9.4.c)
Nähert man die mittelwertbereinigte Reihe $y_3^* - \bar{y}^*, ..., y_9^* - \bar{y}^*$ zu den zweiten Differenzen durch einen AR(2) - Prozeß

$$y_t^* - \bar{y}^* \simeq \Phi_1(y_{t-1}^* - \bar{y}^*) + \Phi_2(y_{t-2}^* - \bar{y}^*)$$

$$= \Phi_1 y_{t-1}^* + \Phi_2 y_{t-2}^* - (\Phi_1 + \Phi_2)\bar{y}^* \qquad \text{für } t=5,...,9$$

bzw.

$$y_t^* \simeq \Phi_1 y_{t-1}^* + \Phi_2 y_{t-2}^* - (\Phi_1 + \Phi_2 - 1)\bar{y}^* \qquad \text{für } t=5,...,9 \quad ,$$

so ergeben sich Φ_1 und Φ_2 aus den ersten beiden empirischen Yule - Walker - Gleichungen

$$r(1) = \Phi_1 + \Phi_2 r(1) \quad , \quad r(2) = \Phi_1 r(1) + \Phi_2$$

zu

$$\Phi_1 = \frac{r(1)\cdot(1 - r(2))}{1 - r^2(1)} = \frac{-0.8025\cdot(1 - 0.6673)}{1 - (-0.8025)^2}$$

$$= -0.7500 \quad ,$$

$$\Phi_2 = \frac{r(2) - r^2(1)}{1 - r^2(1)} = \frac{0.6673 - (-0.8025)^2}{1 - (-0.8025)^2}$$

$$= 0.0654 \quad ,$$

d.h. mit $\bar{y}^* = 0.427$ ist

$$y_t^* \simeq -0.7500\cdot y_{t-1}^* + 0.0654\cdot y_{t-2}^* + 0.7193 = \hat{y}_t^* \text{ für } t=5,\dots,9 \ .$$

Zur Überprüfung der Näherungsgüte bestimmen wir unter Verwendung von $r(1)$ und $r(2)$ sowie Φ_1 und Φ_2 die übrigen Autokorrelationen $\tilde{r}(3),\dots,\tilde{r}(6)$ (bei tatsächlichem Vorliegen des AR(2) - Prozesses) aus den Yule - Walker - Gleichungen, d.h. wir berechnen für $k=3,\dots,6$ mit $\tilde{r}(1) = r(1)$ und $\tilde{r}(2) = r(2)$

$$\tilde{r}(k) = \Phi_1\tilde{r}(k-1) + \Phi_2\tilde{r}(k-2)$$

und vergleichen sie mit den tatsächlichen Autokorrelationen in Tab. LK15.2. Es ergibt sich

$$\tilde{r}(3) = \Phi_1\tilde{r}(2) + \Phi_2\tilde{r}(1) = -0.7500\cdot 0.6673 + 0.0654\cdot(-0.8025)$$

$$= -0.5530 \quad ,$$

$$\tilde{r}(4) = \Phi_1\tilde{r}(3) + \Phi_2\tilde{r}(2) = 0.4584 \quad ,$$

$$\tilde{r}(5) = \Phi_1\tilde{r}(4) + \Phi_2\tilde{r}(3) = -0.3800$$

und

$$\tilde{r}(6) = \Phi_1\tilde{r}(5) + \Phi_2\tilde{r}(4) = 0.3150 \quad .$$

Bis auf den Wert $\tilde{r}(6) = 0.3150$ stimmen die Größen $\tilde{r}(k)$ recht gut mit den empirischen Autokorrelationen $r(k)$ überein, so daß die Annahme eines AR(2) - Prozesses wohl gerechtfertigt ist.

→(e) (Vgl. Aufgabe 9.4.c)

Aus den Näherungswerten

$$\hat{y}^*_t = -0.7500 \cdot y^*_{t-1} + 0.0654 \cdot y^*_{t-2} + 0.7193 \qquad (t=5,\ldots,9)$$

für die zweiten Differenzen $y^*_5,\ldots,y^*_9$ ergeben sich wegen

$$y_t = y^*_t + 2 \cdot y_{t-1} - y_{t-2}$$

als Näherungen für die abgesetzten Stückzahlen $y_5,\ldots,y_9$ in den Jahren 1981 - 1985 die Werte

$$\hat{y}_t = \hat{y}^*_t + 2 \cdot y_{t-1} - y_{t-2} \quad .$$

In der Tab. LK15.3 sind neben den Werten y_t und y^*_t auch die Näherungen $\hat{y}_t$ und $\hat{y}^*_t$ angegeben.

Tab. LK15.3: Abgesetzte Stückzahlen y_t für t=1,...,9 , zweite Differenzen $y^*_3,\ldots,y^*_9$ sowie Näherungen $\hat{y}_t$ und $\hat{y}^*_t$ für t=5,...,9

Jahr	t	y_t	$\hat{y}_t$	y^*_t	$\hat{y}^*_t$
1977	1	112.32			
1978	2	114.57			
1979	3	116.05		-0.77	
1980	4	122.43		4.90	
1981	5	126.46	125.80	-2.35	-3.01
1982	6	133.88	133.29	3.39	2.80
1983	7	138.77	139.32	-2.53	-1.98
1984	8	146.36	146.50	2.70	2.84
1985	9	151.60	152.48	-2.35	-1.47

Für das Jahr 1986 ergibt sich als Prognose des Absatzes der Wert

$$\hat{y}_{10} = \hat{y}^*_{10} + 2 \cdot y_9 - y_8 \quad ,$$

wobei

$$\begin{aligned}\hat{y}^*_{10} &= -0.7500 \cdot y^*_9 + 0.0654 \cdot y^*_8 + 0.7193 \\ &= -0.7500 \cdot (-2.35) + 0.0654 \cdot 2.70 + 0.7193 \\ &= 2.66\end{aligned}$$

gesetzt wird. Also erhalten wir

$$\begin{aligned}\hat{y}_{10} &= 2.66 + 2 \cdot 151.60 - 146.36 \\ &= 159.50 \quad ,\end{aligned}$$

d.h. für das Jahr 1986 wird eine verkaufte Stückzahl von 159500 prognostiziert.
In der Abb. CK15.2 sind die ursprüngliche Zeitreihe $y_1,\dots,y_9$ sowie die Näherungen bzw. Prognosen $\hat{y}_5,\dots,\hat{y}_{10}$ jeweils als Polygonzüge dargestellt.

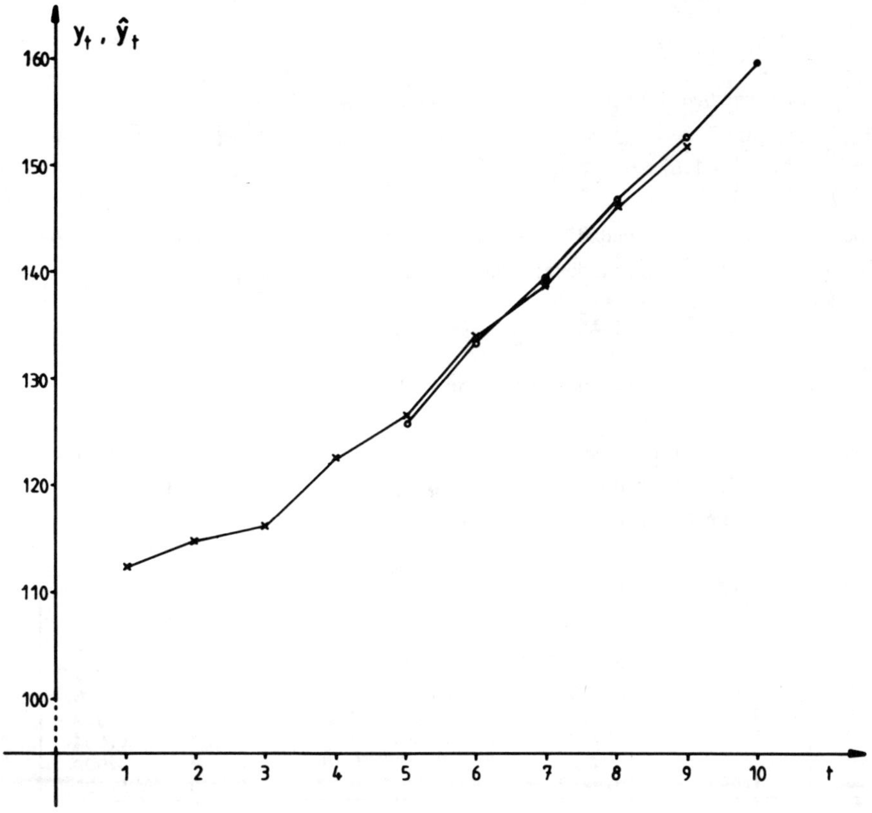

Abb. CK15.2: Zeitreihe der abgesetzten Stückzahlen $y_1,\dots,y_9$ (Kreuze) sowie Näherung bzw. Prognose $\hat{y}_5,\dots,\hat{y}_{10}$ (Punkte) durch einen AR(2) - Prozeß

→(f) (Vgl. Aufgabe 10.8 und Aufgabe 10.9)
Aufgrund der Medianpunkte

$(t_L,y_L) = (2 \ , \ 114.57)$, $(t_M,y_M) = (5 \ , \ 126.46)$,

$(t_R,y_R) = (8 \ , \ 146.36)$

ergeben sich die Halbsteigungen

$$b_L = \frac{y_M - y_L}{t_M - t_L} = \frac{126.46 - 114.57}{5 - 2} = \frac{11.89}{3}$$

$$= 3.963 \quad ,$$

$$b_R = \frac{y_R - y_M}{t_R - t_M} = \frac{146.36 - 126.46}{8 - 5} = \frac{19.90}{3}$$

$$= 6.633 \quad ,$$

so daß wir den Quotienten

$$q = \frac{b_R}{b_L} = 1.674$$

erhalten. Da $q > 1$ ist und die Zeit t transformiert werden soll, müssen wir also eine Power p finden, derart daß mit den Medianpunkten

$$(t_L^p \, , \, y_L) \quad , \quad (t_M^p \, , \, y_M) \quad , \quad (t_R^p \, , \, y_R)$$

der Quotient der Halbsteigungen gerade 1 ist, vgl. Tab. LK15.4.

Tab. LK15.4: Transformierte Zeitmediane t_L^p, t_M^p und t_R^p sowie resultierende Halbsteigungen b_L, b_R und Quotienten q für verschiedene Werte der Power p

p	t_L^p	t_M^p	t_R^p	b_L	b_R	q
1	2	5	8	3.963	6.633	1.674
2	4	25	64	0.566	0.510	0.901
1.8	3.4822	18.1195	42.2243	0.812	0.825	1.016
1.9	3.7321	21.2835	51.9842	0.677	0.648	0.957
1.82	3.5308	18.7122	44.0173	0.783	0.786	1.004
1.83	3.5554	19.0158	44.9422	0.769	0.768	0.998
1.827	3.5480	18.9242	44.6627	0.773	0.773	1.000

Wir sehen, daß für $p = 1.827$ der Quotient q den Wert 1 annimmt, so daß wir jetzt mittels resistant - line - regression die Größen a und b in der Funktion

$$\hat{y}_t = a + b \cdot t^{1.827}$$

bestimmen müssen.

Als Anfangswert erhalten wir

$$b_1 = \frac{y_R - y_L}{t_R^{1.827} - t_L^{1.827}} = \frac{146.36 - 114.57}{44.6627 - 3.5480} = \frac{31.79}{41.1147}$$

$$= 0.7732 \quad ,$$

$$a_1 = \frac{1}{3}\cdot(y_L + y_M + y_R - b_1\cdot(t_L^{1.827} + t_M^{1.827} + t_R^{1.827}))$$

$$= \frac{1}{3}\cdot(114.57 + 126.46 + 146.36 - 0.7732\cdot(3.5480 + 18.9242 + 44.6627))$$

$$= \frac{1}{3}\cdot(387.39 - 0.7732\cdot 67.1349)$$

$$= \frac{1}{3}\cdot 335.4813$$

$$= 111.8271$$

und somit

$$\hat{y}_{L,1} = a_1 + b_1 t_L^{1.827} = 114.5704 \quad , \quad e_{L,1} = y_{L,1} - \hat{y}_{L,1} = -0.0004 \quad ,$$

$$\hat{y}_{M,1} = a_1 + b_1 t_M^{1.827} = 126.4593 \quad , \quad e_{M,1} = y_{M,1} - \hat{y}_{M,1} = 0.0007 \quad ,$$

$$\hat{y}_{R,1} = a_1 + b_1 t_R^{1.827} = 146.3603 \quad , \quad e_{R,1} = y_{R,1} - \hat{y}_{R,1} = -0.0003 \quad .$$

Es ist also

$$b_1' = \frac{e_{R,1} - e_{L,1}}{t_R^{1.827} - t_L^{1.827}} = \frac{0.0001}{41.1147} \simeq 0 \quad , \text{ d.h. } b = b_1 \text{ und } a = a_1 \quad ,$$

und wir verwenden

$$\hat{y}_t = 111.8271 + 0.7732\cdot t^{1.827}$$

als Regressionsfunktion. Die Näherungen $\hat{y}_1,\ldots,\hat{y}_9$ sind in Tab. CK15.5 zusammengestellt und die Prognose für y_{10}, d.h. für die abgesetzte Stückzahl (in 1000) im Jahre 1986, ist

$$\hat{y}_{10} = 111.8271 + 0.7732\cdot 10^{1.827} = 111.8271 + 0.7732\cdot 67.1429$$

$$= 163.7420 \quad .$$

→(g) (Vgl. Aufgabe 8.1)

Das Bestimmtheitsmaß zur Regressionsfunktion aus Teil (f) ergibt sich unter Verwendung der Zeitpunkte t=1,...,9 zu

Tab. LK15.5: Zeitreihe $y_1,\ldots,y_9$ sowie Näherungen $\hat{y}_1,\ldots,\hat{y}_9$ mittels Linearisierung und anschließender resistant - line - regression

t	1	2	3	4	5	6	7	8	9
y_t	112.32	114.57	116.05	122.43	126.46	133.88	138.77	146.36	151.60
$\hat{y}_t$	112.60	114.57	117.58	121.56	126.46	132.24	138.88	146.36	154.65

$$B = 1 - \frac{\sum_{t=1}^{9} (y_t - \hat{y}_t)^2}{\sum_{t=1}^{9} (y_t - \bar{y})^2}$$

$$= 1 - \frac{(112.32 - 112.60)^2 + \ldots + (151.60 - 154.65)^2}{1634.9328}$$

$$= 1 - \frac{15.1804}{1634.9328} = 1 - 0.0093$$

$$= 0.9907 \quad .$$

Berücksichtigt man nur die letzten 5 Werte für die Jahre 1981 - 1985, so erhält man einen geringeren Wert, nämlich

$$B = 1 - \frac{\sum_{t=5}^{9} (y_t - \hat{y}_t)^2}{\sum_{t=5}^{9} (y_t - \bar{y})^2}$$

$$= 1 - \frac{12.0042}{395.5915} = 1 - 0.0303$$

$$= 0.9697 \quad .$$

Im Vergleich dazu ist das Bestimmtheitsmaß, das man durch Näherung mittels des AR(2) - Prozesses

$$\hat{y}_t^* = -0.7500 \cdot y_{t-1}^* + 0.0654 \cdot y_{t-2}^* + 0.7193$$

bzw.

$$\hat{y}_t = \hat{y}_t^* + 2 \cdot y_{t-1} - y_{t-2}$$

erhält, vgl. Tab. LK15.3, höher. Es hat den Wert

$$B = 1 - \frac{\sum_{t=5}^{9} (y_t - \hat{y}_t)^2}{\sum_{t=5}^{9} (y_t - \bar{y})^2}$$

$$= 1 - \frac{(126.46 - 125.80)^2 + \ldots + (151.60 - 152.48)^2}{395.5915}$$

$$= 1 - \frac{1.8802}{395.5915} = 1 - 0.0048$$

$$= 0.9952 \quad .$$

LÖSUNG ZU AUFGABE K16

Die 4 verschiedenen Nudelsorten werden im folgenden durch die Zahlen 1 bis 4 gekennzeichnet, d.h. Bandnudeln $\hat{=}$ 1, Sternnudeln $\hat{=}$ 2, grüne Nudeln $\hat{=}$ 3, Fleischnudeln $\hat{=}$ 4. Bevor eine übersichtliche Darstellung der in der Aufgabenstellung gegebenen Daten erstellt wird, sollen zunächst die Preis- und Mengenmeßzahlen $P_{82,89,i}$ bzw. $Q_{82,89,i}$, i=1,...,4, der verschiedenen Nudelsorten berechnet werden. Denn aus den Angaben über die jährlichen Preissteigerungen in den Jahren 1982 bis 1986 bzw. von 1986 bis 1989 lassen sich die Gesamtpreiserhöhungen von 1982 bis 1989 der Nudelsorten ermitteln, vgl. Aufgabe 3.3. Für die Bandnudeln etwa wurde in den ersten 4 Jahren eine durchschnittliche Preissteigerung von 3%,in den letzten 3 Jahren von 1% beobachtet. Insgesamt ist der Preis für Bandnudeln also wegen

$$P_{82,89,1} = (1.03)^4(1.01)^3 = 1.1596$$

1989 umd 15.96% höher als 1982.

Analog ergibt sich für die übrigen Nudelsorten

$$P_{82,89,2} = (1.03)^4(1.06)^3 = 1.3405 \quad ,$$

$$P_{82.89,3} = (1.03)^4(1.10)^3 = 1.4981 \quad ,$$

$$P_{82,89,4} = (1.03)^4(1.15)^3 = 1.7118 \quad .$$

Ebenso lassen sich aus den angegebenen jährlichen Steigerungen der umgesetzten Mengen Mengenmeßzahlen für die einzelnen Nudelsorten für 1989 bezogen auf 1982 berechnen. So lag die jährliche Steigerung der umgesetzten Bandnudeln im Durchschnitt bei 4%, d.h. insgesamt ergibt sich

$$Q_{82,89,1} = (1.04)^7 = 1.3159.$$

Für die übrigen Nudelsorten ergibt sich dann

$$Q_{82,89,2} = (1.05)^7 = 1.4071 \quad ,$$

$$Q_{82,89,3} = (1.03)^7 = 1.2299 \quad ,$$

$$Q_{82,89,4} = (1,12)^7 = 2.2107 \quad .$$

In der nachfolgenden Tab. LK16.1 sind noch einmal die Preis- und Mengenmeßzahlen sowie die außerdem gegebenen Preis- und Umsatzangaben zusammengestellt.

Tab. LK16.1: Preis pro ME $p_{82,i}$, Umsatzanteile $g_{82,i}$, $g_{89,i}$ für 1982 und 1989, Preismeßzahl $P_{82,89,i}$, Mengenmeßzahl $Q_{82,89,i}$, $i=1,\ldots,4$

Nudelsorte	i	$p_{82,i}$	$g_{82,i}$	$g_{89,i}$	$P_{82,89,i}$	$Q_{82,89,i}$
Bandnudeln	1	22	0.35	0.25	1.1596	1.3159
Sternnudeln	2	19	0.25	0.22	1.3405	1.4071
grüne Nudeln	3	25	0.18	0.15	1.4981	1.2299
Fleischnudeln	4	40	0.22	0.38	1.7118	2.2107

→(a) (Vgl. Aufgabe 3.4, Aufgabe 6.2)

Der durchschnittliche Preis pro ME berechnet sich als gewogenes harmonisches Mittel aus den Einzelpreisen, gewichtet mit den entsprechenden Umsatzanteilen. Für das Jahr 1982 ergibt sich somit direkt aus den Angaben in Tab. LK16.1 ein Durchschnittspreis pro ME von

$$\bar{p}^{w}_{82} = \frac{1}{\sum\limits_{i=1}^{4} \frac{g_{82,i}}{p_{82,i}}} = \frac{1}{\frac{0.35}{22} + \frac{0.25}{19} + \frac{0.18}{25} + \frac{0.22}{40}} = 23.9424 \text{ DM/ME} \quad .$$

Zur Berechnung des durchschnittlichen Preises pro ME im Jahr 1989 werden zunächst die Preise pro ME der einzelnen Nudelsorten benötigt. Diese ergeben sich wegen

$$P_{82,89,i} = \frac{p_{89,i}}{p_{82,i}} \quad \text{bzw.} \quad p_{89,i} = p_{82,i} \cdot P_{82,89,i} \quad , \ i=1,\ldots,4,$$

und den Angaben in Tab. LK16.1 zu

$$p_{89,1} = p_{82,1} \cdot P_{82,89,1} = 22 \cdot 1.1596 = 25.5112 \text{ DM} \quad ,$$

$$p_{89,2} = p_{82,2} \cdot P_{82,89,2} = 19 \cdot 1.3405 = 25.4695 \text{ DM} \quad ,$$

$$p_{89,3} = p_{82,3} \cdot P_{82,89,3} = 25 \cdot 1.4981 = 37.4525 \text{ DM} \quad ,$$

$$p_{89,4} = p_{82,4} \cdot P_{82,89,4} = 40 \cdot 1.7118 = 68.4720 \text{ DM} \quad ,$$

d.h. der Durchschnittspreis pro ME im gesamten Nudelsortiment liegt 1989 bei

$$\overline{p}^{w}_{89} = \frac{1}{\sum_{i=1}^{4} \frac{g_{89,i}}{p_{89,i}}} = \frac{1}{\frac{0.25}{25.5112} + \frac{0.22}{25.4695} + \frac{0.15}{37.4525} + \frac{0.38}{68.4720}} = 35.7243 \text{ DM/ME.}$$

→(b) (Vgl. Aufgabe 6.3)

Die Umsatzsteigerung von 1982 bis 1989 läßt sich mit Hilfe des Wertindex

$$W_{82,89} = \frac{U_{89}}{U_{82}} \quad ,$$

wobei

$$U_{89} = \sum_{i=1}^{4} p_{89,i} q_{89,i} \quad , \quad U_{82} = \sum_{i=1}^{4} p_{82,i} q_{82,i}$$

die Gesamtumsätze 1989 und 1982 bezeichnet und $q_{89,i}$ bzw. $q_{82,i}$ die umgesetzten Nudelmengen in diesen beiden Jahren angeben, berechnen.

Da für 1982 bzw. 1989 der i-te Umsatzanteil, vgl. Tab. LK16.1, gegeben ist durch

$$g_{82,i} = \frac{p_{82,i} q_{82,i}}{U_{82}} \quad \text{bzw.} \quad g_{89,i} = \frac{p_{89,i} q_{89,i}}{U_{89}} \quad ,$$

d.h. es gilt

$$U_{82} = \frac{p_{82,i} q_{82,i}}{g_{82,i}} \quad \text{bzw.} \quad U_{89} = \frac{p_{89,i} q_{89,i}}{g_{89,i}} \quad ,$$

läßt sich die Umsatzsteigerung berechnen aus, vgl. Aufgabenteil (a),

$$W_{82,89} = \frac{U_{89}}{U_{82}} = \frac{g_{82,i}}{g_{89,i}} \cdot \frac{p_{89,i}}{p_{82,i}} \cdot \frac{q_{89,i}}{q_{82,i}} = \frac{g_{82,i}}{g_{89,i}} \cdot P_{82,89,i} \cdot Q_{82,89,i} \quad .$$

Für i=1 ergibt sich dann etwa eine Umsatzsteigerung von

$$W_{82,89} = \frac{0.35}{0.25} \cdot 1.1596 \cdot 1.3159 = 2.1362,$$

d.h. von 113.62%. (Falls statt i=1 die Umsatzanteile und die Preis- und Mengenmeßzahlen für die Nudelsorten 2,3 oder 4 eingesetzt werden, ergeben sich geringfügige Abweichungen zu dem obigen Ergebnis, die auf Rundungsfehler zurückzuführen sind. Für i=2 ergäbe sich etwa eine Umsatzsteigerung von 2.1435.)

→(c) (Vgl. Aufgabe 6.3, Aufgabe 6.5)

Für den Preisindex nach Laspeyres gilt

$$P^L_{82,89} = \frac{\sum_{i=1}^{4} p_{89,i} q_{82,i}}{\sum_{i=1}^{4} p_{82,i} q_{82,i}} = \sum_{i=1}^{4} g_{82,i} P_{82,89,i} \quad ,$$

d.h. dieser ist darstellbar als gewichtetes arithmetisches Mittel der Preismeßzahlen. Die Umsatzanteile 1982 stellen dabei die zugehörigen Gewichte dar. Analog ergibt sich für den Preisindex nach Paasche

$$P^P_{82,89} = \frac{\sum_{i=1}^{4} p_{89,i} q_{89,i}}{\sum_{i=1}^{4} p_{82,i} q_{89,i}} = \frac{1}{\sum_{i=1}^{4} \frac{g_{89,i}}{P_{82,89,i}}} \quad ,$$

daß dieser als gewogenes harmonisches Mittel der Preismeßzahlen, wobei als Gewichte die Umsatzanteile 1989 eingehen, berechnet werden kann.

Mit den Ergebnissen aus Tab. LK16.1 ergibt sich

$$P^L_{82,89} = 0.35 \cdot 1.1596 + 0.25 \cdot 1.3405 + 0.18 \cdot 1.4981 + 0.22 \cdot 1.7118$$
$$= 1.3872$$

bzw.

$$P^P_{82,89} = \frac{1}{\frac{0.25}{1.1596} + \frac{0.22}{1.3405} + \frac{0.15}{1.4981} + \frac{0.38}{1.7118}}$$
$$= 1.4249 \quad .$$

Der Fishersche Idealindex, der als geometrisches Mittel aus den Indizes von Laspeyres und Paasche gebildet wird, berechnet sich dann zu

$$P^F = \sqrt{P^L_{82,89} P^P_{82,89}} = \sqrt{1.3872 \cdot 1.4249} = 1.4059 \quad .$$

→(d) Mit den Ergebnissen aus Aufgabenteil (b) ergibt sich zunächst wegen

$$W_{82,89} = \frac{U_{89}}{U_{82}} \quad \text{bzw.} \quad U_{89} = U_{82} W_{82,89}$$

mit $W_{82,89} = 2.1362$, daß bei einem zugrundegelegten Umsatz von 10 Mio. DM für das Jahr 1982 im Jahre 1989 ein Umsatz von

$$U_{89} = 10\,000\,000 \cdot 2.1362 = 21\,362\,000 \text{ DM}$$

erzielt wurde.

Der im Aufgabenteil (a) berechnete Durchschnittspreis pro ME für das gesamte Nudelsortiment im Jahr 1989 kann auch berechnet werden als

$$\overline{p}^{w}_{89} = \frac{U_{89}}{M_{89}} \quad ,$$

wobei M_{89} die 1989 insgesamt umgesetzte Nudelmenge bezeichnet. Da $\overline{p}^{w}_{89} = 35.7243$ DM/ME, ergibt sich somit

$$M_{89} = \frac{U_{89}}{\overline{p}^{w}_{89}} = \frac{21\,362\,000}{35.7243} = 597968.3297 \text{ ME} \quad .$$

LÖSUNG ZU AUFGABE K17

→(a) (Vgl. Aufgabe 2.1, Aufgabe 5.1)

Aus den angegebenen Winkeln im überlieferten Kreisdiagramm lassen sich die Umsatzanteile $a_i H_i / \sum_{j=1}^{3} a_j H_j$ für i=1≙Kleinbetriebe, 2≙Mittelbetriebe, 3≙Großbetriebe errechnen. So ergibt sich wegen $\alpha_1 = 54°$

$$\frac{a_1 H_1}{\sum_{j=1}^{3} a_j H_j} = \frac{54°}{360°} = 0.15 \quad ,$$

wegen $\alpha_2 = 144°$

$$\frac{a_2 H_2}{\sum_{j=1}^{3} a_j H_j} = \frac{144°}{360°} = 0.40$$

und wegen $\alpha_3 = 360° - \alpha_1 - \alpha_2 = 162°$

$$\frac{a_3H_3}{\sum_{j=1}^{3} a_jH_j} = \frac{162°}{360°} = 0.45.$$

Außerdem ist bekannt, daß 60% der n=80 Betriebe zu den Kleinbetrieben zählen, d.h. $h_1 = 0.60$, und daß das Lorenzsche Konzentrationsmaß 0.545 beträgt. Mit

$$k_i = \sum_{j=1}^{i} h_j \ , \ i=1,2,3, \quad k_0 = 0 \quad ,$$

gilt für das Lorenzsche Konzentrationsmaß

$$\begin{aligned} LKM &= \sum_{i=1}^{3} (k_{i-1} + k_i) \frac{a_iH_i}{\sum_{j=1}^{3} a_jH_j} - 1 \\ &= 0.15(k_0 + k_1) + 0.40(k_1 + k_2) + 0.45(k_2 + k_3) - 1 \\ &= 0.15(0 + h_1) + 0.40(h_1 + h_1 + h_2) + 0.45(h_1 + h_2 + 1) - 1 \\ &= 0.15 \cdot 0.60 + 0.40 \cdot 1.20 + 0.40 \cdot h_2 + 0.45 \cdot 0.60 + 0.45h_2 + 0.45 - 1 \\ &= 0.85h_2 + 0.29 \quad . \end{aligned}$$

Somit ergibt sich als relative Häufigkeit h_2 der zweiten Betriebsgrößenklasse 'Mittelbetriebe' wegen

$$LKM = 0.85h_2 + 0.29 = 0.545$$

gerade

$$h_2 = \frac{0.545 - 0.29}{0.85} = 0.30$$

und da $h_1+h_2+h_3 = 1$, folgt

$$h_3 = 1 - 0.60 - 0.30 = 0.10 \quad .$$

Insgesamt wurden $n = 80$ Betriebe untersucht, d.h. zur Gruppe der 'Kleinbetriebe' gehören

$$H_1 = n \cdot h_1 = 80 \cdot 0.60 = 48 \quad ,$$

zur Gruppe der 'Mittelbetriebe'

$$H_2 = n \cdot h_2 = 80 \cdot 0.30 = 24$$

und zur Gruppe der 'Großbetriebe'

$$H_3 = n \cdot h_3 = 80 \cdot 0.10 = 8$$

Betriebe.

→(b) (Vgl. Aufgabe 5.1)

Mit den Ergebnissen aus Aufgabenteil (a) läßt sich nachfolgend angegebene Tab. LK17.1 als Arbeitstabelle zur Ermittlung der Lorenzkurve aufstellen.

Tab. LK17.1: Arbeitstabelle zur Erstellung der Lorenzkurve

Betriebs-größe	i	h_i	$\frac{a_i H_i}{\sum_{j=1}^{3} a_j H_j}$	k_i	l_i
klein	1	0.6	0.15	0.6	0.15
mittel	2	0.3	0.40	0.9	0.55
groß	3	0.1	0.45	1.0	1.00

Die Lorenzkurve als graphische Darstellung der Konzentration des Umsatzes bei den drei Betriebsgrößenklassen ergibt sich durch lineares Verbinden der Punkte (k_i, l_i), $i=0,1,2,3$, mit $k_0 = l_0 = 0$, vgl. Abb. LK17.1.

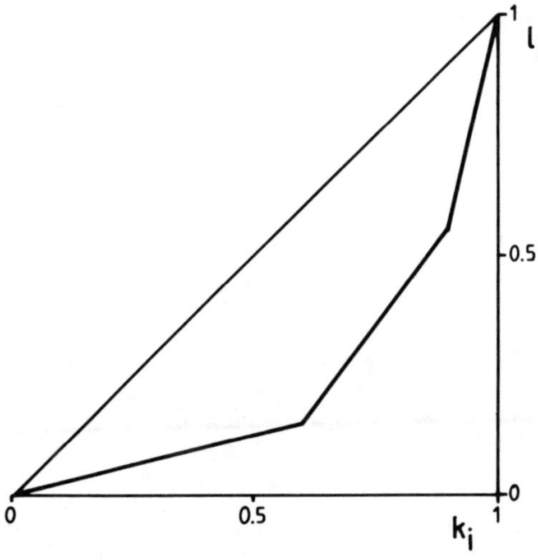

Abb. LK17.1: Lorenzkurve der Umsätze bei drei Betriebsgrößenklassen